発見的教授法による数学シリーズ——①

数学の証明の
しかた

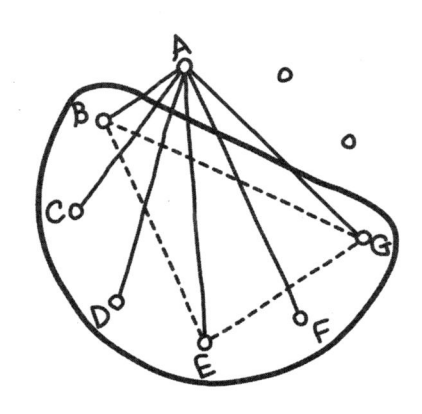

秋山　仁 著
Jin Akiyama

森北出版株式会社

●本書の補足情報・正誤表を公開する場合があります．当社 Web サイト（下記）で本書を検索し，書籍ページをご確認ください．
https://www.morikita.co.jp/

●本書の内容に関するご質問は下記のメールアドレスまでお願いします．なお，電話でのご質問には応じかねますので，あらかじめご了承ください．
editor@morikita.co.jp

●本書により得られた情報の使用から生じるいかなる損害についても，当社および本書の著者は責任を負わないものとします．

|JCOPY|〈(一社)出版者著作権管理機構 委託出版物〉
本書の無断複製は，著作権法上での例外を除き禁じられています．複製される場合は，そのつど事前に上記機構（電話 03-5244-5088，FAX 03-5244-5089，e-mail: info@jcopy.or.jp）の許諾を得てください．

―復刻に際して―

　19世紀を締めくくる最後の年(1900年)にパリで開かれた第2回国際数学者会議が伝説の会議として語り継がれることとなった．それは，主催国フランスのポアンカレがダーフィット・ヒルベルトに依頼した特別講演が，多くの若き研究者を突き動かし20世紀の新たな数学の研究分野を切り拓く起爆剤となったからだった．『未来を覆い隠している秘密のベールを自分の手で引きはがし，来たるべき20世紀に待ち受けている数学の進歩や発展を一目見てみたいと思わない者が我々の中にいるだろうか？』この聴衆への呼びかけに続けて，ヒルベルトは数学の未来に対する自身の展望を語った後，"20世紀に解かれることを期待する問題"として，23題の未解決問題を提示したのだった．

　良質な問題の発見や，その問題の解決は豊かな知の世界を開拓し続けてきた．そしてひとつの研究分野を拓くような鉱脈ともいうべき良問を見つけ出した時の高揚感や一筋縄では行かない難攻不落と思えた難問が"あるアングルから眺めたとき，いとも簡単に解けてしまう瞬間"に味わえる醍醐味は，まさに"自分の手で秘密のベールを引きはがす喜び"である．そして，それは"ヒルベルトの問題"や研究の最前線のものに限ったことではなく，どのレベルであっても真であると思う．

　数学の教育的側面に目を向けるのなら，そもそも古代ギリシャの時代から，久しい間，数学が学問を志す人々の必修科目とされてきたのは，論理性や思考力を鍛えるための学科として尊ばれてきたからだ．ところが，数学は経済発展とともに大衆化し，受験競争の低年齢化とともに人生の進路を振り分けるための重要な科目と化していった．"思考力を磨くために数学を学ぶ"のではなく，ともすると，"受験で成功するための一環として数学の試験で確実に点数を稼ぐための問題対処法を身につけることが数学の勉強"になっていく傾向が強まった．すなわち，数学の問題に出会ったら，"自分の頭で分析し，どう捉えれば本質が炙り出せるのかという思考のプロセスを辿る"のではなく，"できるだけ沢山の既出の問題と解法のパターンを覚えておいて，問題を見たら解法がどのパターンに当てはまるものなのかだけを判断する．そして，あとは機械的に素早く確実に処理する"ことになっていった．"既出のパターンに当てはまらない問題は，どうせ他の多くの生徒も解けず点数の差はさほどないのだから，そういう問題はハナから捨ててよい"というような受験戦術がまかり通るようになった．この結果，インプットされた解決法で解ける想定内の問題なら処理できるが，まったく新しいタイプの想定外の問題に対しては手も足もまったく出ないという学習者を大量に生む結果ともなったのである．このような現象は数学の現場に限らず，日本の社会のあちこちでも問題視され始めている現象だが，学生時代にキチンと自分の頭で判断し思考するプロセスがおざなりにされてきた結果なのではないだろうか．

復刻に際して

　世界各国，どこの国でも，数学は苦手で嫌いだと言う人が多いのは悲しい事実ではある．しかし，George Polya の「How to Solve It」(邦題「いかにして問題をとくか」柿内賢信訳　丸善出版)や Laurent C. Larson の「Problem-Solving Through Problems (Springer 1983)」(邦題「数学発想ゼミナール」拙訳　丸善出版)がロングセラーであることにも現れているように，欧米の数学教育の本流はあくまでも〝自分の頭で考える〟ことにある．これらの書籍は〝こういう問題はこう解けばいい〟という単なるハウツー本ではなく，数学の問題を解く名人・達人ともいえる人たちが問題に出会ったときに，どんなふうに手懸りをつかみ，どういうところに着眼して難攻不落な問題を手の中に陥落させていくのか，……．そういった名人の持つセンスや目利きとしての勘所ともいえる真髄を紹介し，読者にも彼らのような発想や閃き，センスと呼ばれる目利きの能力を磨いてもらおうとする思考法指南書である．

　本書を執筆していた当時，筆者は以下のような多くの若者に数学を教えていた：

　「やったことのあるタイプの問題は解けるが，ちょっと頭をひねらなければならない問題はまったくお手上げ」，

　「問題集やテストの解答を見れば，ああそこに補助線を一本引けばよかったのか，偶数か奇数かに注目して場合分けすればよかったのか，極端な(最悪な)場合を想定して分析すればこんな簡単に解けてしまうのか，……と分かるのだが，実際はそういった着眼点に自分自身では気付くことができなかった」，

　「高校時代は，数学の試験もまあまあ良くできていて得意だと思っていたが，大学に進んでからは，〝定義→定理→証明〟が繰り返し登場する抽象的な数学の講義や専門書に，ついていけない」

　ポリヤやラーソンの示す王道と思われる数学の指南法に感銘を受けていた筆者は，基礎的な知識をひととおり身につけたが，問題を自力で解く思考力，応用力または発想力に欠けると感じている学生たちには，方程式，数列，微分，積分といった各ジャンルごとに，〝このジャンルの問題は次のように解く〟ということを学ぶ従来の学習法(これを〝縦割り学習法〟と呼ぶ)に固執するのではなく，ジャンルを超えて存在する数学的な考え方や技巧，ものの見方を修得し，それらを拠り所として様々な問題を解決するための学習法(これを〝横割り学習法〟と呼ぶ)で学ぶことこそが肝要だと感じた．

　そこで，1990年ぐらいまでの難問または超難問とされ，かつ良問とされていた大学入試問題，数学オリンピックの問題，海外の数学コンテストの問題，たとえば，米国の高校生や大学生向けに出題された Putnam(パットナム)等の問題集に紹介されている問題を収集，選別した．そして，それらを題材に，どういう点に着眼すれば首尾よく解決できるのか，思考のプロセスに重点を置いて問題分析の手法を，発想力や柔軟な思考力，論理力を磨きたい，という学生たちのために書きおろしたのが本シリーズである．

　本書が1989年に駿台文庫から出版された当時，本気で数学の難問を解く思考力や発

想力を身につけたいという骨太な学生や数学教育関係者に好意的に受け入れられたのは筆者の大きな喜びだった．

そして，本書は韓国等でも翻訳され，海外の学生にも支持を得ることができた．

二十年以上たって一度絶版となった際も，関西の某大学の学生や教授から，「このシリーズはコピーが出回っていて読み継がれていますよ」と聞かされることもあった．

また，本シリーズと同様の主旨で1991年にNHKの夏の数学講座を担当した際には，学生や教育関係者以外の一般の方々からも「数学の問題をどうやって考えるのかがわかって面白かった」，「数学の問題を解くときの素朴な考え方や発想が，私たちの日常生活のなかのアイディアや発想とそんなに大きく違わないのだということがわかった」という声をいただき，その反響は相当のものだった．

このたび，森北出版より本シリーズが復刻されて，新たな読者の目に触れる機会を得たことは筆者にとって望外の喜びである．一人でも多くの方が活用してくださることを期待しております．

最後になりましたが，今回の復刻を快諾し協力してくださった駿台予備学校と駿台文庫に感謝の意を表します．

2014年3月　秋山　仁

― 序　　文 ―

読者へ

世に数々の優れた参考書があるにもかかわらず，ここに敢えて本シリーズを刊行するに至った私の信念と動機を述べる．

現在，数学が苦手な人が永遠に数学ができないまま終生を閉じるのは悲しいし，また不公平で許せない．残念ながら，これは若干の真実をはらむ．しかし，数学が苦手な人が正しい方向の努力の結果，その努力が報われる日がくることがあるのも事実である．

ここに，正しい方向の努力とは，わからないことをわからないこととして自覚し，悩み，苦しみ，決してそれから逃げず，ウンウンうなって考え続けることである．そうすれば，悪戦苦闘の末やっとこさっとこ理解にたどりつくことが可能になるのである．このプロセスを経ることなく数学ができるようになることを望む者に対しては，本書は無用の長物にすぎない．

私ができる唯一のことは，かつて私自身がさまよい歩いた決して平坦とはいえない道のりをその苦しみを体験した者だけが知りうる経験をもとに赤裸々に告白することによ

り，いま現在，暗闇の中でゴールを捜し求める人々に道標を提示することだけである．読者はこの道標を手がかりにして，正しい方向に向かって精進を積み重ねていただきたい．その努力の末，困難を克服することができたとき，それは単に入試数学の征服だけを意味するものではなく，将来読者諸賢にふりかかるいかなる困難に対しても果敢に立ち向かう勇気と自信，さらには，それを解決する方法をも体得することになるのである．

【本シリーズの目標】

　同一の分野に属する問題にとどまらず，分野（テーマ）を超えたさまざまな問題を解くときに共通して存在する考え方や技巧がある．たとえば，帰納的な考え方（数学的帰納法），背理法，場合分けなどは単一の分野に属する問題に関してのみ用いられる証明法ではなく，整数問題，数列，1次変換，微積分などほとんどすべての分野にわたって用いられる考え方である．また，2個のモノが勝手に動きまわれば，それら双方を同時にとらえることは難しいので，どちらか一方を固定して考えるという技巧は最大値・最小値問題，軌跡，掃過領域などのいくつもの分野で用いられているのである．それらの考え方や技巧を整理・分類してみたら，頻繁に用いられる典型的なものだけでも数十通りも存在することがわかった．問題を首尾よく解いている人は各問題を解く際，それを解くために必要な定理や公式などの知識をもつだけでなく，それらの知識を有効にいかすための考え方や技巧を身につけているのである．だから，数学ができるようになるには，知識の習得だけにとどまらず，それらを活性化するための考え方や技巧を完璧に理解しなければならないのである．これは，あたかも，人間が正常に生活していくために，炭水化物，脂肪やたん白質だけを摂取するのでは不十分だが，さらに少量のビタミンを取れば，それらを活性化し，有効にいかすという役割を果たしてくれるのと同じである．本シリーズの大目標はこれら数十通りのビタミン剤的役割を果たす考え方や技巧を読者に徹底的に教授することに尽きる．

【本シリーズの教授法——横割り教育法——について】

　数学を学ぶ初期の段階では，新しい概念・知識・公式を理解しなければならないが，そのためには，教科書のようにテーマ別（単元別）に教えていくことが能率的である．しかし，ひととおりの知識を身につけた学生が狙うべき次のターゲットは〝実戦力の養成〟である．その段階では，〝知識を自在に活用するための考え方や技巧〟の修得が必須になる．そのためには，〝パターン認識的〟に問題をとらえ，〝このテーマの問題は次のように解答せよ〟と教える教授法（**縦割り教育法**）より，むしろ少し遠回りになるが，テーマを超えて存在する考え方や技巧に焦点を合わせた教授法（**横割り教育法**）のほうがはるかに効果的である．というのは，上で述べたように，考え方のおのおのに注目すると，その考え方を用いなければ解けない，いくつかの分野にまたがる問題群が存在するから

である．本書に従ってこれらの考え方や技巧をすべて学習し終えた後，振り返ってみれば受験数学の全分野にわたる復習を異なる観点に立って行ったことになる．すなわち，本書は"縦割り教育法"によってひととおりの知識を身につけた読者を対象とし，彼らに"横割り教育法"を施すことにより，彼らの潜在していた能力を引き出し，さらにその能力を啓発することを目指したものである．

【本シリーズの特色――発見的教授法――について】

本シリーズのタイトルに冠した発見的教授法という言葉に，筆者が託した思いについて述べる．

標準的学生にとっては，突然すばらしい解答を思いつくことはおろか，それを提示されてもどのようにしてその解答に至ったのかのプロセスを推測する事さえ難しい．そこで，本シリーズにおいては，天下り的な解説を一切排除し，"どうすれば解けるのか"，"なぜそうすれば解けるのか"，また逆に，"なぜそうしたらいけないのか"，"どのようにすれば，筋のよい解法を思いつくことができるのか"などの正解に至るプロセスを徹底的に追求し，その足跡を克明に表現することに努めた．

このような教え方を，筆者は"**発見的教授法**"とよばせていただいた．その結果，10行ほどの短い解答に対し，そこにたどりつくまでのプロセスを描写するのに数頁をもさいている箇所もしばしばある．本シリーズでは，このプロセスの描写を"**発想法**"という見出しで統一し，各問題の解答の直前に示した．このように配慮した結果，優秀な学生諸君にとっては，冗長な感を抱かせる箇所もあるかもしれない．そのようなときは適宜，"発想法"を読み飛ばしていただきたい．

1989年5月　秋山　仁

※　本シリーズは1989年発行当時のまま，手を加えずに復刊したため，現行の高校学習指導要領には沿っていない部分もあります．

はじめに

　真実は，自分や他人の都合に関係なく真実である．真実は，多数決によって決定することもできないし，いかなる権力をもってしても侵すことができない．まして，金力によって購(あがな)うこともできない．真実でないものは，論理によって容易にうち砕かれ，真実は論理によって永遠に支えられる．そして，論理には，万人が認めざるを得ない客観性がある．その存在を目で見ることのできない"論理"は，人の頭の中だけで知覚される無形のものである．しかし，いったん，その透明な姿の論理を身につけた者は，ものごとの真偽を筋道を立てて判断できるようになるばかりか，未知や無限をも予見することさえできる．

　命題の真偽に決着をつけるためには，その命題が正しいことを裏付ける証拠を与えるか，さもなくば正しくないことを示す反例を提示する必要がある．たったこれだけのことなのであるが，真偽の決着をつけることはそう容易なこととは限らない．

　真実を真実であると裏付けるためには，卓越した洞察力や高度な専門的知識のほかに，論理を上手に展開することが必要とされる．

　ふつうの入試レベルの問題でも上手に議論を展開していかない限り，到底証明を終結させることができないものや，感覚的にはその命題が成り立つことがわかるのだが，要領のよい解答を示すことができないものも多くある．そこで，本書では論理のしくみと命題の真偽に決着をつける上手な論法を解説することにした．

　本書を読破した諸君が，帰納法，背理法，場合分けなどの問題解決のために不可欠にして，かつ，強力な論法を自在に操り，難しい問題をテキパキと解決できるようにならなければ本書の価値はない．

☆ 本書の使い方と学習上の注意 ☆

　さきに述べたとおり，本シリーズでは，数学の考え方や技巧に照準を合わせ入試数学全体を分類し，入試数学を解説している．よって，目次（この目次を便宜上，"横割り目次"とよぶ）もその分類に従っている．高校の教科書をひととおり終えた，いわゆる受験生（浪人や高校3年生）とよばれる読者は，本書に従って学習すれば自ずとそれらの考え方や技巧を能率的に身につけることができる．

　一方，一般の教科書（または参考書）のように，分野別（たとえば，方程式，三角比，対数，……という分類）に勉強していくことも可能にするため，分野別の目次（これを便宜上，"縦割り目次"とよぶ）も参考のため示しておいた．すなわち，たとえば，確率という分野を勉強したい人は，確率という見出しを縦割り目次でひけば，本シリーズのどの問題が確率の問題であるかがわかるようにしてある．だから，それらの問題をすべて解けば，確率の問題を解くために必要な考え方や技巧を多角的に学習することができるしくみになっている．

　入試に必要な知識を部分的にしか理解していない高校1，2年生，または文系志望の受験生が本書を利用するためには縦割り目次を利用するとよい．すなわち，読者各位の学習の進度に応じ，横割り目次，縦割り目次を適宜使い分けて本書を活用していただければよいのである．

　次に，学習時に読者に心がけていただきたい点を述べる．

　数学を能率的に学習するためには，次の点に注意することが重要である．

1.　理論的流れに従い体系的に諸事実を理解すること
2.　視覚に訴え，問題の全貌を把握すること
3.　同種な考え方を反復して理解すること

　以上3点を踏まえ，問題の配列や解説のしかたや順序を決定した．とくに，第Ⅳ巻（数学の視覚的な解きかた），第Ⅴ巻（立体のとらえかた）では，2を重視した．また，3を徹底するために，全巻を通して同種の考え方や技巧をもつ例題と練習をペアにし，どちらかというと**[例題]**のほうをやや難しいものとし，例題を練習の先に配列した．**[例題]**をひとまず理解した後に，できれば独力で対応する**〈練習〉**を解いてみて，その考え方を十分に呑み込んだかどうかをチェックするという学習法をとることをお勧めする．

　なお，本文中の随所にある参照箇所の意味は，次の例のとおりである．

　　（例）　Ⅰの**第3章 §2**参照　　本シリーズ第Ⅰ巻の**第3章 §2**を参照
　　　　　第2章 §1参照　　　　本書と同じ巻の**第2章 §1**を参照
　　　　　§1　　　　　　　　　本書と同じ巻同じ章の**§1**

目次

  復刻に際して ……… iii
  序　文 ……… v
  はじめに ……… viii
  本書の使い方と学習上の注意 ……… ix
  縦割り(テーマ別)目次 ……… xi

第1章 論理のしくみ　**1**
　§1　命題と合成命題 ……… 2
　§2　真理表と同値 ……… 11
　§3　命題関数と量化文 ……… 27
　§4　背理法と対偶 ……… 52

第2章 全称命題と存在命題の証明のしかた　**66**
　§1　全称命題の証明のしかた(帰納法のカラクリ) ……… 68
　§2　存在命題の証明のしかた ……… 112

第3章 場合分けの動機と基準　**141**
　§1　必然による場合分け ……… 143
　§2　何を基準にして場合分けすると効果的かを考えよ ……… 162

第4章 上手な場合分けのしかた　**177**
　§1　やさしい場合から証明を始め，
　　　すでに証明済みの結果を利用せよ(山登り法) ……… 179
　§2　樹形図を利用して場合分けせよ ……… 198

第5章 上手な議論の進め方　**218**
　§1　特別な場合の考察により解の候補を絞り込め ……… 219
　§2　極端な場合を引き合いに出して矛盾を導け ……… 242
　§3　臨界的な状態(または際立った要素)に注目して議論せよ ……… 252

  あとがき ……… 276
  重要項目さくいん ……… 277

［※第Ⅰ～Ⅴ巻の目次は前見返しを，別巻の目次は後見返しを参照］

縦割り目次

(テーマ別)

> 縦割り(テーマ別)目次について
> ○各テーマ別初めのローマ数字(Ⅰ,Ⅱ,…)は，本シリーズの巻数を表している．別は別巻を表す．
> ○それに続くE(1・1・3)やP(1・1・4)については，Eは例題，Pは練習を示し，(　)内の数字は各問題番号である．
> ○1, 2, ……は各巻の章を表している．

[1] **数と式**

相加平均・相乗平均の関係

　　Ⅱ. E(1・1・3), P(1・1・4),
　　　 P(1・1・5), P(1・2・2),
　　　 E(3・2・3)
　　Ⅲ. E(4・1・1)
　　Ⅳ. E(1・2・4)
　　別Ⅱ. P(4・6・1), P(4・6・3)
　　　　 P(4・6・4)

その他

　　Ⅰ. P(4・1・1), E(4・1・3),
　　　 E(4・1・4), P(5・3・1)
　　Ⅱ. E(3・1・4), E(3・3・6)
　　Ⅲ. E(1・2・1), P(1・2・1),
　　　 E(1・3・2), E(3・1・4),
　　　 P(3・1・4), E(4・1・4),
　　　 P(4・1・4), P(4・4・1),
　　　 E(4・4・2), E(4・4・3)
　　Ⅳ. P(1・3・2)

　　別Ⅱ. E(1・2・1), P(1・2・1),
　　　　 E(5・5・1), P(5・5・1),
　　　　 P(5・5・2)

[2] **方程式**

方程式の(整数)解の存在および解の個数

　　Ⅰ. P(2・2・3), E(2・2・4),
　　　 E(2・2・5), P(2・2・5)
　　Ⅱ. E(3・3・5)
　　Ⅲ. E(3・1・3), P(3・2・2),
　　　 P(4・3・5)
　　Ⅳ. E(3・1・1), P(3・1・1),
　　　 P(3・1・2), E(3・1・3),
　　　 P(3・1・4)
　　別Ⅱ. P(1・1・1)

その他

　　Ⅱ. P(3・3・4)
　　Ⅲ. E(3・1・2), P(3・1・7),
　　　 P(4・1・3)

　　別Ⅱ. E(1・1・1), P(1・1・3),
　　　　 E(2・1・1), P(2・1・2)

[3] **不等式**

不等式の証明

　　Ⅰ. E(2・1・2), P(2・1・2),
　　　 E(2・1・7), P(2・1・7),
　　　 E(2・1・8), P(5・1・4)
　　Ⅱ. P(1・3・1), P(1・3・2)
　　Ⅲ. E(3・2・1), P(3・2・1),
　　　 E(3・2・2), E(3・3・1),
　　　 P(3・3・1), E(3・3・3),
　　　 E(3・3・4), P(3・3・4),
　　　 P(4・2・3)
　　Ⅳ. E(3・2・2), E(3・2・3),
　　　 P(3・2・3)

不等式の解の存在条件

　　Ⅳ. E(3・6・2), P(3・6・4),
　　　 P(3・6・5), P(3・6・6)

xii　縦割り目次

その他
　　Ⅰ. P(5・3・5)
　　Ⅱ. P(1・2・3), P(2・1・3),
　　　　E(3・4・4)
　　Ⅲ. E(2・2・1), P(3・1・3),
　　　　P(3・3・2), P(4・4・2),
　　　　P(4・4・4)
　　Ⅳ. E(3・2・1), P(3・2・1),
　　　　P(3・2・4), E(3・3・5),
　　　　P(3・3・7)

[4]　関　数

関数の概念
　　Ⅱ. E(3・1・1), P(3・1・1),
　　　　P(3・1・2)
　　Ⅲ. E(1・2・3)

その他
　　Ⅰ. E(4・1・1)
　　Ⅱ. E(1・2・2), E(3・1・2),
　　　　P(3・1・4), P(3・2・3),
　　　　P(3・3・5)
　　Ⅲ. P(1・2・3)

[5]　集合と論理

背理法
　　Ⅰ. E(5・2・1), P(5・2・1),
　　　　E(5・2・2), P(5・2・2)
　　Ⅲ. P(1・3・1), E(4・4・3),
　　　　E(4・4・4)
　　Ⅳ. E(1・3・1), P(1・3・1),
　　　　E(1・3・3), P(1・3・3),
　　　　P(2・1・1)

数学的帰納法
　　Ⅰ. 第2章全部
　　　　P(4・1・1), P(5・1・3)
　　Ⅲ. E(4・1・3), P(4・4・3)

鳩の巣原理
　　Ⅰ. E(2・2・6), P(2・2・7)
　　Ⅲ. E(4・1・2), P(4・1・2)

必要条件・十分条件
　　Ⅰ. 第5章§1全部
　　Ⅱ. E(1・2・2)
　　Ⅳ. E(1・3・2), E(3・6・1),
　　　　P(3・6・1), P(3・6・2),
　　　　P(3・6・3)

その他
　　Ⅰ. 第1章全部, E(5・3・3)
　　Ⅱ. P(2・3・1)
　　Ⅲ. E(1・2・2), P(1・2・2),
　　　　E(1・3・1)
　　Ⅳ. E(2・1・2), P(2・1・2),
　　　　P(2・1・3), P(2・1・4),
　　　　E(2・2・2)

[6]　指数と対数
　　Ⅰ. P(3・2・1)

[7]　三角関数

三角関数の最大・最小
　　Ⅱ. E(1・1・4), P(1・1・6),
　　　　E(3・2・1), E(4・1・2),
　　　　E(4・1・3), E(4・5・5)
　　Ⅳ. E(3・4・2), P(3・4・4)
　　別Ⅱ. P(2・2・2), P(2・2・3),
　　　　E(4・2・1), P(4・2・1),
　　　　E(4・5・1), P(4・5・1),
　　　　E(5・4・1), P(5・4・1),
　　　　P(5・4・2)

その他
　　Ⅱ. E(2・1・1)
　　Ⅲ. E(2・2・2), P(4・1・6),
　　　　E(4・2・1), E(4・4・1)

　　Ⅳ. P(3・4・3)

[8]　平面図形と空間図形

初等幾何
　　Ⅰ. P(3・1・3), E(3・1・4),
　　　　E(3・1・5), E(3・2・3)
　　Ⅳ. E(1・1・2), P(1・2・1),
　　　　E(1・2・2)
　　Ⅴ. E(1・1・1), E(1・2・3),
　　　　P(1・2・3), E(1・2・4),
　　　　E(2・2・5)
　　別Ⅱ. E(3・2・1), P(3・2・1),

正射影
　　Ⅴ. 第1章§3全部
　　別Ⅱ. E(4・4・1), P(4・4・1)

その他
　　Ⅰ. E(4・2・4)
　　Ⅱ. P(1・2・3), E(1・4・3),
　　　　P(1・4・4), P(1・4・5),
　　　　P(2・1・3), E(2・1・4),
　　　　P(2・1・4), P(2・1・5),
　　　　P(2・2・2), P(3・1・5)
　　Ⅲ. E(3・1・6), P(3・1・6),
　　　　E(2・3・3), P(3・3・3),
　　　　E(4・2・2), P(4・2・2),
　　　　P(4・2・3)
　　Ⅳ. E(3・2・4)
　　別Ⅱ. E(3・3・1), P(3・3・1),
　　　　E(5・1・1)

[9]　平面と空間のベクトル

ベクトル方程式
　　Ⅰ. P(5・3・3)
　　Ⅴ. E(1・3・4), E(1・3・5)

縦割り目次　xiii

ベクトルの1次独立
　　Ⅰ. P(3・1・1), E(3・1・1)

[10]　平面と空間の座標

媒介変数表示された曲線
　　Ⅱ. E(1・2・1), P(1・2・1),
　　　 E(4・4・1), P(4・4・1)
　　Ⅲ. E(2・2・3), P(2・2・3),
　　　 E(2・2・4), P(2・2・4),
　　　 E(2・2・5)

定点を通る直線群，定直線を含む平面群
　　Ⅱ. P(4・5・1), E(4・5・2),
　　　 P(4・6・1), P(4・6・4),
　　　 E(4・6・5), P(4・6・5),
　　　 E(4・6・6)

2曲線の交点を通る曲線群，
　　2曲面を含む曲面群
　　Ⅱ. E(4・5・1), E(4・5・2),
　　　 P(4・5・2), E(4・6・1),
　　　 P(4・6・1), E(4・6・2),
　　　 P(4・6・2), E(4・6・4),
　　　 P(4・6・4)

曲線群の通過範囲
　　Ⅰ. E(5・3・2), P(5・3・2)
　　Ⅱ. E(2・3・2), E(3・3・3),
　　　 P(3・3・3), E(3・3・4),
　　　 E(4・3・1), P(4・3・1),
　　　 E(4・3・2), P(4・3・2),
　　　 E(4・5・3), P(4・5・3),
　　　 E(4・5・4), P(4・5・4),
　　　 E(4・5・5)
　　Ⅲ. E(2・2・1), P(2・2・1),
　　　 E(2・2・2), P(2・2・2)
　　Ⅳ. E(1・1・2)

座標軸の選び方
　　Ⅱ. 第2章§2全部

その他
　　Ⅰ. P(5・3・3)
　　Ⅱ. P(4・5・5), E(4・6・1),
　　　 E(4・6・2), E(4・6・3),
　　　 E(4・6・4)
　　Ⅲ. E(2・1・3), E(3・1・5),
　　　 E(4・3・1), P(4・3・1)
　　Ⅳ. P(1・1・1)
　　Ⅴ. E(1・1・2), E(1・1・3),
　　　 E(1・2・1), P(1・2・1),
　　　 E(1・2・2), P(1・2・2)

[11]　2次曲線

だ円
　　Ⅱ. P(2・1・2)
　　Ⅲ. E(2・1・2), P(2・1・2)
　　Ⅳ. E(1・2・1)
　　別Ⅱ. E(4・3・1), P(4・3・1),
　　　　 P(4・3・2), E(6・5・1)

放物線
　　Ⅱ. E(2・2・1), P(2・2・1),
　　　 E(2・2・2), P(3・1・3)
　　Ⅲ. P(2・1・3)
　　別Ⅱ. P(1・3・1)

[12]　行列と1次変数

回転，直線に関する対称移動
　　別Ⅰ. 第2章§1全部

その他
　　Ⅰ. P(3・1・1), E(3・1・2),
　　　 P(5・1・1), E(5・3・1),
　　　 P(5・3・2), E(5・3・4),
　　　 P(5・3・4)
　　Ⅱ. P(3・3・6)

別Ⅰ. 別巻Ⅰ全部

[13]　数列とその和

漸化式で定められた数列の一般項の求め方
　　Ⅰ. E(2・1・5), E(2・1・6),
　　　 P(2・1・9), P(4・1・2)
　　Ⅱ. E(3・4・1), P(3・4・1),
　　　 E(3・4・2), P(3・4・2),
　　　 E(3・4・3)
　　Ⅲ. E(1・1・1), P(1・1・1)
　　Ⅳ. P(2・2・1), E(2・2・3)
　　別Ⅱ. E(1・4・1), P(1・4・1),

その他
　　Ⅰ. P(3・1・2), P(3・2・2),
　　　 E(5・3・5), P(5・3・5)
　　Ⅱ. E(2・3・1)
　　Ⅲ. E(1・2・2), P(1・2・2),
　　　 E(1・3・3), P(1・1・3),
　　　 E(1・3・3), P(1・3・3),
　　　 E(3・3・2), P(4・2・1)

[14]　基礎解析の微分・積分

3次関数のグラフ
　　Ⅱ. E(2・2・3), P(2・2・3),
　　　 E(2・2・4), P(2・2・4),
　　　 P(2・2・5), E(3・1・2)
　　Ⅲ. E(2・1・1)
　　別Ⅱ. P(1・1・2), E(1・3・1),
　　　　 E(3・4・1), P(3・4・1)

その他
　　Ⅰ. P(4・1・3)
　　Ⅱ. E(1・2・2), E(1・2・4),
　　　 P(1・2・4), E(1・3・1),
　　　 P(1・3・1), P(1・3・2),
　　　 E(1・4・2), P(1・4・3),
　　　 E(3・1・5), P(3・1・6)
　　Ⅲ. E(4・1・3), E(4・1・6)

別Ⅱ. P(1・3・2), E(3・5・1),
P(3・5・2), P(4・6・2)
E(6・1・1), P(6・1・1)
P(6・1・2), E(6・2・1)
P(6・2・1), P(6・2・2)
P(6・3・1), E(6・4・1)
P(6・4・1), P(6・4・2)
P(6・5・1), E(6・6・1)
P(6・6・1)

[15] 最大・最小

2変数関数の最大・最小

Ⅳ. 第3章 §3全部

2変数以上の関数の最大・最小

Ⅱ. E(1・1・1), P(1・1・1),
E(1・1・2), P(1・1・2),
P(1・1・3)
Ⅳ. E(3・3・6)
別Ⅱ. P(3・1・1), E(3・1・1),
E(4・6・1)

最大・最小問題と変数の置き換え

Ⅱ. E(1・1・4), P(1・1・6),
E(3・2・1), P(3・3・5)
Ⅳ. P(3・4・1), E(3・4・3)
別Ⅱ. E(5・2・1), P(5・2・1),
P(5・2・3)

図形の最大・最小

Ⅱ. E(4・1・4), P(4・1・4),
E(4・1・5), P(4・1・5)
Ⅲ. P(3・1・5), E(3・1・7)

独立2変数関数の最大・最小

Ⅱ. E(4・1・1), P(4・1・1),
E(4・1・2), P(4・1・2),
E(4・1・3), E(4・2・1),
P(4・2・1), E(4・2・2),

P(4・2・2), E(4・2・3)
別Ⅱ. E(5・3・1)

その他

Ⅱ. E(3・1・3), P(3・2・1),
E(3・2・2), P(3・2・2),
E(3・3・2), P(3・3・2),
E(4・3・3)
Ⅲ. P(3・1・2), E(4・1・1),
P(4・1・1)
Ⅳ. E(3・4・1)
Ⅴ. E(1・1・4)
別Ⅱ. P(2・1・1), E(2・2・1),
P(2・2・1), E(4・1・1),
P(5・3・1), E(6・3・1)

[16] 順列・組合せ

場合の数の数え方

Ⅰ. 第3章 §2全部
Ⅱ. E(1・4・1), P(2・3・2)
Ⅲ. E(3・1・1), P(3・1・1),
E(4・1・4)
Ⅳ. E(2・1・1), E(2・2・2),
E(2・2・3)

その他

Ⅲ. E(2・2・7), E(4・1・4)

[17] 確 率

やや複雑な確率の問題

Ⅰ. E(4・2・1), P(4・2・1),
E(4・2・2), E(4・2・3),
P(4・2・3)
Ⅱ. E(1・4・1), P(1・4・1),
P(1・4・2)
Ⅳ. E(2・1・3), E(2・2・1),
P(2・2・1), P(2・2・2),
P(2・2・3), E(3・7・1),
P(3・7・1), E(3・7・2),

P(3・7・2)

期待値

Ⅰ. E(4・2・1)
Ⅲ. E(2・1・4), P(2・1・4),
P(4・1・4)
Ⅳ. P(3・7・3)

その他

Ⅲ. P(2・2・5), E(2・2・6),
E(4・1・4)

[18] 理系の微分・積分

数列の極限

Ⅰ. E(2・2・2), P(2・2・2)
Ⅳ. P(3・4・3), E(3・5・1),
P(3・5・1), P(3・5・3)

関数の極限

Ⅱ. P(3・1・6)
Ⅲ. E(4・3・2), P(4・3・2)
Ⅳ. P(2・2・1), E(3・1・2)

平均値の定理

Ⅰ. P(2・2・1), E(2・2・5),
P(2・2・6)

中間値の定理

Ⅰ. E(2・2・3), P(2・2・3),
P(2・2・4)
Ⅲ. E(4・1・5)

積分の基本公式

Ⅱ. E(1・2・2), P(1・2・2),
E(1・2・3), P(1・2・3)
Ⅲ. P(4・1・3), E(4・1・6),
E(4・3・3), E(4・3・5)

縦割り目次　xv

曲線の囲む面積

Ⅱ. $E(1\cdot 2\cdot 4)$, $P(1\cdot 2\cdot 4)$,
　　$E(3\cdot 1\cdot 2)$
Ⅲ. $P(2\cdot 1\cdot 1)$

立体の体積

Ⅱ. $E(1\cdot 2\cdot 1)$, $E(1\cdot 3\cdot 1)$,
　　$E(1\cdot 4\cdot 2)$, $P(1\cdot 4\cdot 3)$,
　　$E(3\cdot 3\cdot 1)$, $P(3\cdot 3\cdot 1)$
Ⅴ. 第2章全部

その他

Ⅰ. $E(2\cdot 2\cdot 1)$
Ⅲ. $P(1\cdot 3\cdot 2)$, $E(2\cdot 1\cdot 1)$,
　　$P(4\cdot 1\cdot 5)$, $E(4\cdot 1\cdot 6)$,
　　$P(4\cdot 1\cdot 6)$, $E(4\cdot 2\cdot 3)$,
　　$P(4\cdot 3\cdot 3)$, $E(4\cdot 3\cdot 4)$,
　　$P(4\cdot 3\cdot 4)$
別Ⅱ. $P(1\cdot 4\cdot 2)$, $P(4\cdot 6\cdot 3)$,
　　$P(5\cdot 1\cdot 1)$, $P(5\cdot 2\cdot 2)$,
　　$P(5\cdot 4\cdot 3)$

発見的教授法による数学シリーズ

1

数学の証明のしかた

第 1 章　論理のしくみ

　フランスの数学者のフェルマーは 1637 年ごろ，"整数 $n \geq 3$ および整数 $x, y, z > 0$ に対して $x^n + y^n \neq z^n$ がつねに成り立つ" ことを予想した．

　1778 年オイラーは，上の予想と類似した形の次の命題を予想した．

　　"任意の正の整数 x, y, z, t に対して，$x^4 + y^4 + z^4 \neq t^4$ が成り立つ"

　数百年の長い年月にわたり多くの人々が上の 2 つの予想の真偽に決着をつけるべく努力を重ねてきた．にもかかわらず，どちらの予想もだれも解決することができず，長い間未解決のままになっていた．多くの人々は，これらの予想が正しいものとして肯定的に証明することに挑戦してきたのだった．

　前者のフェルマーの予想は，予想されて以来 350 年以上たった現在でも解決されていない．しかし，$2 < n < 250000$ なるすべての整数に対して予想が成り立つことが現在まで示されている．すなわち，反例を見つけるためには n を 25 万以上としなければならないわけである．後者は，1988 年に米国のハーバード大学の学生 ELKIES によってコンピュータを駆使した探索の末，次の反例が見つけられ，否定的に解決された．その反例は，

"$95800^4 + 217519^4 + 414560^4 = 422481^4$"

という驚異的に大きな数であった．

　上述の 2 つの例は歴史的な難問であるので，その真偽に決着をつけることが極めて難しいのは当然である．しかし，どんな難しい問題でも各段階においては簡単な推論を行い，それを繰り返すことによって解決されるのである．すなわち，問題を解決するために不可欠なことは "簡単な" 推論を正確に適用することができ，かつそれを問題解決にむけて組み合わせていく能力をもつことである．

　本章では理論の基本を身に付けることを主目標とし，そのために，命題と合成命題，真理表と同値，必要条件と十分条件，命題関数と量化文，背理法と対偶などについて徹底的に学習することにしよう．

§1 命題と合成命題

　セントラル・パークやタイムズ・スクエアで新聞を読んでいる英米人が，日本の受験生のように，各文を読んだ後に，

　　$S+V$, $S+V+C$, $S+V+O$, $S+V+O+O$, $S+V+O+C$

など，英文を5つの文型に分類し，どれが主語で，どれが動詞で，……と，いちいち分析した結果，新聞を理解しているわけではない．彼らは，活字を見ると同時に，それらが並んでできる文章の意味を理解しているにちがいないということは，わたしたちが日本語の新聞を読んでいるときを考えれば，容易に推測できる．

　初学者が外国語を学ぶときと同様に，数学的な文章の把握に慣れていない人々は，まず，それらを分析し，文章の"めりはり"のつけ方のコツを修得せよ．そのような訓練の結果，さほど身構えなくとも，複雑な数学的表現を含む文章の理解や書き方が自然にできるようになるのである．そのために必要な基本的な事柄を，以下に述べることにしよう．

　真，偽を判定することが可能な文章や式を**命題**という．肯定形の単文の命題を**単一命題**(または原子)といい，記号 $p, q, r, \ldots\ldots$ をつかって表す．単一命題を以下に示すように組み合わせたり，否定してつくられる命題を**合成命題**(または**複合命題**)という．合成命題，"p かつ q"，"p または q"，"p ならば q"，"p でない"は，それぞれ，記号 $p \wedge q$, $p \vee q$, $p \to q$, $\overline{p}$ と表される．$\wedge$, $\vee$, $\to$, $\overline{}$ をそれぞれ論理積(または合接)，論理和(または離接)，含意(または条件文)，否定とよび，これらを総称して結合子とよぶ．

　合成命題 $p \to q$ に対して，

　　　$q \to p$ を，その逆

　　　$\overline{p} \to \overline{q}$ を，その裏

　　　$\overline{q} \to \overline{p}$ を，その対偶

という．これらの関係を図示すると表Aのようになる．

表A

$p \to q$ ――逆―― $q \to p$

　｜　＼対偶／　｜
　裏　　×　　裏
　｜　／　＼　｜

$\overline{p} \to \overline{q}$ ――逆―― $\overline{q} \to \overline{p}$

　$(p \to q) \wedge (q \to p)$ を $p \leftrightarrow q$ で表し，双条件文とよぶ．また，このとき，p と q は同値な命題だという．

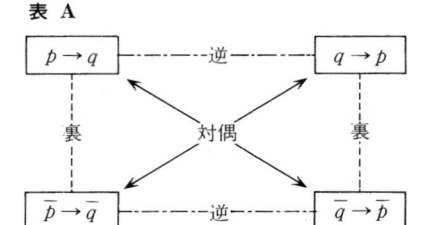

[例題 1・1・1]
次の(1)〜(7)の中から命題を選べ．また，真なる命題はどれか．
(1) 1日は36時間である．
(2) $2 \leqq 3$
(3) 地球は惑星である．
(4) $10+12=1946$
(5) おいしいッ
(6) いま何時ですか？
(7) アメリカへ行きなさい．

解答　「真，偽を判定することが可能な文や式を命題という」と定義したのだから，命題は(1), (2), (3), (4)の4つだけである．とくに，(2), (3)は真なる命題，(1), (4)は偽なる命題である．

解説　(5), (6), (7)については，真であるとも偽であるとも判定することはできないので命題ではないのだが，その理由を以下に詳説する．

(5)は感嘆文である．この〝おいしいッ〟という言葉が，ケーキを食べているときに出た言葉だとしよう．(5)の文が命題となるのは，〝おいしいッ〟という文の真，偽がだれにでも一意に決定できなくてはならない．しかし，A子さんが〝おいしいッ〟と思うケーキに対して，B子さんは〝甘すぎるナ〟，C子さんは〝小さいナ〟，D君は〝きれいだナ〟など，人によって，独自の感情をもつことが可能である．よって，(5)の文章の真，偽を判定することは不可能であるから，(5)の文章は命題でない．

(6)は疑問文である．次のような誤解をする人が多いので注意せよ．『この質問がなされた時刻が3時ちょうどだったとする．「3時」と答えれば，(6)の命題は真であるし，「6時」や「9時」のように「3時」以外の時刻を告げたならば，(6)の命題は偽であるということができる．ゆえに，(6)の文章は命題だ』．しかし，これはあくまで(6)の質問に対する答えの真，偽であり，この質問自身の真，偽を判定することはできないことに変わりはない．よって，(6)のような文章は命題とはいえない．

(7)は命令文である．疑問文の場合と同様に．『この命令に「従う」ことと「従わない」ことは，真，偽の対象となるので(7)は命題だ』という誤解をしないこと．この命令文自身の真偽を論じることは，(6)と同様不可能である．よって，(7)の文章も命題ではない．

┌─────〈練習 1・1・1〉─────────────────────────┐
│ 次の(1)〜(5)の中から命題を選べ．
│ (1) $10+12=22$，かつ，$10+12=1946$
│ (2) 野菜を食べるか果物を食べる．
│ (3) しからないと勉強しない．
│ (4) コロッケを食べない．
│ (5) 何時ですか，かつ，どこですか．
└─────────────────────────────────────┘

[解 答]　(1), (2), (3), (4)

(解説)　(2)において，"野菜を食べるか……"における"か"は意味をとれば"または"のことであり，(3)の"しからないと……"の"と"は"ならば"の意味であるので，書き直して考えるほうがわかりやすい．

　合成命題とは，前に示したように，単一命題を組み合わせたり，否定してつくられてできる命題をいうのであった．(1)〜(3)は単一命題を組み合わせたものであり，(4)は単一命題を否定したものである．よって，(1)〜(4)は命題である．

　一方，(5)は命題ではない疑問文(何時ですか，どこですか)を組み合わせている．よって，命題ではないのである．

[例題 1・1・2]

A, B, C, D, E, F, G, H の 8 人が，下図のような円形のテーブルに向かい，ア〜クまでの席に着いて食事をした．その席順について，

A は「G は自分の隣にいた」，
B は「A の左隣の席であった」，
C は「A の向かい側にいた」，
D は「F の正面の席ではなかった」，
E は「自分と D との間にはだれかいた」，
F は「A の右隣ではなかった」，
G は「D の隣であった」，
H は「F とは離れていた」

といっているが，実は，各人の発言はすべて誤りであった．8 人の席順はどうであったか．ただし，A の席は，図のアの位置とする． (群馬大)

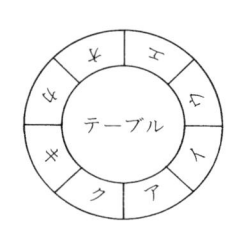

解答　A〜H の発言を否定した命題は，次のようになる．

$\overline{A}$；G は自分の隣にいなかった　　$\overline{B}$；A の左隣の席ではなかった
$\overline{C}$；A は向かい側にいなかった　　$\overline{D}$；F の正面の席であった
$\overline{E}$；自分と D との間にはだれもいなかった（つまり，D の隣だった）
$\overline{F}$；A の右隣だった　　　　　　　$\overline{G}$；D の隣ではなかった
$\overline{H}$；F とは離れていなかった（つまり，F の隣だった）

これらはすべて真であるから，この情報に従って各人の席を決定していけばよい．A, F, H の席はすぐにわかり，次に D の席がきまる（図1）．他の 4 人についての情報を空いている 4 つの席に書きこむと図 2 を得る．図 2 より，まず C の席はク，続いて G の席はエであると決定する．また，B, E の席は，オ，キのどちらでもよいことがわかる．

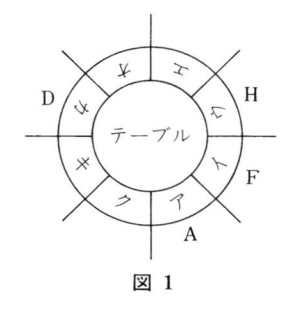

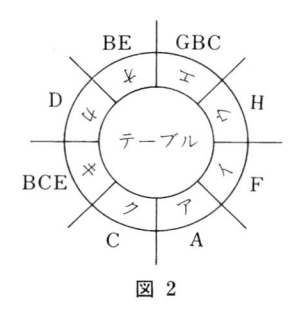

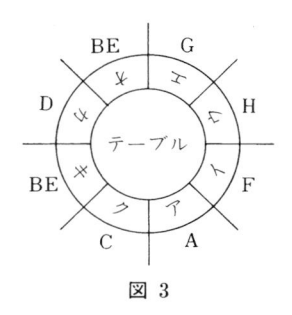

図 1　　　　　　　　図 2　　　　　　　　図 3

6 第1章 論理のしくみ

よって，求める席順は，

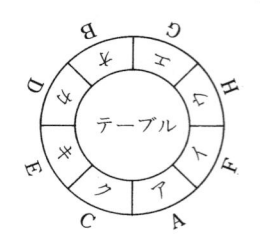

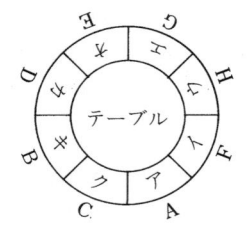

図4

図4の2通りのうちのいずれかである．
（注） 否定文をつくるときは，助詞や時制を変えると，以下のように，命題の内容が変わってしまうことがあるので注意せよ．
　　　$\overline{B}$；A は左隣の席ではない．

【別解】　「解答」と考え方は同じだが，以下のような表をつくりながら考えてもよい．下の表は次の(1)〜(4)の手順でつくる．
(1) ある人の席がきまったとき，その人の行ときまった席の列の交わるマス □ に○印を書くことにする．$\overline{F}$, $\overline{D}$, $\overline{H}$ の文から，F, D, H の席は A の席からきまってしまうことがわかるので，A, F, D, H の席に「○」を書く．
(2) ある人の席がきまったとき，その人は別の席に座ることはなく，その席に別の人が座ることはないので，○の入った行，列の他の □ には「—」を書く．
(3) 残った □ のうち，$\overline{A}$, $\overline{B}$, $\overline{C}$, $\overline{E}$, $\overline{G}$ の文から，B, C, E, G の席となれない □ に「×」を書く．
(4) 残った □ に ○ をどう入れるかを考える．まず，C, G の席がきまる．次に，B, E の席は2通り考えられることに注意する．

(4)は，自分で書きいれてみよ．

席人	ア	イ	ウ	エ	オ	カ	キ	ク
A	○	—	—	—	—	—	—	—
B	—	—	—			—		×
C	—	—	—		×	—		
D	—	—	—	—	—	○	—	—
E	—	—	×			—		×
F	—	○	—	—	—	—	—	—
G	—	—	—		×	—	×	×
H	—	—	○	—	—	—	—	—

§1 命題と合成命題　7

┌─〈練習 1・1・2〉─────────────────────┐
│　「甲, 乙, 丙, 丁 4人の血液型はすべて異なっていて, │
│　　A型, B型, AB型, O型のいずれかである」　……(＊) │
│　4人は自分の血液型について次のように述べたが, 3人は真実を, 1人は誤 │
│りをいっている. │
│　　　　甲；「A型である」　　　乙；「O型である」 │
│　　　　丙；「AB型である」　　丁；「AB型でない」 │
│　このとき, 次の命題(a), (b), (c), (d)のおのおのについて, それが(＊)に矛 │
│盾しているか否かを判定せよ. │
│　(a)　甲は誤りを述べている.　(b)　乙は誤りを述べている. │
│　(c)　丙は誤りを述べている.　(d)　丁は誤りを述べている. │
│　　　　　　　　　　　　　　　　　　　　　　　　(東京理大 改) │
└─────────────────────────────┘

解答　(a)　甲が誤りを述べている場合
　　4人の血液型はそれぞれ,
　　　甲；A型でない
　　　乙；O型
　　　丙；AB型
　　　丁；AB型でない
となる(表1). 表は, ○印はそれぞれの人の可能な血液型であり, 斜線を施した血液型に一意にきまることを表している.
　　よって, 甲；B型, 乙；O型, 丙；AB型, 丁；A型
となり, (＊)に**矛盾しない**.　　……(答)

表 1

	A	B	AB	O
甲	／	○	○	○
乙				／○
丙			／○	
丁	／○	○		○

(b)　乙が誤りを述べている場合
　　4人の血液型はそれぞれ,
　　　甲；A型
　　　乙；O型でない
　　　丙；AB型
　　　丁；AB型でない
となる(表2).
　　よって, 甲；A型, 乙；B型, 丙；AB型, 丁；O型
となり, (＊)に**矛盾しない**　……(答)

表 2

	A	B	AB	O
甲	／○			
乙	○	○	○	／
丙			／○	
丁	○	○		／○

(c) 丙が誤りを述べている場合

4人の血液型はそれぞれ,
  甲；A型
  乙；O型
  丙；AB型でない
  丁；AB型でない
となる．(表3)

よって，AB型の人が1人もいなくなるので，**(∗)に矛盾する**．　……(答)

(d) 丁が誤りを述べている場合

4人の血液型はそれぞれ,
  甲；A型
  乙；O型
  丙；AB型
  丁；AB型
となる(表4)．

よって，B型の人が1人もいなくなるので，**(∗)に矛盾する**．　……(答)

表3

	A	B	AB	O
甲	○			
乙				○
丙	○	○		○
丁	○	○		○

表4

	A	B	AB	O
甲	○			
乙				○
丙			○	
丁			○	

[例題 1・1・3]

命題 "天気がよい" を p で表し，命題 "ピクニックに行く" を q で表す．以下の命題を日本語に直せ．また，可能ならば表現を簡潔にせよ．

(a) $p \wedge \overline{q}$
(b) $p \leftrightarrow q$
(c) $\overline{q} \to \overline{p}$
(d) $\overline{(\overline{p} \vee q)} \vee (p \wedge \overline{q})$

[解答] (a) 天気がよい かつ ピクニックに行かない．
簡潔にすれば，「天気がよいにもかかわらず，ピクニックに行かない」

(b) 天気がよい ならば ピクニックに行く．かつ，ピクニックに行く ならば 天気がよい．
簡潔にすれば，「天気がよいとき，また，そのときに限り，ピクニックに行く」

(c) ピクニックに行かない ならば 天気がよくない．
簡潔にすれば，「ピクニックに行かないなら，天気が悪い」

(d) "天気がよくない または ピクニックに行く" というわけではない，または，"天気がよい かつ ピクニックに行かない"．
簡潔にすれば「天気がよくて，ピクニックに行かないか，または天気がよいにもかかわらずピクニックに行かない」
すなわち，「天気がよいにもかかわらず，ピクニックに行かない」

〈練習 1・1・3〉

命題「入学試験を受けていなければ，合格しない」の (i) 逆，(ii) 対偶，(iii) 裏 を，下記の(ア)〜(キ)から選べ．

(ア) 「入学試験を受けていなければ，合格する」
(イ) 「入学試験を受けていれば，合格する」
(ウ) 「入学試験を受けていれば，合格しない」
(エ) 「合格しないならば，入学試験を受けていない」
(オ) 「合格しないならば，入学試験を受けている」
(カ) 「合格するならば，入学試験を受けている」
(キ) 「合格するならば，入学試験を受けていない」

(立教大 改)

【解答】 入学試験を受けている p
合格する q

と記号化する．

命題は，$\overline{p} \to \overline{q}$ と記号化できる．

(i) 逆；$\overline{q} \to \overline{p}$
合格しない ならば 入学試験を受けていない
(エ) ……(答)

(ii) 対偶；$q \to p$
合格する ならば 入学試験を受けている
(カ) ……(答)

(iii) 裏；$p \to q$
入学試験を受けている ならば 合格する
(イ) ……(答)

§2　真理表と同値

命題が真であることを記号 T(True) で表し，偽であることを記号 F(False) を用いて表す．命題 p, q の真偽の組合せ（全部で4通りある）により，合成命題 $p \wedge q$, $p \vee q$, $p \to q$, $\overline{p}$ の真，偽を表 A, B のように定める．この表を **真理表**（または，真理値表）という．以後，表 A, B によって定められた規則に従って複雑な命題の真偽が決定されていくので，完全に理解されたい．

表 A

p	q	$p \wedge q$	$p \vee q$	$p \to q$
T	T	T	T	T
T	F	F	T	F
F	T	F	T	T
F	F	F	F	T

表 B

p	$\overline{p}$
F	T
T	F

条件文 $p \to q$ の逆，裏，対偶，および双条件文 $p \leftrightarrow q$ に対する真理表を表 A, B の規則に従ってつくると，次のようになる（表 C）．

表 C

p	q	$p \to q$	$q \to p$	$\overline{p} \to \overline{q}$	$\overline{q} \to \overline{p}$	$p \leftrightarrow q$
T	T	T	T	T	T	T
T	F	F	T	T	F	F
F	T	T	F	F	T	F
F	F	T	T	T	T	T

（注）（1）命題が真であっても，その逆，裏は真であるとは限らない．
　　　（2）命題が真（偽）であれば，その対偶は必ず真（偽）である．

（参考）命題 p が真，偽であることをそれぞれ記号 T, F を用いて表す代わりに，命題 p が真であることを数字 1 で表し，偽であることを数字 0 で表すという表現のしかたもある．

表 D

p	q	$p \wedge q$	$p \vee q$	$p \to q$
1	1	1	1	1
1	0	0	1	0
0	1	0	1	1
0	0	0	0	1

表 E

p	$\overline{p}$
1	0
0	1

もちろん，真であることを ○（マル），偽であることを ×（バツ）で表してもよいが，数字 1, 0 をつかうと次のような利点がある．

論理積命題と論理和命題の真理値を求めることは，ある種の2項演算とみなすことができるのである．そのために，まず，通常に行っている演算(加法，乗法)が，次のような規則に従っていることを確認しよう．

$$(*) \begin{cases} 1+1=2, \quad 1+0=0+1=1, \quad 0+0=0 \\ 1\times 1=1, \quad 1\times 0=0\times 1=0, \quad 0\times 0=0 \end{cases}$$

式(*)において，加法 +，乗法 × をそれぞれ，記号 $\vee$，記号 $\wedge$ に対応させてみると表 F を得る．

表 F の～～部以外は，前述のように定めた真理表(表A)とまったく一致していることがわかる．そこで，唯一の例外を回避するために，

$$1+1=1$$

表 F

p	q	$p \wedge q$	$p \vee q$
1	1	$1\times 1=1$	$1+1=2$
1	0	$1\times 0=0$	$1+0=1$
0	1	$0\times 1=0$	$0+1=1$
0	0	$0\times 0=0$	$0+0=0$

という協定のもとに，その他は普通の加法，乗法の規則どおりに計算すれば，真理表が得られるのである．なお本書では，命題の真，偽を強調するために，F, T の記号を用いて以下の解説を行うことにする．

さて，前述の真理表(表A)で定められる真偽の結果は，どれも日常の感覚とそれほどちがわないので，容易にうけ入れることができるだろう．ただ1つ注意すべきことは，$p\to q$ において，

『p が偽のとき，$p\to q$ は，結論 q の真偽によらず真である』

という点である．そこで，以下に示す例文を通じて，この事実が正当であるという感覚をつかんでほしい．

(例) 姉が妹に，「給料が入ったら，時計をプレゼントする」と約束した．妹は「やった～!」と喜ぶ．この約束を命題 p_1 とする．どのようなとき姉は約束を破ったことになり，どのようなとき約束を守ったことになるだろうか，つまり，どのようなとき命題 p_1 は真となり，どのようなとき偽となるか考えよ．

(i) 給料が入ったとき

　○姉が妹に時計をプレゼントすれば約束を守ったことになり，命題 p_1 は真となる．

　○姉が妹に時計をプレゼントしなければ，いちごやケーキをプレゼントしたとしても姉は約束を破ったことになり，命題 p_1 は偽となる．

(ii) 給料が入らないとき(姉が突然働き先をやめたり，働き先が倒産したときなど)

　時計をプレゼントしても，時計をプレゼントしなくても，時計の代わりにケー

キやオルゴールをプレゼントしても，給料が入ったわけではないので，姉は約束を破ったことにはならない．

合成命題を構成している単一命題の真偽のあらゆる組合せに対して，真理表がつねに真 (T) となる合成命題を **トートロジー**（または，恒真命題）といい，記号 I で表す．たとえば，

$$"p \longrightarrow p" \quad \text{とか}, \quad "p \longrightarrow p \vee \bar{p}"$$

などの命題は，p, q が何であってもつねに成り立つのでトートロジーである．

合成命題を構成している単一命題の真偽のあらゆる組合せに対して，真理値がつねに偽 (F) となる合成命題を **矛盾命題** といい，記号 o で表す．たとえば，

$$"p \wedge \bar{p}" \quad \text{とか}, \quad "p \longleftrightarrow \bar{p}"$$

などの命題は，p が何であっても決して成り立たないので矛盾命題である．

一方，$p \vee q$ や $p \wedge q$ などのように，単一命題 p, q の真偽の組合せに対して真偽いずれの値もとり得る命題もある．このような命題はトートロジーでも，矛盾命題でもない．詳しくは，[**例題 1・2・2**]，〈**練習 1・2・2**〉を見よ．

単一命題 $p, q, r, \cdots\cdots$ を組み合わせてつくられた合成命題を，記号 $P(p, q, r, \cdots\cdots)$ と表す．

$P(p, q, r, \cdots\cdots) \to Q(p, q, r, \cdots\cdots)$ がトートロジーのとき，記号 $\to$ の代わりに記号 $\Rightarrow$ を用いて区別する．すなわち，

$$P(p, q, r, \cdots\cdots) \Rightarrow Q(p, q, r, \cdots\cdots)$$

などと書く．これを **推論式** という．このとき，$P(p, q, r, \cdots\cdots)$ は，$Q(p, q, r, \cdots\cdots)$ の **十分条件** であるといい，$Q(p, q, r, \cdots\cdots)$ は，$P(p, q, r, \cdots\cdots)$ の **必要条件** であるという．

$P(p, q, r, \cdots\cdots) \leftrightarrow Q(p, q, r, \cdots\cdots)$ がトートロジーのとき，記号 $\leftrightarrow$ の代わりに，記号 $\Leftrightarrow$ を用いて区別する．すなわち，

$$P(p, q, r, \cdots\cdots) \Leftrightarrow Q(p, q, r, \cdots\cdots)$$

などと書く．このとき，$P(p, q, r, \cdots\cdots)$ と $Q(p, q, r, \cdots\cdots)$ は，（論理的に）**同値である** という．また，$P(p, q, r, \cdots\cdots)$ は $Q(p, q, r, \cdots\cdots)$ の **必要十分条件** であるといい，$Q(p, q, r, \cdots\cdots)$ も $P(p, q, r, \cdots\cdots)$ の **必要十分条件** であるという．

なお，数学の問題を解く際，しばしば現れる命題の同値関係には，下記のものがある．証明は [例題 1・2・3] を見よ．

(i) $\begin{cases} p \wedge q \Leftrightarrow q \wedge p \\ p \vee q \Leftrightarrow q \vee p \end{cases}$ （交換法則）

(ii) $\begin{cases} (p \wedge q) \wedge r \Leftrightarrow p \wedge (q \wedge r) \\ (p \vee q) \vee r \Leftrightarrow p \vee (q \vee r) \end{cases}$ （結合法則）

(iii) $\begin{cases} p \wedge (q \vee r) \Leftrightarrow (p \wedge q) \vee (p \wedge r) \\ p \vee (q \wedge r) \Leftrightarrow (p \vee q) \wedge (p \vee r) \end{cases}$ （分配法則）

(iv) $\overline{\overline{p}} \Leftrightarrow p$ （二重否定）

(v) $\begin{cases} \overline{p \wedge q} \Leftrightarrow \overline{p} \vee \overline{q} \\ \overline{p \vee q} \Leftrightarrow \overline{p} \wedge \overline{q} \end{cases}$ （ド・モルガンの法則）

(vi) $\overline{p \rightarrow q} \Leftrightarrow p \wedge \overline{q}$

(vii) $p \wedge p \Leftrightarrow p, \quad p \vee p \Leftrightarrow p$
$p \wedge \overline{p} \Leftrightarrow o, \quad p \vee \overline{p} \Leftrightarrow I$

(viii) $p \wedge I \Leftrightarrow p$
$p \vee I \Leftrightarrow I$

(ix) $p \wedge o \Leftrightarrow o$
$p \vee o \Leftrightarrow p$

（I はトートロジー，o は矛盾命題）

[例題 1・2・1]
次のような2軒の店 A, B がある．
　店Aの看板には，"美味しいケーキは，安くない" と書いてあり，
　店Bの看板には，"安いケーキは，美味しくない" と書いてある．
これら2つの看板は，同じことを述べているのかどうか決定せよ．

[発想法]
　2つ以上の命題の同値関係を調べるには，それらの命題の真理表をつくり比較すればよい．しかし，本問のように簡単な命題の場合は，序文に示した同値関係の式を利用し，式変形のみで証明してもよい（【別解】参照）．

[解答]　「ケーキは，美味しい」を p
　　　　　「ケーキは，安い」を q
と記号化する．
　店Aの看板の内容は，$p \to \overline{q}$
　店Bの看板の内容は，$q \to \overline{p}$
と記号化できる．これらの命題の真理表をつくると表1を得る．

表 1

p	q	$\overline{p}$	$\overline{q}$	$p \to \overline{q}$	$q \to \overline{p}$
T	T	F	F	F	F
T	F	F	T	T	T
F	T	T	F	T	T
F	F	T	T	T	T

　表1より，
$$p \to \overline{q} \Longleftrightarrow q \to \overline{p}$$
よって，これら2つの看板は同じことを述べていることがわかる．

【別解】 対偶をつかえば，次のようになる．
　上の解答の記号をつかって，
$$p \to \overline{q} \underset{対偶}{\Longleftrightarrow} \overline{\overline{q}} \to \overline{p} \Longleftrightarrow q \to \overline{p}$$
したがって，これら2つの看板は同じことを述べている．

16 第1章 論理のしくみ

〈練習 1・2・1〉

次の空欄 ☐ に,「必要」,「十分」,「必要かつ十分」のうちの適当なものを入れよ.

記号 $X \Rightarrow Y$ は,「X が成り立つとすると Y が成り立つ」ことを示す.
いま,$A \Rightarrow B$, $B \Rightarrow C$, $D \Rightarrow C$, $C \Rightarrow E$, $E \Rightarrow B$ であるとき,A は B の ☐ 条件,C は D の ☐ 条件,B は E の ☐ 条件である.

(近畿大)

[解答] 問題の条件から,A, B, C, D, E に関して右のような関係図が得られる.

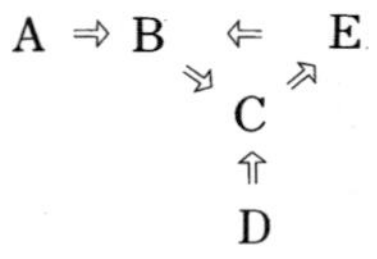

$$A \Rightarrow B \Leftarrow E$$
$$\searrow \quad \nearrow$$
$$C$$
$$\Uparrow$$
$$D$$

図 1

これより,
$A \Rightarrow B$
$D \Rightarrow C$
$B \Rightarrow C \Rightarrow E$
$E \Rightarrow B$
$\therefore \quad B \Leftrightarrow E$

したがって,
$\begin{cases} A \text{ は } B \text{ の } \textbf{十分条件} \\ C \text{ は } D \text{ の } \textbf{必要条件} \\ B \text{ は } E \text{ の } \textbf{必要かつ十分条件} \end{cases}$ ……(答)

[例題 1・2・2]

次の命題の真理表をつくれ.また,トートロジーはどれか.

(1) $\overline{p \to q}$
(2) 三段論法の原理: $(p \to q) \land (q \to r) \to (p \to r)$
(3) 背中律の原理: $(p \land \overline{q \to \overline{r}}) \land r \to (p \to q)$

解答 (1) 表 1

p	q	$p \to q$	$\overline{p \to q}$
T	T	T	F
T	F	F	T
F	T	T	F
F	F	T	F

よって,この命題はトートロジーではない.

(2) 表 2

p	q	r	$p \to q$	$q \to r$	$(p \to q) \land (q \to r)$	$p \to r$	$(p \to q) \land (q \to r) \to (p \to r)$
T	T	T	T	T	T	T	T
T	T	F	T	F	F	F	T
T	F	T	F	T	F	T	T
T	F	F	F	T	F	F	T
F	T	T	T	T	T	T	T
F	T	F	T	F	F	T	T
F	F	T	T	T	T	T	T
F	F	F	T	T	T	T	T

よって,この命題はトートロジーである.

(3) 表 3

p	q	r	$\overline{q}$	$p \land \overline{q}$	$\overline{r}$	$p \land \overline{q} \to \overline{r}$	$(p \land \overline{q} \to \overline{r}) \land r$	$p \to q$	$(p \land \overline{q} \to \overline{r}) \land r \to (p \to q)$
T	T	T	F	F	F	T	T	T	T
T	T	F	F	F	T	T	F	T	T
T	F	T	T	T	F	F	F	F	T
T	F	F	T	T	T	T	F	F	T
F	T	T	F	F	F	T	T	T	T
F	T	F	F	F	T	T	F	T	T
F	F	T	T	F	F	T	T	T	T
F	F	F	T	F	T	T	F	T	T

よって,この命題はトートロジーである.

〈練習 1・2・2〉

次の命題の真理表をつくれ．また，各命題がトートロジーか矛盾命題かを述べよ．

(1) $p \to p$
(2) $p \vee \overline{p}$
(3) $\overline{p \wedge \overline{p}}$
(4) $p \wedge \overline{p}$

[解答] おのおのの命題について真理表を示す．

(1)

p	p	$p \to p$
T	T	T
F	F	T

(2)

p	$\overline{p}$	$p \vee \overline{p}$
T	F	T
F	T	T

(3)

p	$\overline{p}$	$p \wedge \overline{p}$	$\overline{p \wedge \overline{p}}$
T	F	F	T
F	T	F	T

(4)

p	$\overline{p}$	$p \wedge \overline{p}$
T	F	F
F	T	F

よって，(1), (2), (3) はいずれもトートロジーであり，(4) は矛盾命題である．

§2 真理表と同値　19

[例題 1・2・3]

次の命題がトートロジーであることを真理表をつくって確認せよ．

(1) $\overline{p \vee q} \iff \overline{p} \wedge \overline{q}$　（ド・モルガンの法則）
(2) $\overline{p \wedge q} \iff \overline{p} \vee \overline{q}$　（ド・モルガンの法則）
(3) $p \to q \iff \overline{q} \to \overline{p}$　（対偶）
(4) $\overline{p \to q} \iff p \wedge \overline{q}$　（背理法）
(5) $p \vee (q \wedge r) \iff (p \vee q) \wedge (p \vee r)$　（分配法則）
(6) $p \wedge (q \vee r) \iff (p \wedge q) \vee (p \wedge r)$　（分配法則）

解答　(1) 表 1

p	q	$\overline{p}$	$\overline{q}$	$p \vee q$	$\overline{p \vee q}$	$\overline{p} \wedge \overline{q}$	$\overline{p \vee q} \leftrightarrow \overline{p} \wedge \overline{q}$
T	T	F	F	T	F	F	T
T	F	F	T	T	F	F	T
F	T	T	F	T	F	F	T
F	F	T	T	F	T	T	T

(2) 表 2

p	q	$\overline{p}$	$\overline{q}$	$p \wedge q$	$\overline{p \wedge q}$	$\overline{p} \vee \overline{q}$	$\overline{p \wedge q} \leftrightarrow \overline{p} \vee \overline{q}$
T	T	F	F	T	F	F	T
T	F	F	T	F	T	T	T
F	T	T	F	F	T	T	T
F	F	T	T	F	T	T	T

(3) 表 3

p	q	$p \to q$	$\overline{p}$	$\overline{q}$	$\overline{q} \to \overline{p}$	$p \to q \leftrightarrow \overline{q} \to \overline{p}$
T	T	T	F	F	T	T
T	F	F	F	T	F	T
F	T	T	T	F	T	T
F	F	T	T	T	T	T

(4) 表 4

p	q	$\overline{p \to q}$	$\overline{q}$	$p \wedge \overline{q}$	$\overline{p \to q} \leftrightarrow p \wedge \overline{q}$
T	T	F	F	F	T
T	F	T	T	T	T
F	T	F	F	F	T
F	F	F	T	F	T

(5)
表 5

p	q	r	$q\wedge r$	$p\vee(q\wedge r)$	$p\vee q$	$p\vee r$	$(p\vee q)\wedge(p\vee r)$	$p\vee(q\wedge r)\leftrightarrow(p\vee q)\wedge(p\vee r)$
T	T	T	T	T	T	T	T	T
T	T	F	F	T	T	T	T	T
T	F	T	F	T	T	T	T	T
T	F	F	F	T	T	T	T	T
F	T	T	T	T	T	T	T	T
F	T	F	F	F	T	F	F	T
F	F	T	F	F	F	T	F	T
F	F	F	F	F	F	F	F	T

(6)
表 6

p	q	r	$q\vee r$	$p\wedge(q\vee r)$	$p\wedge q$	$p\wedge r$	$(p\wedge q)\vee(p\wedge r)$	$p\wedge(q\vee r)\leftrightarrow(p\wedge q)\vee(p\wedge r)$
T	T	T	T	T	T	T	T	T
T	T	F	T	T	T	F	T	T
T	F	T	T	T	F	T	T	T
T	F	F	F	F	F	F	F	T
F	T	T	T	F	F	F	F	T
F	T	F	T	F	F	F	F	T
F	F	T	T	F	F	F	F	T
F	F	F	F	F	F	F	F	T

よって，(1)〜(6)はいずれもトートロジーである．

> ⟨練習 1・2・3⟩
>
> 命題 A「p ならば q である」について，下記の ①～⑥ の命題のうちから A と同値な命題を選び出し，①～⑥ の番号で答えよ．
>
> ① 「p でないか，または q である」
> ② 「p でないならば q でない」
> ③ 「q でないならば p でない」
> ④ 「q ならば p である」
> ⑤ 「q でないか，または p である」
> ⑥ 「p であってかつ q でないことはない」　　　　　（名古屋女大　家政）

[解答]　命題 A および ①～⑥ の命題の真理表をつくり，命題 A と同値な命題を調べる．

表 1

p	q	$p \to q$
T	T	T
T	F	F
F	T	T
F	F	T

① 表 2

p	q	$\bar{p}$	$\bar{p} \vee q$
T	T	F	T
T	F	F	F
F	T	T	T
F	F	T	T

② 表 3

p	q	$\bar{p}$	$\bar{q}$	$\bar{p} \to \bar{q}$
T	T	F	F	T
T	F	F	T	T
F	T	T	F	F
F	F	T	T	T

③ 表 4

p	q	$\bar{q}$	$\bar{p}$	$\bar{q} \to \bar{p}$
T	T	F	F	T
T	F	T	F	F
F	T	F	T	T
F	F	T	T	T

④ 表 5

p	q	$q \to p$
T	T	T
T	F	T
F	T	F
F	F	T

⑤ 表 6

p	q	$\bar{q}$	$\bar{q} \vee p$
T	T	F	T
T	F	T	T
F	T	F	F
F	F	T	T

⑥ 表 7

p	q	$\bar{q}$	$p \wedge \bar{q}$	$\overline{p \wedge \bar{q}}$
T	T	F	F	T
T	F	T	T	F
F	T	F	F	T
F	F	T	F	T

よって，　①，③，⑥　　　……（答）

【別解】 問題文に現われている命題はいずれも簡単なものなので，序文に示した同値関係を利用して解答してもよい．

$A\ ;\ p \to q$

① $\overline{p} \vee q \Longleftrightarrow p \to q$
② $\overline{p} \to \overline{q}$
　　これは A の裏である．
③ $\overline{q} \to \overline{p}$
　　これは A の対偶なので，A と同値である．
④ $q \to p$
　　これは A の逆である．
⑤ $\overline{q} \vee p \Longleftrightarrow q \to p$
⑥ $\overline{p \wedge \overline{q}} \Longleftrightarrow \overline{p} \vee q \Longleftrightarrow p \to q$

　よって，①，③，⑥　　……(答)

[例題 1・2・4]
　海の真ん中の小さな島に，2つの種族の原住民が住んでいる．一方の種族の原住民は，だれもが，いつも真実を述べるが，他方の種族の原住民は，だれもが，つねにうそをいう．
　ある人が，この島にやってきて，"この島には，宝物があるか"と原住民に尋ねた．その原住民は"この島に宝物があるのは，わたしがつねに真実をいっているとき，かつ，このときに限る"と答えた．
　どちらの種族の原住民に彼は尋ねたのだろうか．また，宝物は，この島にあるのだろうか．

[解答]　「つねに真実をいう」という命題を p
　　　　　「島に宝物がある」という命題を q
と記号化する．
　"この島に宝物があるのは，わたしがつねに真実をいっているとき，かつ，このときに限る"
というある人の質問に対する原住民の返事は，$p \leftrightarrow q$ と記号化される．
　$p \leftrightarrow q$ の真理表は表1のようになる．

表 1

p	q	$p \leftrightarrow q$
T	T	T
T	F	F
F	T	F
F	F	T

(i) ある人がつねに真実をいう原住民に尋ねた場合
　表1の p が真 (T) のところに注目する．この原住民はつねに真実を言うのだから，質問に対する原住民の返事
　　　$p \leftrightarrow q$
も真である．命題 p と $p \leftrightarrow q$ がともに真であるのは，表2の斜線部であるから，q は真でなければならない．
　よって，この場合にはこの島に宝物は存在することになる．

表 2

p	q	$p \leftrightarrow q$
~~T~~	~~T~~	~~T~~
T	F	F

(ii) ある人がつねにうそをいう原住民に尋ねた場合
　表1の p が偽 (F) の部分に注目する (表3)．この原住民はつねにうそをつくのだから，質問に対する原住民の返事
　　　$p \leftrightarrow q$
も偽である．命題 p と $p \leftrightarrow q$ がともに偽であるのは，表3の斜線部であるから，q は真でなければならない．
　よって，この場合にも島に宝物が存在することになる．

表 3

p	q	$p \leftrightarrow q$
~~F~~	~~T~~	~~F~~
F	F	T

　以上より，この原住民がどちらの種族であるかを決定することはできないが，この島には宝物があると判断できる．

24 第1章　論理のしくみ

〈練習　1・2・4〉

A子さんが以下の2つのことを述べた.
(1) わたしは，りんごが好きだ．
(2) わたしが，りんごを好きならば，アップルパイが好きだ．

A子さんがいったことはどちらとも真実であるか，あるいはどちらともうそであるとする．A子さんが，りんごを本当に好きかどうかを決定せよ．

[解答]　「A子さんは，りんごが好きだ」という命題を p
「A子さんは，アップルパイが好きだ」という命題を q
と記号化する．

このとき，「わたしが，りんごを好きならば，アップルパイが好きだ」という命題は，$p \to q$ と記号化される．$p \to q$ の真理表は表1のようになる．

A子さんが述べたことの内容を表す命題 p, $p \to q$ は，A子さんがともに真実かともにうそしか述べないことから，表1の斜線部の関係をみたす．すなわち，命題 p, $p \to q$ がともに偽である場合はあり得ないことがわかる．

よって，A子さんが述べたこと(1), (2)はともに真実であり（表1の1行目），A子さんは，りんごを本当に好きであることがわかる．

表 1

p	q	$p \to q$
~~T~~	~~T~~	~~T~~
T	F	F
F	T	T
F	F	T

[例題 1・2・5]
　　（1行目）　2行目に書いてあることはうそだ．
　　（2行目）　3行目に書いてあることはうそだ． ……(＊)
　　（3行目）　1行目に書いてあることはうそだ．
　（＊）が矛盾命題（パラドックス）であることを示せ．

[解答]　1行目に書いてあることが正しいことを　p
　　　　2行目に書いてあることが正しいことを　q
　　　　3行目に書いてあることが正しいことを　r
と記号化する．

(i)　(1行目)に書いてあることが正しいとすると，
　　　"2行目に書いてあることはうそ"　　であるから，　　$p \to \overline{q}$

(ii)　(2行目)に書いてあることが正しいとすると，
　　　"3行目に書いてあることはうそ"　　であるから，　　$q \to \overline{r}$

(iii)　(3行目)に書いてあることが正しいとすると，
　　　"1行目に書いてあることはうそ"　　であるから，　　$r \to \overline{p}$

(iv)　(1行目)に書いてあることはうそだとすると，
　　　"2行目に書いてあることは正しい"　であるから，　　$\overline{p} \to q$

(v)　(2行目)に書いてあることはうそだとすると，
　　　"3行目に書いてあることは正しい"　であるから，　　$\overline{q} \to r$

(vi)　(3行目)に書いてあることはうそだとすると，
　　　"1行目に書いてあることは正しい"　であるから，　　$\overline{r} \to p$

以上(i)〜(vi)より，

$$p \xrightarrow{(i)} \overline{q} \xrightarrow{(v)} r \xrightarrow{(iii)} \overline{p} \quad \text{すなわち} \quad p \to \overline{p}$$

$$\overline{p} \xrightarrow{(iv)} q \xrightarrow{(ii)} \overline{r} \xrightarrow{(vi)} p \quad \text{すなわち} \quad \overline{p} \to p$$

$$\therefore \quad p \leftrightarrow \overline{p}$$

同様にして，
　$q \leftrightarrow \overline{q}$
　$r \leftrightarrow \overline{r}$

ゆえに（＊）は，矛盾命題である．

― 〈練習 1・2・5〉 ―

"この看板に
　書いてあることは
　　うそです。"　……(＊)

(＊)が矛盾命題(パラドックス)であることを示せ.

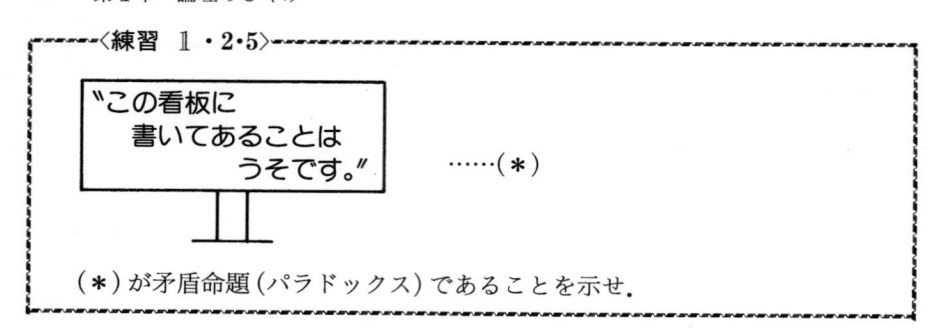

[解答]　「ここに書いてあることは本当です」という命題を p と記号化する.
(i) この看板に書いてあることが本当だとすると,
「この看板に書いてあることはうそです」
という命題が導かれるから,　$p \rightarrow \overline{p}$
(ii) この看板に書いてあることがうそだとする
「この看板に書いてあることは本当です」
という命題が導かれるから,　$\overline{p} \rightarrow p$
(i), (ii) より,　$p \leftrightarrow \overline{p}$
よって, (＊)はパラドックスである.

§3 命題関数と量化文

思考の対象とするものの全体を**全体集合**という．変数 x が全体集合 U に含まれることを

$$x \in U$$

と表す．数学でしばしば現れる全体集合には次のものがある．

実数 R （Real number）
整数 Z （ドイツ語 Zahl）
自然数 N （Natural number）
有理数 Q （Quotient）
複素数 C （Complex number）

これらの集合の包含関係は，

$$C \supset R \supset Q \supset Z \supset N$$

であり，$x \in R$, $x \in Z$, $x \in N$, $x \in Q$, $x \in C$ などと表す．

$x \in U$ なる変数 x を含む文や式 $p(x)$ があり，$x \in U$ をみたす勝手な元 $x = x_0$ を代入したとき，$p(x_0)$ の真偽が定まるならば，$p(x)$ を $x \in U$ を変数とする**命題関数**という．命題関数 $p(x)$ に関して，$p(x)$ を真とするような変数 x の集合を $p(x)$ の**真理集合**といい，大文字 P で表す．

全体集合 U をもつ命題関数 $p(x), q(x)$ の真理集合をそれぞれ P, Q とする．このとき，P, Q, $P \cap Q$, $P \cup Q$, $\overline{P}$ は，図 A のように図で表現することができる．この図を**ベン図**とよぶ．

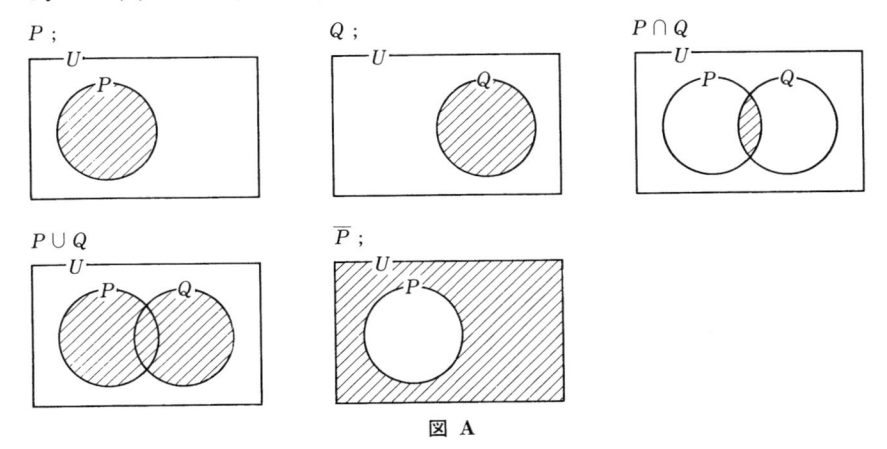

図 A

命題関数 $p(x)$ を扱う問題では，全体集合の中のどの変数 x が $p(x)$ をみたすかが議論の中心となる．そのような特別の場合として，次の 2 つのタイプの重要な命題がある．

命題関数 $p(x)$ $x \in U$ について，すべての $x \in U$ について $p(x)$ であることを $\forall x \, p(x)$ と表す．このタイプの命題を **全称命題** という．

(**解説**) 命題 $\forall x \, p(x)$ の内容を詳しく考えると，次のようになる．
$x \in U$ なる x を
$$x_1, x_2, \ldots, x_n$$
とする．このとき，それぞれの x を代入した命題関数 $p(x)$，すなわち，
$$p(x_1), \; p(x_2), \; \ldots, \; p(x_n)$$
は，それぞれ命題であることに注意せよ．
すべての $x \in U$ について $p(x)$ が真であるとは，
$$p(x_1), \; p(x_2), \; \ldots, \; p(x_n)$$
がすべて真となることである．そのような命題は，
$$p(x_1) \wedge p(x_2) \wedge \ldots \wedge p(x_n)$$
と表すことができる．$p(x_1), p(x_2), \ldots, p(x_n)$ がとりうる真偽の組合せは表 A のようになる．

表 A

$p(x_1)$	$p(x_2)$	$\cdots$	$p(x_n)$	$p(x_1) \wedge p(x_2) \wedge \cdots \wedge p(x_n)$
T	T	$\cdots$	T	T
T	T	$\cdots$	F	F
$\vdots$	$\vdots$		$\vdots$	$\vdots$
T	F	$\cdots$	F	F
F	F	$\cdots$	F	F

$p(x_1) \wedge p(x_2) \wedge \cdots \wedge p(x_n)$ が真となるのは，$p(x_1), p(x_2), \ldots, p(x_n)$ がすべて真になるとき，かつそのときに限ることが確認できる．
ゆえに，
$$p(x_1) \wedge p(x_2) \wedge \ldots \wedge p(x_n) \iff \forall x \, p(x)$$
つまり，$\forall x \, p(x)$ が真になるのは，x の全体集合 U と $p(x)$ の真理集合 P が一致するとき（$P = U$ のとき）である．
"すべての" と同義の言葉には次のものがある．
　任意の，どんな，どの，あらゆる，おのおのの

命題関数 $p(x)$ $x\in U$ について，$p(x)$ をみたす $x\in U$ が存在することを $\exists x\, p(x)$ と表す．このタイプの命題を **存在命題**（または **特称命題**）という．

(**解説**)　命題 $\exists x\, p(x)$ の内容について詳しく考えてみよう．

$x\in U$ なる x を

　　$x_1, x_2, \cdots\cdots, x_n$

とする．このとき，それぞれの x を代入した命題関数 $p(x)$，すなわち，

　　$p(x_1),\ p(x_2),\ \cdots\cdots,\ p(x_n)$

は，それぞれ命題であることに注意せよ．

$p(x)$ を真とするような x が存在するとは，

　　$p(x_1),\ p(x_2),\ \cdots\cdots,\ p(x_n)$

のどれか1つでも真である命題があればよい．このような命題は，

　　$p(x_1)\lor p(x_2)\lor \cdots\cdots \lor p(x_n)$

と表すことができる．$p(x_1), p(x_2), \cdots\cdots, p(x_n)$ がとりうる真偽の組合せは表Bのようになる．

表 B

$p(x_1)$　$p(x_2)$　$\cdots\cdots$　$p(x_n)$	$p(x_1)\lor p(x_2)\lor \cdots\cdots \lor p(x_n)$
T　　　T　$\cdots\cdots$　T	T
T　　　T　$\cdots\cdots$　F	T
$\vdots$　　$\vdots$　　　　$\vdots$	$\vdots$
T　　　F　$\cdots\cdots$　F	T
F　　　F　$\cdots\cdots$　F	F

$p(x_1)\lor p(x_2)\lor \cdots\cdots \lor p(x_n)$ が真となるのは，$p(x_1),\ p(x_2),\ \cdots\cdots,\ p(x_n)$ のうち少なくとも1つの命題が真となればよいことが確認できる．

ゆえに，

　　$p(x_1)\lor p(x_2)\lor \cdots\cdots \lor p(x_n) \iff \exists x\, p(x)$

つまり，$p(x)$ の真理集合が空でないとき（$P\neq\phi$ のとき）である．

"存在する" と同義の言葉には次のものがある．

　　　適当な $\cdots\cdots$ が選べて，ある $\cdots\cdots$ が選べて，$\cdots\cdots$ がある，
　　　少なくとも1つの $\cdots\cdots$ が存在して，$\cdots\cdots$ が見つけられる．

$\forall, \exists$ を量化記号，$\forall, \exists$ の付いた文を量化文という．以下に，量化文の性質について解説する．

1 否　定

【全称命題の否定】

命題関数 $p(x)$ $x \in U$ に対して，

　　すべての x について $p(x)$ である

という全称命題を否定すると，

　　$p(x)$ でない x が存在する

となる．これを記号化すると次のようになる．

$$\overline{\forall x \, p(x)} \iff \exists x \, \overline{p(x)} \quad \cdots\cdots (*)$$

[(*)の解説]　全称命題の定義より，$x \in U$ なる x を $x_1, x_2, \cdots\cdots, x_n$ と表すと，

$$\overline{\forall x \, p(x)} \iff \overline{p(x_1) \wedge p(x_2) \wedge \cdots\cdots \wedge p(x_n)} \quad \cdots\cdots (\dagger)$$

となる．そこで，ド・モルガンの法則を用いて，

$$\overline{p(x_1) \wedge p(x_2)} \iff \overline{p(x_1)} \vee \overline{p(x_2)}$$

$$\overline{p(x_1) \wedge p(x_2) \wedge p(x_3)} \iff \overline{p(x_1) \wedge (p(x_2) \wedge p(x_3))}$$
$$\iff \overline{p(x_1)} \vee \overline{(p(x_2) \wedge p(x_3))}$$
$$\iff \overline{p(x_1)} \vee \overline{(p(x_2) \vee p(x_3))}$$
$$\iff \overline{p(x_1)} \vee \overline{p(x_2)} \vee \overline{p(x_3)}$$

これより，帰納的に

$$\overline{p(x_1) \wedge p(x_2) \wedge \cdots\cdots \wedge p(x_n)}$$
$$\iff \overline{p(x_1)} \vee \overline{p(x_2)} \vee \cdots\cdots \vee \overline{p(x_n)} \quad \cdots\cdots (\dagger\dagger)$$

が示せる．

存在命題の定義より，

$$\overline{p(x_1)} \vee \overline{p(x_2)} \vee \cdots\cdots \vee \overline{p(x_n)} \iff \exists x \, \overline{p(x)} \quad \cdots\cdots (\dagger\dagger\dagger)$$

(†), (††), (†††) より，

$$\overline{\forall x \, p(x)} \iff \exists x \, \overline{p(x)}$$

【存在命題の否定】

命題関数 $p(x)$ $x \in U$ に対して，

　　$p(x)$ なる x が存在する

という存在命題を否定すると，

　　すべての x について $p(x)$ でない

となる．これを記号化すると次のようになる．

$$\overline{\exists x\, p(x)} \iff \forall x\, \overline{p(x)} \quad \cdots\cdots (**)$$

[$(**)$ の解説] 存在命題の定義より，$x \in U$ なる x を $x_1, x_2, \cdots\cdots, x_n$ で表すと，

$$\overline{\exists x\, p(x)} \iff \overline{p(x_1) \lor p(x_2) \lor \cdots\cdots \lor p(x_n)} \quad \cdots\cdots (\dagger)$$

となる．そこで，ド・モルガンの定理を用いて，

$$\overline{p(x_1) \lor p(x_2)} \iff \overline{p(x_1)} \land \overline{p(x_2)}$$

$$\overline{p(x_1) \lor p(x_2) \lor p(x_3)} \iff \overline{p(x_1) \lor (p(x_2) \lor p(x_3))}$$
$$\iff \overline{p(x_1)} \land \overline{(p(x_2) \lor p(x_3))}$$
$$\iff \overline{p(x_1)} \land \overline{(p(x_2) \land p(x_3))}$$
$$\iff \overline{p(x_1)} \land \overline{p(x_2)} \land \overline{p(x_3)}$$

これより帰納的に，

$$\overline{p(x_1) \lor p(x_2) \lor \cdots\cdots \lor p(x_n)}$$
$$\iff \overline{p(x_1)} \land \overline{p(x_2)} \land \cdots\cdots \land \overline{p(x_n)} \quad \cdots\cdots (\dagger\dagger)$$

が示せる．

全称命題の定義より，

$$\overline{p(x_1)} \land \overline{p(x_2)} \land \cdots\cdots \land \overline{p(x_n)} \iff \forall x\, \overline{p(x)} \quad \cdots\cdots (\dagger\dagger\dagger)$$

$(\dagger), (\dagger\dagger), (\dagger\dagger\dagger)$ より，

$$\overline{\exists x\, p(x)} \iff \forall x\, \overline{p(x)}$$

2 **量化記号の分配**

全称命題，存在命題は，それぞれ論理積（$\land$），論理和（$\lor$）について分配可能である．すなわち，

「すべての x について $p(x)$ かつ $q(x)$」 は，

　「すべての x について $p(x)$ かつ すべての x について $q(x)$」

「$p(x)$ または $q(x)$ なる x が存在する」 は，

　「$p(x)$ となる x が存在する または $q(x)$ となる x が存在する」

$$\forall x(p(x) \land q(x)) \iff \forall x\, p(x) \land \forall x\, q(x)$$
$$\exists x(p(x) \lor q(x)) \iff \exists x\, p(x) \lor \exists x\, q(x)$$

のように量化記号を分配することができる．しかし，

「すべての x について $p(x)$ または $q(x)$」　　$\forall x(p(x) \lor q(x))$

「$p(x)$ かつ $q(x)$ なる x が存在する」　　　$\exists x(p(x) \land q(x))$

については，量化記号を分配することはできないことに注意せよ．

一般には，次の関係が成立する．
$$\forall x(p(x)\lor q(x)) \Longleftarrow \forall x\, p(x) \lor \forall x\, q(x)$$
$$\exists x(p(x)\land q(x)) \Longrightarrow \exists x\, p(x) \land \exists x\, q(x)$$

3 含意（ならば）を含む量化文

$$\forall x\, p(x) \Longrightarrow \exists x\, p(x)$$

であることを以下に示す．

全体集合 U に属する変数 x を

$$x_1, x_2, \cdots\cdots, x_n$$

とする．$\forall x\, p(x)$ が真のとき，

$$p(x_1),\ p(x_2),\ \cdots\cdots,\ p(x_n)$$

は，すべて真だから $p(x)$ を真とする x は存在する．

逆に，一般に，

$$\exists x\, p(x) \Longrightarrow \forall x\, p(x)$$

は成立しないことを以下に示す．

全体集合 U に属する x を

$$x_1, x_2, \cdots\cdots, x_n$$

とする．たとえば，$p(x_1)$ が真，$p(x_2), \cdots\cdots, p(x_n)$ がすべて偽だとしても，$\exists x\, p(x)$ は真となる．しかし，このとき $\forall x\, p(x)$ は偽となる．

4 量化記号の交換

- $\forall x\, \exists y\, p(x,y)$

これを翻訳すると，『どんな x に対しても，それぞれ適当な y をとれば $p(x,y)$ となる』　言い換えれば，『どんな x に対しても，それに応じて適当な y をとれば $p(x,y)$ が成立する』　となる．

- $\exists y\, \forall x\, p(x,y)$

これを翻訳すると，『適当な y をとれば，どんな x に対しても $p(x,y)$ が成り立つ』　言い換えれば，『どんな x に対しても $p(x,y)$ が成り立つような x に無関係な y が存在する』　となる．

量化記号を交換した命題には次の関係が成立する．詳しくは，[例題 1・3・4]〈練習 1・3・4〉を参照せよ．

$$\exists y\, \forall x\, p(x,y) \Longrightarrow \forall x\, \exists y\, p(x,y)$$

$$\forall x \, \forall y \, p(x, y) \Longleftrightarrow \forall y \, \forall x \, p(x, y)$$
$$\exists x \, \exists y \, p(x, y) \Longleftrightarrow \exists y \, \exists x \, p(x, y)$$

以上をまとめると，次のようになる．

(1) $\overline{\forall x \, p(x)} \Longleftrightarrow \exists x \, \overline{p(x)}$
(2) $\overline{\exists x \, p(x)} \Longleftrightarrow \forall x \, \overline{p(x)}$
(3) $\forall x \, (p(x) \land q(x)) \Longleftrightarrow \forall x \, p(x) \land \forall x \, q(x)$
(4) $\exists x \, (p(x) \lor q(x)) \Longleftrightarrow \exists x \, p(x) \lor \exists x \, q(x)$
(5) $\forall x \, (p(x) \lor q(x)) \Longleftarrow \forall x \, p(x) \lor \forall x \, q(x)$
(6) $\exists x \, (p(x) \land q(x)) \Longrightarrow \exists x \, p(x) \land \exists x \, q(x)$
(7) $\forall x \, (p \land q(x)) \Longleftrightarrow p \land \forall x \, q(x)$
(8) $\forall x \, (p \lor q(x)) \Longleftrightarrow p \lor \forall x \, q(x)$
(9) $\exists x \, (p \land q(x)) \Longleftrightarrow p \land \exists x \, q(x)$
(10) $\exists x \, (p \lor q(x)) \Longleftrightarrow p \lor \exists x \, q(x)$
(11) $\forall x \, (p \to q(x)) \Longleftrightarrow p \to \forall x \, q(x)$
(12) $\exists x \, (p \to q(x)) \Longleftrightarrow p \to \exists x \, q(x)$
(13) $\forall x \, \forall y \, p(x, y) \Longrightarrow \exists x \, \forall y \, p(x, y)$
$\Longrightarrow \forall y \, \exists x \, p(x, y)$
$\Longrightarrow \exists x \, \exists y \, p(x, y)$
(14) $\forall x \, (p(x) \Longrightarrow q(x))$ が成立するのは，
$$P \subseteqq Q$$
のときである．
(15) $\exists x \, (p(x) \land q(x))$ が成立するのは，
$$P \cap Q \neq \phi$$
のときである．

[例題 1・3・1]

次の(1)～(4)の中から命題関数を選び，変数および全体集合を指摘せよ．
(1) $x^2-1=0$, $x\in\{-3,-2,-1,0,1,2,3\}$
(2) $a\geqq 2$, $b\geqq 2$, $c\geqq 2$
(3) 昨日は，雨だった．
(4) 1988年7月6日，すしを食べた．

[解答] (1) 変数；x　　全体集合；$\{-3,-2,-1,0,1,2,3\}$
(3) 変数；昨日　　全体集合；年月日

(解説)
(1)について，
$x^2-1=0$ に変数 x のとり得る値を代入すると次のようになる．
　　$(-3)^2-1=8\neq 0$
　　$(-2)^2-1=3\neq 0$
　　$(-1)^2-1=0$
　　$0^2-1=-1\neq 0$
　　$1^2-1=0$
　　$2^2-1=3\neq 0$
　　$3^2-1=8\neq 0$

上の7つの式はおのおの命題である．これより，命題関数とは命題の集合ということができよう．この集合が，真なる命題の集合と偽なる命題の集合から成り立っていることは容易に判断できる．

(3)について，

"昨日"という日を，いまこの文を読んでいる日を"今日"と考えて，とらえるならば，"昨日"という日はある定まった日となる．それゆえ，(3)は命題ということになる，と考えるかもしれない．

しかし，"昨日"という日は，"今日"という日を1988年7月1日に選べば，1988年6月31日となり，"今日"という日を1988年7月9日に選べば，1988年7月8日になる．つまり，今日という日の定め方によりいろいろな値をとる．論理学ではこのような性質をもつものを変数とよぶのである．

(2), (4)はともに命題である．

┌───┐
│ 〈練習 1・3・1〉
│　変数 x の全体集合を次の(1)〜(3)のように定めるとき,命題関数 $x^2-1=0$
│ を真とする x および偽とする x を求めよ.
│ 　(1)　$x \in R$
│ 　(2)　$x \in N$
│ 　(3)　x は任意
└───┘

解答　(1)　真；$x=1,-1$　　　偽；$x \neq 1,-1$ なる実数
　　　　(2)　真；$x=1$　　　　　偽；$x \neq 1$ なる自然数
　　　　(3)　真；$x=1,-1$　　　偽；$x \neq 1,-1$ なるものすべてたとえば,
　　　　　　　　　　　　　　　　　「さる,ビールのあわ,たなばた,仮装行列,分
　　　　　　　　　　　　　　　　　裂症,さかな,アイスクリーム,いか,……」

(**注**)　(3)は x が任意であるから,何を入れてもよいのである.このように,全体集合を定めないと大混乱が生じてしまうので,議論をする前提となる全体集合を初めに定めておくことが大切である.

[例題 1・3・2]

命題関数 $p(x)$, $q(x)$, $r(x)$ ($x \in U$) の真理集合 P, Q, R について,次の関係が成り立つことを,ベン図を用いて確認せよ.

(1) $\overline{P \cup Q} = \overline{P} \cap \overline{Q}$
(2) $\overline{P \cap Q} = \overline{P} \cup \overline{Q}$
(3) $P \subset Q \iff \overline{Q} \subset \overline{P}$
(4) $P \cup (Q \cap R) = (P \cup Q) \cap (P \cup R)$
(5) $P \cap (Q \cup R) = (P \cap Q) \cup (P \cap R)$

ただし,ベン図は,(1),(2) の場合は図 1,(3) の場合は図 2,(4),(5) の場合は図 3 のような関係にあるとせよ.

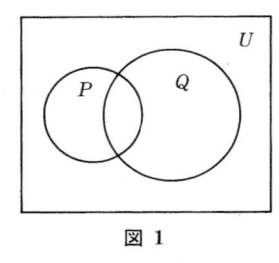

図 1 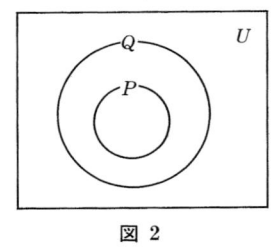   図 2 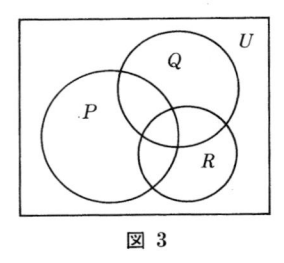   図 3

解答 (1)

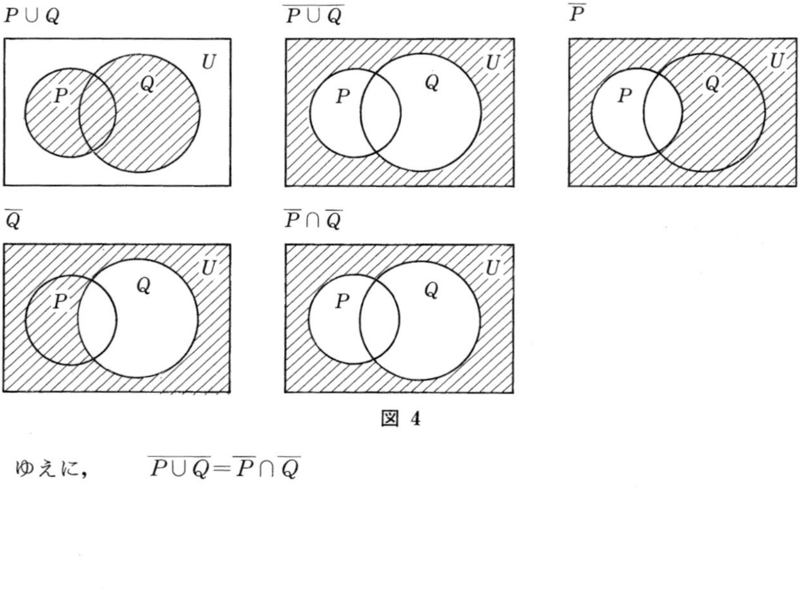

図 4

ゆえに, $\overline{P \cup Q} = \overline{P} \cap \overline{Q}$

(2) $P \cap Q$　　　　　$\overline{P \cap Q}$　　　　　$\overline{P} \cup \overline{Q}$

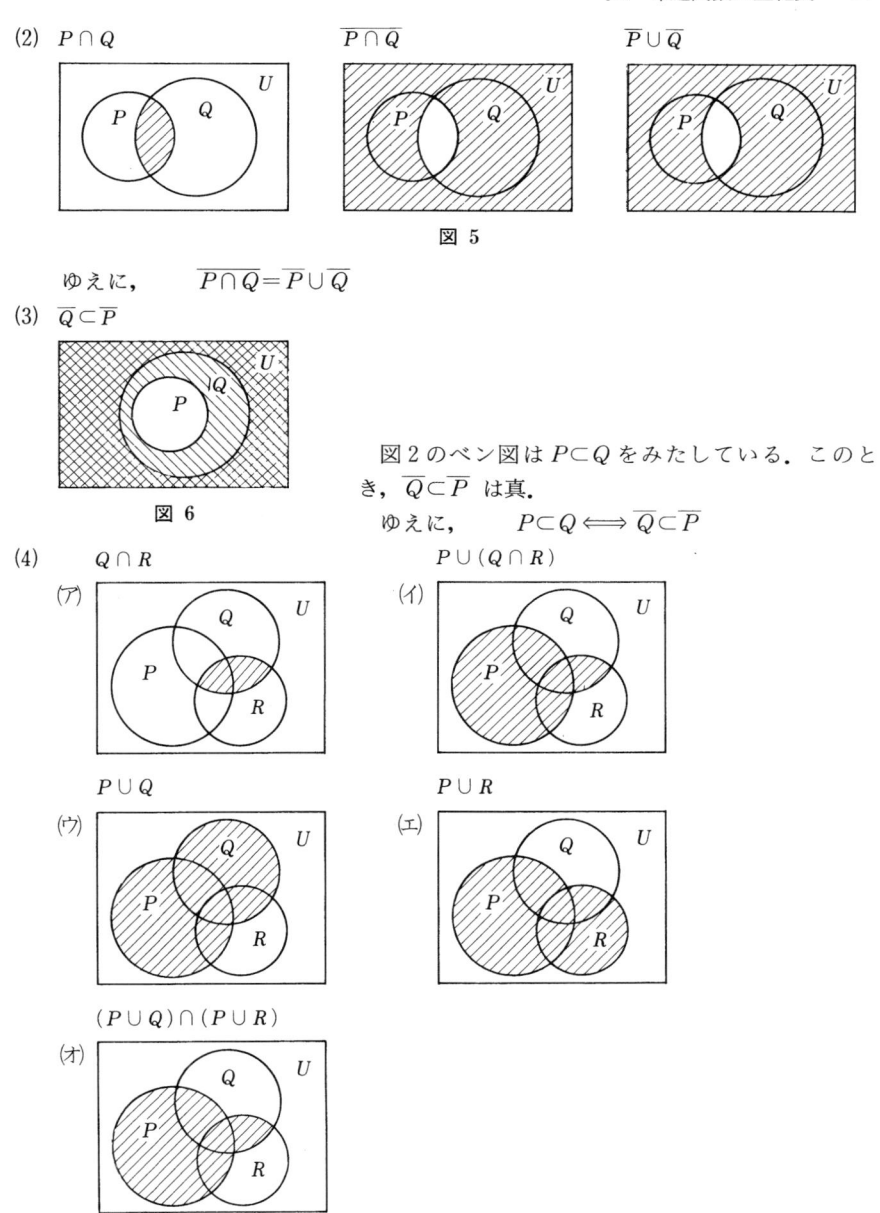

図 5

ゆえに，　　$\overline{P \cap Q} = \overline{P} \cup \overline{Q}$

(3) $\overline{Q} \subset \overline{P}$

図 6

図 2 のベン図は $P \subset Q$ をみたしている．このとき，$\overline{Q} \subset \overline{P}$ は真．

ゆえに，　　$P \subset Q \iff \overline{Q} \subset \overline{P}$

(4) $Q \cap R$　　　　　　　　　$P \cup (Q \cap R)$

(ア)　　　　　　　　　　　　(イ)

　　$P \cup Q$　　　　　　　　　$P \cup R$

(ウ)　　　　　　　　　　　　(エ)

　　$(P \cup Q) \cap (P \cup R)$

(オ)

図 7

ゆえに，　　$P \cup (Q \cap R) = (P \cup Q) \cap (P \cup R)$

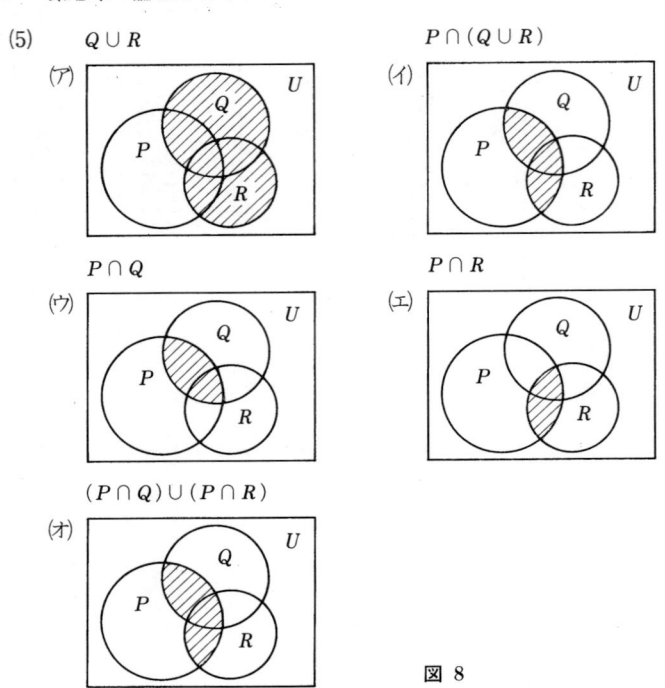

(5) 　　$Q \cup R$　　　　　　　　　　　$P \cap (Q \cup R)$

(ア)　　　　　　　　　　　　　　(イ)

　　　$P \cap Q$　　　　　　　　　　　$P \cap R$

(ウ)　　　　　　　　　　　　　　(エ)

　　　$(P \cap Q) \cup (P \cap R)$

(オ)

図 8

　　ゆえに，　　$P \cap (Q \cup R) = (P \cap Q) \cup (P \cap R)$

―〈練習 Ⅰ・3・2〉――――――――――――――――――――
実数 a に関する下記の条件 (1)〜(4) のおのおのについて,
    つねに成り立つならば   1.
    決して成り立たないならば   2.
    $a≧0$ と同値ならば   3.
    $a>0$ と同値ならば   4.
    以上のいずれでもないならば   5.
と答えよ.
(1) 任意の正の数 x について $a+x>0$ ☐
(2) 任意の正の数 x について $a-x>0$ ☐
(3) ある正の数 x について $a+x>0$ ☐
(4) ある正の数 x について $a-x>0$ ☐   (東京大)

解 答 (1) $\forall x>0 \ [a+x>0] \iff \forall x>0 \ [x>-a] \iff -a≦0$
$\iff a≧0$
よって,   **3**   ……(答)
(2) $\forall x>0 \ [a-x>0] \iff \forall x>0 \ [x<a] \iff o$ (矛盾命題)
よって,   **2**   ……(答)
(3) $\exists x>0 \ [a+x>0] \iff \exists x>0 \ [x>-a] \iff I$ (トートロジー)
よって,   **1**   ……(答)
(4) $\exists x>0 \ [a-x>0] \iff \exists x>0 \ [x<a] \iff a>0$
よって,   **4**   ……(答)

(**翻訳**) (1) $a>-x$
より, a はどんな負の数より大きい.
よって, $a≧0$
    3   ……(答)

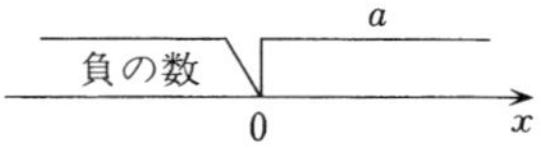

図 1

(2) 任意の正の数 x について $a-x>0$ ということは, 任意の正の数について $a>x$ ということである. しかし, 任意の正の数 x よりも大きい実数 a は存在しない.
    2   ……(答)
(3) どんな実数 a をとってきても, x として十分に大きい正の数をとれば $a+x>0$ とすることが必ずできる.
    1   ……(答)
(4) $a>x$ より, a はある正の数 x より大きい.
よって, $a>0$ でないといけない.
    4   ……(答)

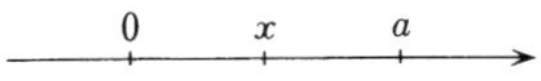

図 2

[例題 1・3・3]

 全体集合を U とし，その元 x を含む命題関数 $p(x), q(x), r(x)$ がある．いま，「すべての x について」を「$\forall x$」，ある x についてを「$\exists x$」，「$p(x)$ または $q(x)$」を「$p(x) \vee q(x)$」，「$p(x)$ かつ $q(x)$」を「$p(x) \wedge q(x)$」，「$p(x)$ でない」を「$\overline{p(x)}$」，「ならば」を「$\longrightarrow$」で表せば，「すべての x について，$p(x)$ または $q(x)$ ならば $r(x)$ でない」は「$\forall x \ [p(x) \vee q(x) \longrightarrow \overline{r(x)}]$」となる．このとき，この命題の否定を記号 $\forall, \exists, \vee, \wedge, -$ のいずれかを用いて表せば(a)□□□となる．また，U を実数全体の集合とし，$p(x)$ を $x \leq -3$，$q(x)$ を $x > 2$，$r(x)$ を $|x| \leq 1$ とするとき，命題(a)は(b)□□□（この中には真か偽かのいずれかを記入せよ）である． (旭川医大)

発想法

 複雑な複合命題の否定を考えるとき，文章で与えられた命題よりも，その文章を記号に直した量化文で考えると混乱しない．なぜなら，ある量化文において，記号 $\forall, \exists, p(x)$ をそれぞれ $\exists, \forall, \overline{p(x)}$ に変えるなどの単純作業だけで，その否定を求められるからである．

 $\forall x \ p(x) \to q(x)$ の否定は，次の2つの同値関係を利用する．

 (i) $\overline{p(x) \to q(x)} \iff p(x) \wedge \overline{q(x)}$
 (ii) $\overline{\forall x \ r(x)} \iff \exists x \ \overline{r(x)}$

解答 (a) $\overline{\forall x \ [p(x) \vee q(x) \longrightarrow \overline{r(x)}]}$
 $\iff \exists x \ \overline{[p(x) \vee q(x) \longrightarrow \overline{r(x)}]}$
 $\iff \exists x \ [(p(x) \vee q(x)) \wedge \overline{\overline{r(x)}}]$
 $\iff \exists x \ [(p(x) \vee q(x)) \wedge r(x)]$ ……(答)

(b) $(p(x) \vee q(x)) \wedge r(x)$；$(x \leq -3$ または $x > 2)$ かつ $|x| \leq 1$
  $\therefore \ (x \leq -3$ または $x > 2)$ かつ $-1 \leq x \leq 1$
 これを数直線上に示すと図1を得る．

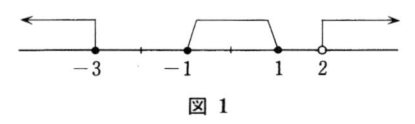

     ←――●   ●―|―●   ○――→
        −3   −1   1   2

       図 1

 このような x は存在しない．よって，命題(a)は **偽** ……(答)．

──〈練習 1・3・3〉──
(a) 次のおのおのの文の否定を,「〜でない」という語を用いずに表現せよ.
　(1) すべての実数 x について, $x^2>1$ である.
　(2) $x^2\leq 0$ であるような実数 x が存在する.
　(3) すべての実数 x について, $x^2>4$ ならば $x>2$ である.
(b) 次の命題の否定をつくり, その真偽を判定せよ.
　(1) すべての実数 x, y について $x^2+y^2>0$ である.
　(2) ある実数 x について $x^2-x+1>0$ である.　　　　　　（日本大 工）

[解答]　(a) (1) $\overline{\forall x\ x^2>1} \iff \exists x_0\ x_0^2\leq 1$
　　　　　$x^2\leq 1$ なる実数 x が存在する.　　　……(答)
　(2) $\overline{\exists x_0\ x^2\leq 0} \iff \forall x\ x^2>0$
　　　すべての実数 x について, 　$x^2>0$　　　……(答)
　(3) $\overline{\forall x\ [x^2>4 \Rightarrow x>2]} \iff \exists x_0\ [x^2>4 \land x\leq 2]$
　　　　　($\because\ \overline{P\Rightarrow Q} \iff P\land \overline{Q}$)
　　　$x^2>4$ かつ $x\leq 2$ なる実数 x が存在する.　　……(答)
(b) (1) $\overline{\forall x\ \forall y\ \ x^2+y^2>0} \iff \exists x_0\ \exists y_0\ \ x^2+y^2\leq 0$
　　　$x^2+y^2\leq 0$ なる実数 x, y が存在する　……(答)
　　　$(x, y)=(0, 0)$ は, $x^2+y^2\leq 0$ をみたすので**真**.　……(答)
　(2) $\overline{\exists x_0\ x^2-x+1>0} \iff \forall x\ x^2-x+1\leq 0$
　　　すべての実数 x について, 　$x^2-x+1\leq 0$　……(答)
$$x^2-x+1=\left(x-\frac{1}{2}\right)^2+\frac{3}{4}>0$$
　であるから**偽**.　　　　　　　　　　　　　　　……(答)

[例題 1・3・4]

x, y についての条件 A を次のように定めるとき，下記の問いに答えよ．

$A;\ y > -x^2+(a-2)x+a-4$ かつ $y < x^2-(a-4)x+3$

(1) 「どんな x に対しても，それぞれ適当な y をとれば A が成り立つ」ための a の範囲を求めよ．

(2) 「適当な y をとれば，どんな x に対しても A が成り立つ」ための a の範囲を求めよ． 　　　　　　　　　　　　　　　(北海道大 理系)

[解答] (1) $\forall x \exists y\ [y > -x^2+(a-2)x+a-4 \land y < x^2-(a-4)x+3]$

$\iff \forall x \exists y\ [-x^2+(a-2)x+a-4 < y < x^2-(a-4)x+3]$

$\iff \forall x\ [-x^2+(a-2)x+a-4 < x^2-(a-4)x+3]$

$\iff \forall x\ [2x^2-2(a-3)x+7-a > 0]$

$\iff \dfrac{D}{4} = (a-3)^2-2(7-a) < 0$

$\iff a^2-4a-5 < 0$

$\iff (a-5)(a+1) < 0$

$\iff \boldsymbol{-1 < a < 5}$ 　　……(答)

(2) $\exists y \forall x\ [y > -x^2+(a-2)x+a-4 \land y < x^2-(a-4)x+3]$

$\iff \exists y \forall x\ [x^2-(a-2)x-a+4+y > 0 \land x^2-(a-4)x+3-y > 0]$

$\iff \exists y\ [\forall x\{x^2-(a-2)x-a+4+y > 0\} \land \forall x\{x^2-(a-4)x+3-y > 0\}]$
　　　$(\because\ \forall x\, p(x) \land q(x) \iff \forall x\, p(x) \land \forall x\, q(x))$

$\iff \exists y\ [D_1 = (a-2)^2-4(-a+4+y) < 0 \land D_2 = (a-4)^2-4(3-y) < 0]$

$\iff \exists y\ [y > \dfrac{a^2}{4}-3 \land y < -\dfrac{a^2}{4}+2a-1]$

$\iff \dfrac{a^2}{4}-3 < -\dfrac{a^2}{4}+2a-1$

$\iff a^2-4a-4 < 0$

$\iff \boldsymbol{2-2\sqrt{2} < a < 2+2\sqrt{2}}$ 　　……(答)

(翻訳) (1) A をみたす適当な y がとれる条件は，

$-x^2+(a-2)x+a-4 < x^2-(a-4)x+3$

$\iff 2x^2-2(a-3)x+7-a > 0$

この不等式が，どんな x についても成り立つ条件は，

$(a-3)^2-2(7-a) < 0 \iff a^2-4a-5 < 0$

$\iff (a-5)(a+1) < 0$

$\therefore\ \boldsymbol{-1 < a < 5}$ 　　……(答)

(2) A の 2 つの不等式は，x の 2 次不等式で，
$$x^2-(a-2)x+(y-a+4)>0$$
$$x^2-(a-4)x+(3-y)>0$$
これがどんな x についても成り立つ条件は，
$$(a-2)^2-4(y-a+4)<0 \quad \text{かつ} \quad (a-4)^2-4(3-y)<0$$
$$\therefore \quad a^2-12<4y<-a^2+8a-4$$
これをみたす適当な y がとれるための条件は，
$$a^2-12<-a^2+8a-4$$
$$\iff a^2-4a-4<0$$
$$\therefore \quad \boldsymbol{2-2\sqrt{2}<a<2+2\sqrt{2}} \qquad \text{……(答)}$$

(注) (1),(2) の解を数直線上に示すと図 1 のようになる．(2)$\Longrightarrow$(1) が成り立っていることに注意せよ．

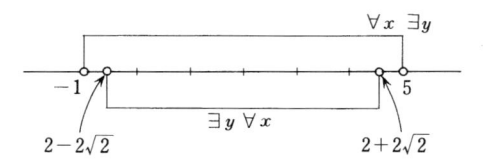

図 1

一般に，命題 $\exists y\,\forall x\,p(x,y)$ と $\forall x\,\exists y\,p(x,y)$ の間には，
$$\exists y\,\forall x\,p(x,y) \Longrightarrow \forall x\,\exists y\,p(x,y)$$
の関係が成り立つ．すなわち，$\exists y\,\forall x\,p(x,y)$ は $\forall x\,\exists y\,p(x,y)$ の十分条件である（同値でないことに注意せよ）．

問題文を記号化するとき，$\exists$ と $\forall$ の順序にはとくに注意を払わなければならない．

【別解】（グラフで考える解）
$$f(x)=-x^2+(a-2)x+a-4,$$
$$g(x)=x^2-(a-4)x+3$$
とおく．

(1) 題意が成り立つのは，$y=f(x)$ と $y=g(x)$ のグラフが共有点をもたないときである（図 2）．したがって，方程式
$$f(x)=g(x)$$
$$\therefore \quad 2x^2-2(a-3)x+7-a=0$$
が実数解をもたない条件を求めればよい．
$$\frac{D}{4}=(a-3)^2-2(7-a)$$
$$=a^2-4a-5$$

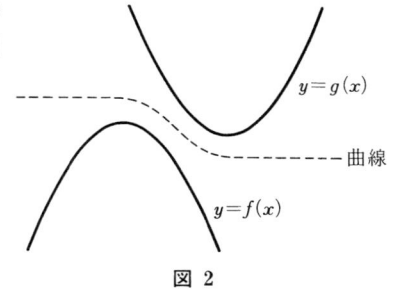

図 2

$$\therefore \quad (a+1)(a-5)<0$$
よって，　　$-1<a<5$　　……(答)

(2) 題意が成り立つのは，$y=f(x)$ と $y=g(x)$ のグラフの間に x 軸に平行な直線をひけるときである(図3)．

したがって，不等式
 [$g(x)$ の最小値]$>$[$f(x)$ の最大値]
が成り立つ条件を求めればよい．

$$f(x)=-\left(x-\frac{a-2}{2}\right)^2+\frac{(a-2)^2}{4}+a-4$$

$$g(x)=\left(x-\frac{a-4}{2}\right)^2-\frac{(a-4)^2}{4}+3$$

より，

[$f(x)$ の最大値]$=\dfrac{(a-2)^2}{4}+a-4$

[$g(x)$ の最小値]$=-\dfrac{(a-4)^2}{4}+3$

よって，求める条件は，
$$-\frac{(a-4)^2}{4}+3>\frac{(a-2)^2}{4}+a-4$$
$$\iff -a^2+8a-16+12>a^2-4a+4+4a-16$$
$$\iff a^2-4a-4<0$$
$$\therefore \quad 2-2\sqrt{2}<a<2+2\sqrt{2} \quad ……(答)$$

図 3

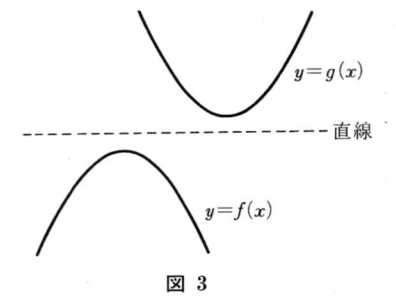

〈練習 1・3・4〉

2つの関数を $f(x)=x^2-4x+6$, $g(x)=-x^2+2ax+2a-6$ とする. 次の場合の実数値 a の範囲をそれぞれ求めよ.

(1) どんな実数値 x に対しても, それに応じて適当な実数 c をとれば, $g(x)<c$ かつ $c<f(x)$ が成り立つ.

(2) どんな実数値 x に対しても, $g(x)<c$ かつ $c<f(x)$ が成り立つような x に無関係な定数 c がとれる.

[解答] (1) $\forall x \exists c \ [-x^2+2ax+2a-6<c \land c<x^2-4x+6]$
$\iff \forall x \ [-x^2+2ax+2a-6<x^2-4x+6]$
$\iff \forall x \ [2x^2-2(2+a)x-2a+12>0]$
$\iff \forall x \ [x^2-(2+a)x+6-a>0]$
$\iff D=(2+a)^2-4(6-a)<0$
$\iff a^2+8a-20<0$
$\iff (a+10)(a-2)<0$
$\iff \boldsymbol{-10<a<2}$ ……(答)

(2) $\exists c \forall x \ [-x^2+2ax+2a-6<c \land x^2-4x+6>c]$
$\iff \exists c \ [\forall x \ (x^2-2ax-2a+6+c>0) \land \forall x \ (x^2-4x+6-c>0)]$
$\iff \exists c \ [\dfrac{D_1}{4}=a^2-(-2a+6+c)<0 \land \dfrac{D_2}{4}=4-6+c<0]$
$\iff \exists c \ [c>a^2+2a-6 \land c<2]$
$\iff a^2+2a-6<2$
$\iff \boldsymbol{-4<a<2}$ ……(答)

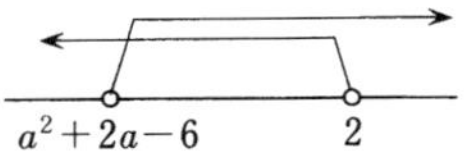

図 1

(翻訳) 試験の解答には，これを翻訳して次のように書き直したほうがよい．

【別解】(1) 題意が成り立つのは，$y=f(x)$ と $y=g(x)$ のグラフが共有点をもたないときだから，任意の x に対して $g(x)<f(x)$ が成り立てばよい．すなわち，

$h(x)=\dfrac{1}{2}\{f(x)-g(x)\}$
$=x^2-(a+2)x+6-a$

とおくとき，$h(x)>0$ が成り立つ条件を求めればよい．$h(x)=0$ の判別式を D とすると，

$D=(a+2)^2-4(6-a)<0$
$\iff a^2+8a-20<0$
$\iff (a+10)(a-2)<0$
$\therefore \ \boldsymbol{-10<a<2}$ ……(答)

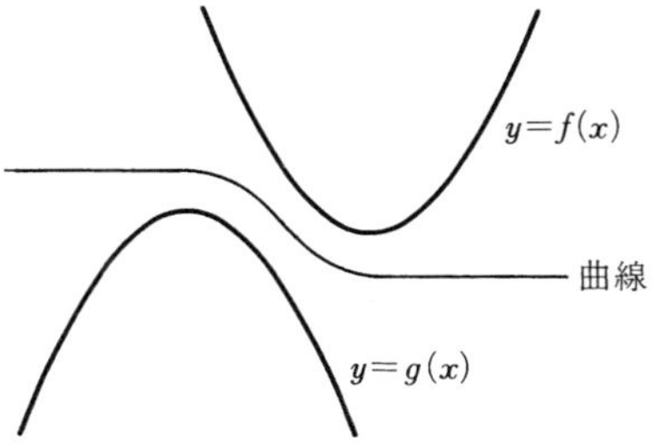

図 2

(2) 題意が成り立つのは，$y=f(x)$ と $y=g(x)$ のグラフの間に x 軸に平行な直線をひけるときである．

したがって，任意の x に対して，

[$g(x)$ の最大値]<[$f(x)$ の最小値]

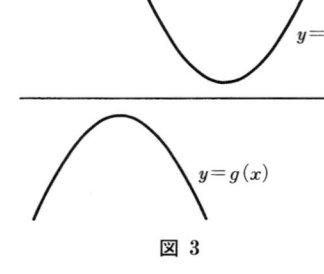

……(∗)

をみたす a を求める．

$f(x)=(x-2)^2+2$
$g(x)=-(x-a)^2+a^2+2a-6$
[$f(x)$ の最小値]$=2$
[$g(x)$ の最大値]$=a^2+2a-6$

よって，求める条件は，

(∗) $\iff a^2+2a-6<2$

∴ $-4<a<2$ ……(∗)

図 3

[コメント]

パラメータ a で動くのは $y=g(x)$ のみであるから，a に具体的な値を代入したグラフで題意が成り立つ条件を確認しよう．

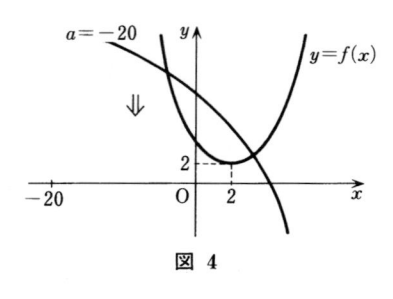

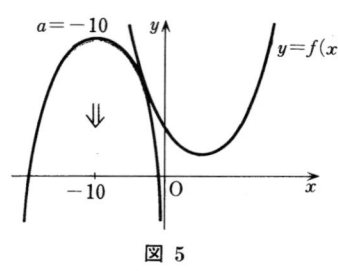

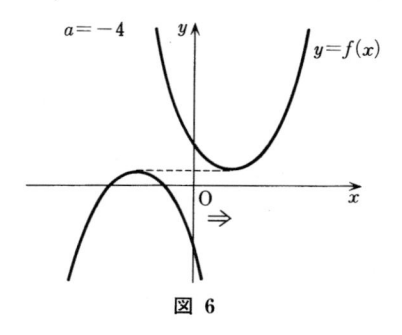

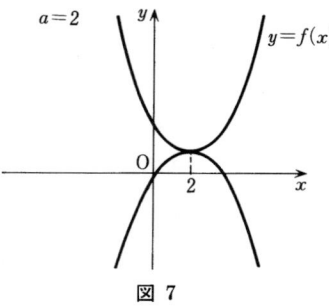

図 4

図 5

図 6

図 7

$a = 10$

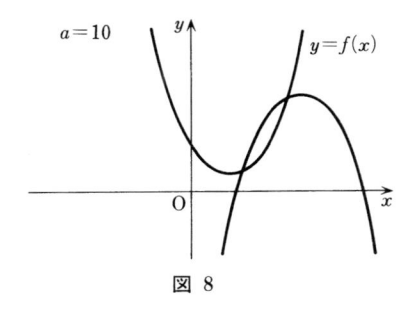

図 8

図 6 は (1) をみたすが,図 5, 7, 8 は (1) をみたさない.
図 6,図 7 は (2) をみたさない.

48　第1章　論理のしくみ

[例題 1・3・5]

実数 p, q を係数とする2次方程式 $x^2+px+q=0$ ……① がある．
(1) 命題「$q>k$ ならば，p の値を適当にとると方程式 ① は虚数解をもつ」が成り立つような k の最小値は _____ である．
(2) 命題「$q-p\leq k$ であるような任意の p, q に対して，方程式 ① は実数解をもつ」が成り立つような k の最大値は _____ である． 　　　(慶応大)

[解答] (1) 　$\forall q\ [q>k \longrightarrow \exists p\ (x^2+px+q=0\ \text{が虚数解をもつ})]$
$\iff \forall q\ [q>k \longrightarrow \exists p\ (D=p^2-4q<0)]$
$\iff \forall q\ [q>k \longrightarrow \exists p\ (p^2<4q)]$
$\iff \forall q\ [q>k \longrightarrow 4q>0]$
$\iff \forall q\ [q>k \longrightarrow q>0]$
$\iff k\geq 0$

よって，命題が成り立つような k の最小値は　**0**　　……(答)

(2) $\forall p\ \forall q\ [q-p\leq k \longrightarrow (x^2+px+q=0\ \text{は実数解をもつ})]$
$\iff \forall p\ \forall q\ [q-p\leq k \longrightarrow p^2-4q\geq 0]$
$\iff \forall p\ \left[\forall q\left(q\leq k+p \longrightarrow q\leq \dfrac{p^2}{4}\right)\right]$
$\iff \forall p\ \left[k+p\leq \dfrac{p^2}{4}\right]$
$\iff \forall p\ [p^2-4p-4k\geq 0]$
$\iff \dfrac{D}{4}=4+4k\leq 0$
$\iff k\leq -1$

よって，命題が成り立つような k の最大値は　**−1**　　……(答)

(翻訳) (1) 方程式 ① が虚数解をもつ条件は，
　　$p^2-4q<0$
　　　∴　$p^2<4q$　……②
これをみたす p が存在する条件は，$p^2\geq 0$ であることから，
　　$q>0$
与えられた命題が成り立つためには，命題
　　「$q>k$ をみたすどんな q に対しても $q>0$」
が成り立つことが必要かつ十分で，それは $k\geq 0$ で与えられる．
　　よって，求める k の最小値は　**0**　　……(答)

(2) 方程式 ① が実数解をもつ条件は，
　　$p^2-4q\geq 0$

$$\therefore \quad q \leq \frac{1}{4}p^2 \quad \cdots\cdots ③$$

まず，p を固定して考える．$q-p \leq k$ すなわち $q \leq p+k$ をみたす任意の q に対して，$q \leq \frac{1}{4}p^2$ が成り立つためには，

$$p+k \leq \frac{1}{4}p^2$$

$$\therefore \quad p^2 - 4p - 4k \geq 0$$

が成り立つことが必要十分．次に p を動かす．任意の p に対して，

$$p^2 - 4p - 4k \geq 0$$

が成り立つには，

$$\frac{D}{4} = 4 + 4k \leq 0$$

$$\therefore \quad k \leq -1$$

よって，求める k の最大値は，　　**-1**　　　……(答)

【(2)の別解】（グラフによる）

題意が成り立つためには，領域 $q \leq p+k$ が領域 $q \leq \frac{p^2}{4}$ に含まれればよい．

グラフより，$q = \frac{p^2}{4}$ と $q = p+k$ が接するとき，k は最大となる．

$$\frac{p^2}{4} = p+k \quad より，\quad p^2 - 4p - 4k = 0$$

この方程式の判別式を D とすると，

$$\therefore \quad \frac{D}{4} = 4 + 4k = 0$$

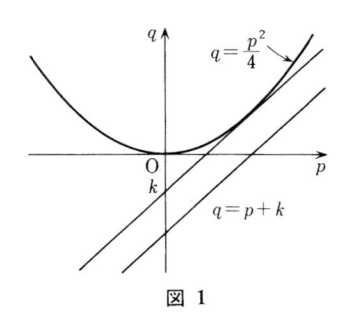

よって，　　　**$k = -1$**　　　……(答)

図 1

〈練習 1・3・5〉

$-\infty < x < +\infty$ で定義された関数
$$f_i(x) \quad (i=1, 2, \cdots, n)$$
の集合を M とする．「x のある値に対して，M のどの関数も 0 の値をとる」という命題を A とする．

(1) A の否定命題 B を書け．
(2) M が 3 つの関数 $f_1(x)=ax-1$, $f_2(x)=x^2-2x+b$, $f_3(x)=x^3+b$ の集合であるとき，命題 B が成り立つための実数 a, b の条件を求めよ．

(名古屋市立大)

[解答] (1) $\overline{\exists x \, \forall i \; f_i(x)=0} \iff \forall x \, \exists i \; f_i(x) \neq 0$

すなわち，B 〝どんな x に対しても，$f_i(x) \neq 0$ が存在する．〟 ……(答)

(2) まず，命題 A をみたす実数 a, b の存在条件を求める．

$$\exists x \begin{cases} ax-1=0 \\ x^2-2x+b=0 \\ x^3+b=0 \end{cases} \iff \exists x \begin{cases} a \neq 0 \\ x=\dfrac{1}{a} \\ x^2-2x+b=0 \\ x^3+b=0 \end{cases}$$

$$\iff \exists x \begin{cases} a \neq 0 \\ x=\dfrac{1}{a} \\ \dfrac{1}{a^2}-\dfrac{2}{a}+b=0 \\ \dfrac{1}{a^3}+b=0 \end{cases} \iff \begin{cases} a \neq 0 \\ \dfrac{1}{a^2}-\dfrac{2}{a}+b=0 \\ \dfrac{1}{a^3}+b=0 \end{cases}$$

$$\iff \begin{cases} a \neq 0 \\ \dfrac{1}{a^2}-\dfrac{2}{a}-\dfrac{1}{a^3}=0 \\ \dfrac{1}{a^3}+b=0 \end{cases} \iff \begin{cases} a \neq 0 \\ 2a^2-a+1=0 \\ \dfrac{1}{a^3}+b=0 \end{cases}$$

$2a^2-a+1=0$ をみたす実数 a は存在しない．

$-\dfrac{1}{a^3}=b$ より，条件をみたす b も存在しない．

$A : \exists x \, (ax-1=0 \wedge x^2-2x+b=0 \wedge x^3+b=0)$
$\iff a, b \in R$ は存在しない ……(*)

命題 B は命題 A の否定命題だから，命題 B が成り立つための実数 a, b の条件は (*) を否定すればよい．

ゆえに，$B : \forall x\,(ax-1\neq 0 \lor x^2-2x+b\neq 0 \lor x^3+b\neq 0)$
　　$\iff a,\,b\text{ は任意の実数}$　　……(答)

(**翻訳**)　(1)　任意の x に対して，0 の値をとらない M の関数が存在する．

(2)　$f_1(x)=ax-1,\ f_2(x)=x^2-2x+b,\ f_3(x)=x^3+b$　のとき，命題 B は，
　「任意の実数 x に対して，
　　　$ax-1\neq 0$ または $x^2-2x+b\neq 0$ または $x^3+b\neq 0$」　……(∗)
となる．よって，(∗) をみたす実数 $a,\,b$ の条件を求めればよい．

　命題 B の否定命題は，
　「$ax-1=0$ かつ $x^2-2x+b=0$ かつ $x^3+b=0$ をみたす実数 x が存在する」
　　　　　　　　　　　　　　　　　　　　　　　　　　　　……(∗∗)
である．よって，(∗) をみたす実数 $a,\,b$ の条件を求める代わりに，(∗∗) をみたす x が存在するための実数 $a,\,b$ の条件を求める．

$$\begin{cases} ax-1=0 & \cdots\cdots① \\ x^2-2x+b=0 & \cdots\cdots② \\ x^3+b=0 & \cdots\cdots③ \end{cases}$$

とおくと，① より，

$$x=\frac{1}{a}\quad (a\neq 0\,;\ a=0\ \text{とすると，① をみたす } x \text{ が存在しない})$$

②，③ へ代入すると，

$$\begin{cases} \dfrac{1}{a^2}-\dfrac{2}{a}+b=0 & \cdots\cdots②' \\ \dfrac{1}{a^3}+b=0 & \cdots\cdots③' \end{cases}$$

②′，③′ から b を消去すると，

$$\frac{1}{a^2}-\frac{2}{a}-\frac{1}{a^3}=0 \iff 2a^2-a+1=0 \qquad\cdots\cdots④$$

④ に判別式を用いると，
　　$D=1-8=-7<0$
よって，④ をみたす実数 a は存在しない．

ゆえに，①，②，③ をみたす実数 $a,\,b$ は存在しない．　……⑤

よって，求める $a,\,b$ は ⑤ を否定して，

　$a,\,b$ は任意の実数　　……(答)

§4 背理法と対偶

命題 "p ならば q $(p \to q)$" が真であることを証明するために，"p ならば q $(p \to q)$" と同値な他の命題が真であることを証明する方法を間接証明法という．しばしばつかわれる間接証明法として，**背理法**，**対偶**を利用する2つの方法をあげることができる．

次に，これらについて解説しよう．

[背理法のプロセス]

Step 1. 命題 "p ならば q $(p \to q)$" を否定する．
  すなわち "p かつ q でない $(p \wedge \overline{q})$" と仮定する．
  $(\because \ \overline{p \to q} \iff p \wedge \overline{q})$

Step 2. 正しい議論を進める．

Step 3. 矛盾が生じる．

Step 4. 矛盾を解消するために，Step 1. の仮定を取り消す．すなわち，
  命題 "p ならば q $(p \to q)$" は真である．

Step 3. の "矛盾が生じる" 段階に焦点を絞って，もう少し詳しく背理法について考察してみる．何に対する矛盾なのかを考えることにより，次の3つのタイプに分類することができる．

(**タイプ I**) 命題 "p ならば q $(p \to q)$" とは直接関係ない，真であることがわかっている命題（数学的事実）r に矛盾する，すなわち，正しい議論を進めることにより "r でない $(\overline{r})$" という結果が導かれる場合．

(**タイプ II**) "q でない $(\overline{q})$" と仮定したことに矛盾する，すなわち，正しい議論を進めることにより "q である (q)" という結果が導かれる場合．

(**タイプ III**) p に矛盾する，すなわち，正しい議論を進めることにより "p でない $(\overline{p})$" という結果が導かれる場合．

おのおのの場合の議論が，命題 "p ならば q $(p \to q)$" と同値であることを真理表を用いて確認しておこう．

(注) 真理表Bには，p, q, r の真偽のすべての組合せを示したが，実際には，r が真の行（斜線部分）にのみ注目すればよい．

○ $p \to q$

表 A

p	q	$p \to q$
T	T	T
T	F	F
F	T	T
F	F	T

○ (タイプ I)

表 B

p	q	r	$p \wedge \overline{q} \to \overline{r}$
~~T~~	~~T~~	~~T~~	~~T~~
T	T	F	T
~~T~~	~~F~~	~~T~~	~~F~~
T	F	F	T
~~F~~	~~T~~	~~T~~	~~T~~
F	T	F	T
~~F~~	~~F~~	~~T~~	~~T~~
F	F	F	T

○ (タイプ II)

表 C

p	q	$p \wedge \overline{q} \to q$
T	T	T
T	F	F
F	T	T
F	F	T

○ (タイプ III)

表 D

p	q	$p \wedge \overline{q} \to \overline{p}$
T	T	T
T	F	F
F	T	T
F	F	T

なお，対偶は，"p ならば q $(p \to q)$" と同値な命題 "q でないならば p でない $(\overline{q} \to \overline{p})$" を利用して証明する方法であるが，これは "$p$ でない $(\overline{p})$" ことを導いたことと同じである．すなわち，対偶は背理法（タイプIII）の特別な場合ということができる．

54　第1章　論理のしくみ

[例題 1・4・1]
　a, b, c を奇数とするとき，方程式 $ax^2+bx+c=0$ は有理数の解をもたないことを証明せよ．　　　　　　　　　　　　　　　　　（神戸大）

発想法

　a, b, c は奇数であるを　m
　$ax^2+bx+c=0$ は有理数の解をもたないを　n
と記号化する．このとき，題意は $m \to n$ となる．背理法がつかえる形なので題意を否定すると，
$$\overline{m \to n} \iff m \land \overline{n}$$
すなわち，「a, b, c が奇数であるにもかかわらず，方程式 $ax^2+bx+c=0$ が有理数の解をもつ」ことから矛盾を導けばよい．

　なお，「解答」の Step. は序文の **[背理法のプロセス]** の Step. に対応している．

解答　Step 1.　・a, b, c は奇数
　　　　　・$ax^2+bx+c=0$ ……① は有理数の解 $x=\dfrac{q}{p}$ ……② （p, q は互いに素な整数で $p>0$）をもつ
と仮定する．
Step 2.　・② を ① へ代入する．
$$a\left(\frac{q}{p}\right)^2 + b\left(\frac{q}{p}\right) + c = 0$$
$$\iff aq^2 + bpq + cp^2 = 0 \quad \cdots\cdots ③$$
　p, q の偶・奇で場合分けして考える．p, q は互いに素な整数であると仮定しているので p, q の両方ともが偶数になることはない．
・（場合 1）　p が奇数，q が偶数のとき，
　　　aq^2, bpq は偶数，cp^2 は奇数となる．したがって ③ より，
　　　$aq^2 + bpq + cp^2 =$（偶数）＋（偶数）＋（奇数）＝（奇数）＝0
・（場合 2）　p が偶数，q が奇数のとき，
　　　aq^2 は奇数，bpq, cp^2 は偶数となる．したがって ③ より，
　　　$aq^2 + bpq + cp^2 =$（奇数）＋（偶数）＋（偶数）＝（奇数）＝0
・（場合 3）　p が奇数，q が奇数のとき，
　　　aq^2, bpq, cp^2 はすべて奇数となる．したがって ③ より，
　　　$aq^2 + bpq + cp^2 =$（奇数）＋（奇数）＋（奇数）＝（奇数）＝0
Step 3.　以上，場合 1～3 すべての場合について，（奇数）＝0 となることは，
　　　　（奇数）≠0
に矛盾する（タイプ I の矛盾）．
Step 4.　したがって，Step 1. の仮定が誤りであり，題意は証明された．

§4 背理法と対偶

【別解】 まず与えられた命題を，扱いやすい別の命題に翻訳する．
Step 1. 方程式 $ax^2+bx+c=0$ が有理数の解をもつ
$\iff$ 方程式 $ax^2+bx+c=0$ の解
$$x=\frac{-b\pm\sqrt{b^2-4ac}}{2a}$$
において $\sqrt{}$ 内，b^2-4ac が完全平方数で表すことができる．
$\iff b^2-4ac=k^2$ (k は整数) とおくことができる．
・a, b, c は奇数． $b^2-4ac=k^2$ (k は整数) ……①

Step 2. ①において，b が奇数であることから，
(奇数)−(偶数)=(奇数)=k^2
より k も奇数である．そこで，$b=2m+1, k=2n+1$ とおき，①へ代入すると，
$4ac=b^2-k^2$
$=(2m+1)^2-(2n+1)^2$
$=4\{m(m+1)-n(n+1)\}$
∴ $ac=m(m+1)-n(n+1)$

(方法 1) (奇数)=(偶数)
Step 3. (奇数)≠(偶数) に矛盾する (タイプ I)．
Step 4. よって，Step 1. の仮定が誤りであり，題意は証明された．

(方法 2) $ac=m(m+1)-n(n+1)$
$=$(偶数)
Step 3. a, c が奇数であることに矛盾する (タイプ III)．

〈練習 1・4・1〉

4次式 $g(x) = ax^4 + bx^3 + cx^2 + dx + e$ (a, b, c, d, e は整数, $a \neq 0$) が $g(1) = g(3) = 0$ をみたすならば, a, b, c, d, e の少なくとも1つは -3 以下であることを示せ。　　　　　　　　　　　　　　　　　　　　(神戸大)

発想法

　a, b, c, d, e は整数, $a \neq 0$, $g(1) = g(3) = 0$ を p
　a, b, c, d, e の少なくとも1つは -3 以下を q

と記号化する。このとき, 題意は $p \to q$ となる。背理法がつかえる形なので題意を否定すると,

$$\overline{p \to q} \iff p \land \overline{q}$$

すなわち,「$q(x)$ (a, b, c, d, e は整数, $a \neq 0$) が $g(1) = g(3) = 0$ をみたすにもかかわらず, a, b, c, d, e がすべて -3 より大きい」ことから矛盾を導けばよい。

解答 Step 1. 　a, b, c, d, e は整数　　　……①
　　　　　　　　$a \neq 0$　　　　　　　　　　　……②
　　　　　　　　$g(1) = a + b + c + d + e = 0$　　……③
　　　　　　　　$g(3) = 81a + 27b + 9c + 3d + e = 0$　……④
　　　　　　　　a, b, c, d, e はすべて -2 以上　……⑤

Step 2. ④より,
$$e = -81a - 27b - 9c - 3d = 3(-27a - 9b - 3c - d)$$

であるから, e は3の倍数である。かつ, ⑤より $e \geq -2$ であるから,
$$e = 3e' \quad (e' \geq 0) \quad\quad ……㋐$$

とおくことができる。㋐を④へ代入すると,
$$81a + 27b + 9c + 3d + 3e' = 0 \iff 27a + 9b + 3c + d + e' = 0$$

となる。
$$d + e' = 3(-9a - 3b - c)$$

より, $d + e'$ は3の倍数である。かつ, ⑤より $d \geq -2$, ㋐より $e' \geq 0$ であるから,
$$d + e' = 3d' \quad (d' \geq 0) \quad\quad ……㋑$$

とおくことができる。以下, 同様の議論を繰り返すことにより,
$$c + d' = 3c' \quad (c' \geq 0) \quad\quad ……㋒$$
$$b + c' = 3b' \quad (b' \geq 0) \quad\quad ……㋓$$
$$a + b' = 0 \quad\quad\quad\quad\quad\quad ……㋔$$

を得る。㋐〜㋔を辺々加えて整理すると,
$$a + b + c + d + e = 2(b' + c' + d' + e') \quad ……㋕$$

ここで③より, ㋕の左辺は0である。よって,
$$b' + c' + d' + e' = 0 \quad\quad ……㋖$$

㋐〜㋔ より，$b' \geqq 0$, $c' \geqq 0$, $d' \geqq 0$, $e' \geqq 0$ であるから，㋕ が成立するのは，
$$b'=c'=d'=e'=0$$
のときである．$b'=0$ を ㋐ に代入すると，$a=0$ となる．

Step 3. これは $a \neq 0$ に矛盾する（タイプⅢ）．

Step 4. よって，仮定が誤りであり，題意は証明された．

[例題 1・4・2]

座標平面において，x 座標と y 座標がともに整数である点を格子点という．いま，3 つの頂点 A, B, C がいずれも格子点であるような三角形について，次の各問いに答えよ．

(1) △ABC の面積は有理数であることを証明せよ．
(2) △ABC は正三角形になり得ないことを証明せよ． （名古屋大 改）

[解答] (1) △ABC を点 A が原点に重なるように平行移動し，点 B, 点 C の移った先の点を B$'(a, b)$, C$'(c, d)$ とする（ただし，a, b, c, d は整数）．

△ABC ≡ △OB$'$C$'$

点 B$'$, C$'$ が格子点となるであることは自明．
△ABC の面積を求める．

△ABC = △OB$'$C$'$

$= \dfrac{1}{2} |ad - bc|$

$= \dfrac{1}{2} \times$ (整数)

$=$ (有理数)

これより，△ABC の面積は有理数である．

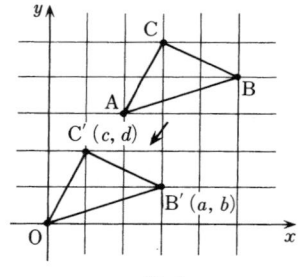

図 1

(2) Step 1. △ABC(△OB$'$C$'$) が正三角形になり得ると仮定する．
Step 2. このとき △ABC の面積は，

△ABC = △OB$'$C$'$

$= \dfrac{1}{2}(\text{OB}')^2 \sin 60°$

$= \dfrac{1}{2} \cdot (a^2 + b^2) \cdot \dfrac{\sqrt{3}}{2}$

$= \dfrac{\sqrt{3}}{4}(a^2 + b^2)$

$= \dfrac{\sqrt{3}}{4} \times$ (整数)　（∵ a, b は整数）

$=$ (無理数)

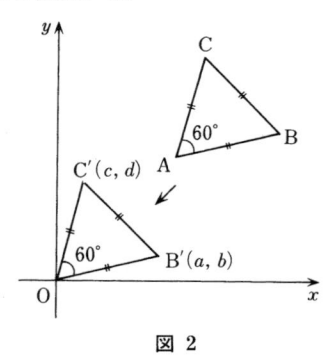

図 2

Step 3. これは，(1) の結果に矛盾する（タイプⅠ）．
Step 4. ゆえに仮定が誤りであり，題意は証明された．

─〈練習 1・4・2〉─

格子点（x 座標，y 座標とも整数である点）を 4 頂点とする面積 1 の平行四辺形の内部（周上は除く）には，格子点は存在しないことを証明せよ．

発想法

題意をみたす平行四辺形を図 1 に示す．

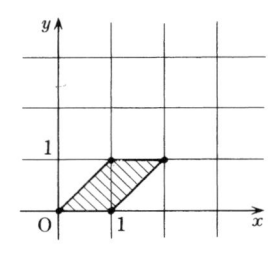

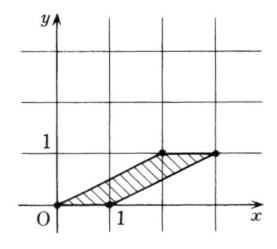

図 1

解答

格子点を頂点とする平行四辺形を OABC とすると，
 O(0, 0)，A(a, c)，B($a+b, c+d$)，C(b, d)　（ただし，a, b, c, d は整数）
とおくことができる．

このとき，平行四辺形の面積 S は，
$$S = |ad - bc|$$
で与えられる．a, b, c, d が整数であることから，
$$S = |ad - bc| \geq 1 \quad \cdots\cdots ①$$

Step 1.　いま，面積 1 の平行四辺形 OABC の内部に格子点 D があると仮定する．

Step 2.　このとき，
　　　　（四角形 OADC）＜（平行四辺形 OABC）＝1
$$\cdots\cdots ②$$
また，平行四辺形 OCED, 平行四辺形 ODFA を考えると，
　　　　（四角形 OADC）＝△OCD＋△OAD
$$= \frac{1}{2}(\text{平行四辺形 OCED}) + \frac{1}{2}(\text{平行四辺形 ODFA})$$
$$\geq \frac{1}{2} + \frac{1}{2} = 1 \quad \cdots\cdots ③$$

Step 3.　② と ③ は矛盾する．

Step 4.　よって，仮定が誤りであり，題意は証明された．

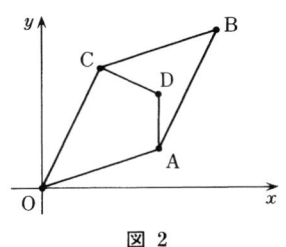

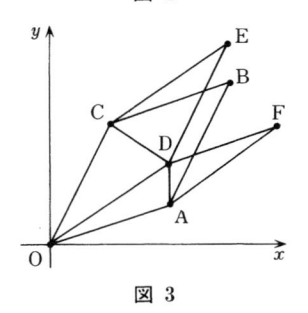

図 2

図 3

【別解】　Step 1.　平行四辺形 OABC の内部に格子点 D(m, n)（ただし，m, n は整数）があると仮定する．

Step 2.　点 D から，辺 OC, OA に平行な線を下ろす．辺 OA, OC との交点を E, F とする．点 E, F の座標は，

　　E(pa, pc)，F(qb, qd)
　　　（ただし，$0<p<1$, $0<q<1$）

で与えられる．ただし，

　　$pa+qb=m$，$pc+qd=n$

である．これを，p, q について解くと，

　　$p=\dfrac{dm-bn}{ad-bc}$，$q=\dfrac{an-cm}{ad-bc}$

「解答」の① より，$ad-bc=\pm 1$ であるから，

　　$p=\pm(dm-bn)$，$q=\pm(an-cm)$

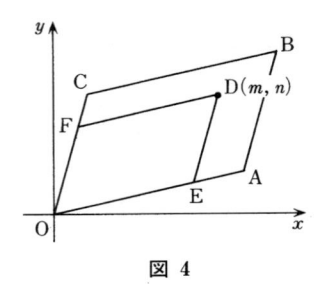

となる．a, b, c, d, m, n は整数であることから，p, q も整数となる．

Step 3.　これは，$0<p<1$, $0<q<1$ に矛盾する（タイプ II）．

Step 4.　よって，仮定が誤りであり，題意は証明された．

図 4

§4 背理法と対偶　61

[例題 1・4・3]

(1) 2つの正数 a, b について，次の2つの不等式
$$a(1-b) \geq \frac{1}{4}, \quad b(1-a) \geq \frac{1}{4}$$
が同時に成り立つような a, b は何か．

(2) 4つの正数 a, b, c, d について，$a=b=c=d$ でないならば，4つの数 $a(1-b)$，$b(1-c)$，$c(1-d)$，$d(1-a)$ のうち，少なくとも1つは $\frac{1}{4}$ より小さいことを証明せよ． (東京理科大)

解答 (1) $a, b > 0$, $a(1-b) \geq \frac{1}{4}$, $b(1-a) \geq \frac{1}{4}$ より，

$1-b > 0$ かつ $1-a > 0$ となるので，相加・相乗平均の関係がつかえて，

$$\begin{cases} a+(1-b) \geq 2\sqrt{a(1-b)} \geq 2\sqrt{\frac{1}{4}} = 1 & \cdots\cdots ① \\ b+(1-a) \geq 2\sqrt{b(1-a)} \geq 2\sqrt{\frac{1}{4}} = 1 & \cdots\cdots ② \end{cases}$$

(等号が成り立つのは，①は，$a=1-b$ かつ $a(1-b)=\frac{1}{4}$ つまり $a=b=\frac{1}{2}$ のとき．②も同じ．)

① より，$a+1-b \geq 1$ ∴ $a \geq b$ $\cdots\cdots$ ③ (等号成立は，$a=b=\frac{1}{2}$ のとき)

② より，$b+1-a \geq 1$ ∴ $b \geq a$ $\cdots\cdots$ ④ (等号成立は，$a=b=\frac{1}{2}$ のとき)

③ かつ ④ が成り立つのは，$a=b=\frac{1}{2}$ のときである．

$$\boldsymbol{a=b=\frac{1}{2}} \qquad \cdots\cdots \text{(答)}$$

(2) 証明すべき命題は，

$$\overline{a=b=c=d} \longrightarrow \left(a(1-b) < \frac{1}{4}\right) \vee \left(b(1-c) < \frac{1}{4}\right) \vee \left(c(1-d) < \frac{1}{4}\right)$$
$$\vee \left(d(1-a) < \frac{1}{4}\right)$$

のように記号化できる．この命題の対偶は，

$$\overline{\left(a(1-b) < \frac{1}{4}\right) \vee \left(b(1-c) < \frac{1}{4}\right) \vee \left(c(1-d) < \frac{1}{4}\right) \vee \left(d(1-a) < \frac{1}{4}\right)}$$
$$\longrightarrow \overline{\overline{a=b=c=d}}$$
$$\iff \left(a(1-b) \geq \frac{1}{4}\right) \wedge \left(b(1-c) \geq \frac{1}{4}\right) \wedge \left(c(1-d) \geq \frac{1}{4}\right) \wedge \left(d(1-a) \geq \frac{1}{4}\right)$$

$\longrightarrow a=b=c=d$

となる．これを示せばよい．

4つの正数 a, b, c, d について，4つの不等式

$$a(1-b) \geq \frac{1}{4}, \quad b(1-c) \geq \frac{1}{4}, \quad c(1-d) \geq \frac{1}{4}, \quad d(1-a) \geq \frac{1}{4}$$

が同時に成り立つ条件を求める．

(1)と同様にして，

$$a+(1-b) \geq 2\sqrt{a(1-b)} \geq 2\sqrt{\frac{1}{4}} = 1$$

$$b+(1-c) \geq 2\sqrt{b(1-c)} \geq 2\sqrt{\frac{1}{4}} = 1$$

$$c+(1-d) \geq 2\sqrt{c(1-d)} \geq 2\sqrt{\frac{1}{4}} = 1$$

$$d+(1-a) \geq 2\sqrt{d(1-a)} \geq 2\sqrt{\frac{1}{4}} = 1$$

これより，　　$a \geq b, \quad b \geq c, \quad c \geq d, \quad d \geq a$

∴　$a=b=c=d$

【別解】 (1) $a, b > 0, \quad a(1-b) \geq \frac{1}{4}, \quad b(1-a) \geq \frac{1}{4}$ ……㋐

の表す領域を図示すると図1を得る．

したがって，不等式㋐が同時に成り立つような a, b の値は，

$$\boldsymbol{a = b = \frac{1}{2}} \qquad \text{……(答)}$$

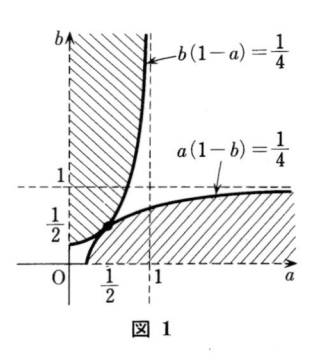

(2) 背理法で証明する．4つの正数 a, b, c, d について，4つの不等式

$$a(1-b) \geq \frac{1}{4}, \quad b(1-c) \geq \frac{1}{4}, \quad c(1-d) \geq \frac{1}{4},$$

$$d(1-a) \geq \frac{1}{4} \quad \text{……①}$$

図 1

がすべて成り立つと仮定する．このとき，

$$0 < a, b, c, d < 1$$

としてよい（なぜなら，4つの正数 a, b, c, d のうち1つでも1以上の数があると，不等式①が成立しないからである）．

①より，4つの不等式の辺々をかけることにより不等式

$$\{a(1-a)\}\{b(1-b)\}\{c(1-c)\}\{d(1-d)\} \geq \left(\frac{1}{4}\right)^4$$

が成り立つ．一方，$0 < x < 1$ なる任意の x に対して不等式

$$x(1-x) \leq \frac{1}{4}$$

が成り立つ(ただし,等号成立は $x=\dfrac{1}{2}$ のとき(図2)である).

よって,不等式①が同時に成り立つ条件は,
$$a=b=c=d\left(=\dfrac{1}{2}\right)$$
となり,これは問題の条件に反する.

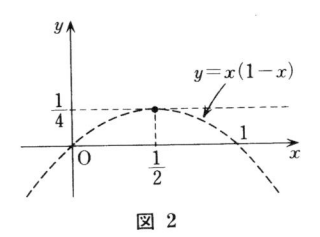

図2

〈練習 1・4・3〉

a, b, c, d を整数とする．整式
$$f(x) = ax^3 + bx^2 + cx + d$$
において，$f(-1), f(0), f(1)$ がいずれも 3 でわりきれないならば，方程式 $f(x) = 0$ は整数の解をもたないことを証明せよ．

発想法

$f(-1), f(0), f(1)$ の少なくとも 1 つは 3 でわりきれるを p
方程式 $f(x) = 0$ は整数解をもつを q

と記号化する．

このとき，示すべき命題は $\overline{p} \to \overline{q}$ となる．

本問のように条件文の仮定 ($\overline{p}$) と結論 ($\overline{q}$) がともに否定の形で与えられるときは，その条件文と同値な対偶命題 $q \to p$ を証明するとよい．肯定文 (p, q) が表す内容は限られているので証明に利用しやすいが，否定文 ($\overline{p}, \overline{q}$) が表す内容は，肯定文で表す内容以外のものすべてなので，広範で，利用しにくいからである．たとえば，「6 の倍数である (肯定文)」数は $6m$ (m は整数) の形に一通りにきまるが，「6 の倍数ではない (否定文)」数は，$6m+1, 6m+2, 6m+3, 6m+4, 6m+5$ の 5 通りになる．

解答 対偶命題「方程式 $f(x) = 0$ が整数解をもつならば，$f(-1), f(0), f(1)$ の少なくとも 1 つは 3 でわりきれる」ことを証明する．

$f(x) = 0$ が整数解 α をもつことから，$\alpha = 3\alpha'-1, 3\alpha', 3\alpha'+1$ で場合分けして考える．

(i) $\alpha = 3\alpha' - 1$ のとき，
$$\begin{aligned} f(\alpha) &= f(3\alpha'-1) \\ &= a(3\alpha'-1)^3 + b(3\alpha'-1)^2 + c(3\alpha'-1) + d \\ &= 3F - a + b - c + d \quad (F はある整数) \quad \cdots\cdots (注 参照) \\ &= 3F + f(-1) = 0 \end{aligned}$$
$$\therefore \quad f(-1) = -3F$$
ゆえに，$f(-1)$ は 3 でわりきれる．

(ii) $\alpha = 3\alpha'$ のとき，
$$\begin{aligned} f(\alpha) &= f(3\alpha') \\ &= a(3\alpha')^3 + b(3\alpha')^2 + c(3\alpha') + d \\ &= 3F' + d \quad (F' はある整数) \\ &= 3F' + f(0) = 0 \end{aligned}$$
$$\therefore \quad f(0) = -3F'$$
ゆえに，$f(0)$ は 3 でわりきれる．

(iii) $\alpha = 3\alpha' + 1$ のとき，

$$f(\alpha)=f(3\alpha'+1)$$
$$=a(3\alpha'+1)^3+b(3\alpha'+1)^2+c(3\alpha'+1)+d$$
$$=3F''+a+b+c+d \quad (F'' \text{ はある整数})$$
$$=3F''+f(1)=0$$
$$\therefore \quad f(1)=-3F''$$

ゆえに, $f(1)$ は 3 でわりきれる.

以上 (i), (ii), (iii) より, $f(x)=0$ が整数解をもつならば, $f(-1), f(0), f(1)$ の少なくとも 1 つは 3 でわりきれる.

(注) $f(\alpha)=f(3\alpha'-1)$
$$=a(3\alpha'-1)^3+b(3\alpha'-1)^2+c(3\alpha'-1)+d$$
$$=a(27\alpha'^3-27\alpha'^2+9\alpha'-1)+b(9\alpha'^2-6\alpha'+1)+c(3\alpha'-1)+d$$
$$=a(27\alpha'^3-27\alpha'^2+9\alpha')+b(9\alpha'^2-6\alpha')+c(3\alpha')-a+b-c+d$$
$$=3\{a(9\alpha'^3-9\alpha'^2+3\alpha')+b(3\alpha'^2-2\alpha')+c\alpha'\}-a+b-c+d$$

のように実際に計算すると,
$$F=a(9\alpha'^3-9\alpha'^2+3\alpha')+b(3\alpha'^2-2\alpha')+c\alpha'$$

であることがわかる. しかし, F の具体的な値は議論を進める際には必要ない. 必要なのは, a, b, c, d が整数であることから, "F が整数である" ということである.

第2章　全称命題と存在命題の証明のしかた

前章で述べたように，命題のなかには際立った形の2つの命題があった．すなわち，全称命題と存在命題である．ある特定の集合 U に属するすべての変数 x に対してある事柄が真であることを主張する命題が全称命題であり，集合に属する変数 x のうちのいくつかのものに対してある命題が真であることを主張する命題が存在命題である．本章およびひきつづく第3，4章において，これらの命題の証明のしかたについて解説する．

全称命題は一般に次の形をしている．

　　　『$\forall x \in U, \ P(x)$』　……(☆)

ここに全体集合 U が自然数全体（または整数全体）などのとき，すなわち，変数 x が自然数のとき，上述の(☆)は自然数を変数とする命題群（命題関数）を意味する．(☆)を場合分けして証明しようとすると，一般に無数の場合があり，それらすべてを1つずつ証明しつくすことはできない．このようなときに用いる強力な武器が数学的帰納法である．数学的帰納法のしくみと有効な使い方について，本章§1で詳説する．また，ひきつづく第3，4章において，全称命題の場合分けによる証明のしかたやその効用について解説する．

存在命題は一般に次の形をしている．

　　　『$\exists x \in U, \ P(x)$』　……(∗)

全体集合 U が有限集合のときと無限集合のときでは，(∗)の証明に用いる論法は大いに異なる．すなわち，"有限集合 U の中に $P(x)$ をみたす x が存在する"ことを示す方法と"無限集合 U の中に $P(x)$ をみたす x が存在する"ことを示す方法とでは，用いる定理や原理が異なるのである．前者で用いられる典型的な方法は"鳩の巣原理（ディリクレの引き出し論法）とよばれる論法であり，後者では"中間値の定理"，"ロルの定理"，"平均値の定理"などがその代表的なものである．

以下に重要な割りには教科書で明確には解説されていない"鳩の巣原理"について述べよう．

"11羽の鳩が10個の鳩の巣のいずれかに入ったとき，少なくとも1つの鳩の巣が存在して，そこには2羽以上の鳩が同居している．"

この命題の証明は背理法を用いると次のようになる．

どの鳩の巣にも，たかだか1羽の鳩しか入っていないとすると，合計10羽以下の鳩しかいなかったことになり，初めに11羽いたことに矛盾する（証明終わり）．

上述の例を一般化した次の命題が〝鳩の巣原理〟とよばれるものである．

鳩の巣原理 n, k は自然数とする．$(nk+1)$ 個以上の対象を n 個のクラスに分類すると，少なくとも1つのクラスは $(k+1)$ 個以上の対象を含む．

§1 全称命題の証明のしかた（帰納法のカラクリ）

　強い北風が毎日続き，木々がすれあい，山の頂上から火の手があがった．北風にあおられて，炎は木々を伝って次々に燃え広がっていく．山火事の気配に冬眠から目覚めた動物たちは，穴からとび出して逃げて行く．しかし，穴から出てしばらく考えた後，もとの穴にもぐって，また冬眠を続けてしまう賢い熊がいた．この熊は，「風は北風で，僕のねぐらは，出火場所の東側だから，山火事は伝わってこない」と判断したのである．アメリカの広大な山で山火事がおきたときには，地形やその季節の風向きなどを考慮して，2か月後に山火事の伝わってくる地域を割り出し，その地域の木を2か月かけて伐採しておくことによって火事がそれ以上広まらないようにするそうである．

　火が広まるように，赤痢やコレラなどの伝染病は，病原菌を介して1人の人から周りの人へと次々に伝染していく．また，原子炉の内部では，^{235}U の原子核へ中性子を吸収させて核分裂をおこしてエネルギーを生じさせ，この核分裂において生じる2個ぐらいの中性子は今度は別のウラン原子核に吸収され，さらに核分裂がおこり，エネルギーが生じ，…… という連鎖反応がおこり，ばく大なエネルギーを生じさせているのである．

　これらの「伝染」や「連鎖反応」の1つに，「将棋倒し」がある．この遊びを自分でやったことはなくても，テレビで見たことのある人は多いだろう．左右にずらーっと並んだ将棋のコマを考えて下さい．左端のコマを倒すと，次々にコマが倒れていく．どうしてかは，いまさらいうまでもないけれど，念のためにそのカラクリを書いてみよう．

　1番目のコマが倒れる．
　　　　↓
　1番目のコマが倒れたために2番目のコマが倒れる．
　　　　↓
　2番目のコマが倒れたために3番目のコマが倒れる．
　　　　↓
　　　　⋮

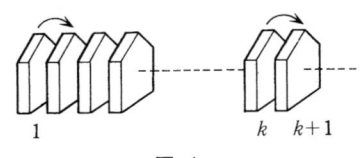

図 A

という具合だ(図A参照).

大事なことは,
① 1番目のコマを倒す
② k番目のコマが倒れるなら $k+1$ 番目のコマも倒れることが保証されている

ということだ．さて，そこで数学の話になるのだが，たとえば，

> nが自然数のとき，$(n-1)a^n + b^n \geq na^{n-1}b$ $(a>0, b>0)$ を証明せよ．
> (例題 2・1・2)

という問題は，結局無数にある命題群

$n=1$ のとき： P_1 : $\quad\quad\quad b \geq b$
$n=2$ のとき： P_2 : $\quad\quad a^2 + b^2 \geq 2ab$
$n=3$ のとき： P_3 : $\quad\quad 2a^3 + b^3 \geq 3a^2 b$
$\quad\quad\quad\quad\cdots\cdots\cdots\cdots\cdots\cdots\cdots\cdots$

を"すべて"証明せよ，といっていることにほかならない．そして，こういった無数にある命題群 $P_1, P_2, \cdots\cdots$ を一挙に証明できる，数学証明法のSDIが帰納法なのである．原理は将棋倒しとまったく同じである.

≪帰納法の構造(その1)≫

Ⅰ $n=1$ のときの命題 P_1 が成り立つことを示す．

Ⅱ $n=k$ $(k \geq 1)$ のときの命題 P_k が成り立つならば(注 p.81 参照)，$n=k+1$ のときの命題 P_{k+1} も成り立つことを保証する．

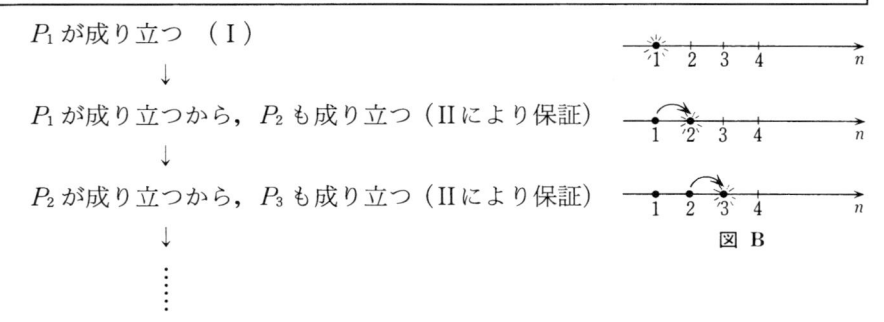

P_1 が成り立つ (Ⅰ)
$\downarrow$
P_1 が成り立つから，P_2 も成り立つ (Ⅱにより保証)
$\downarrow$
P_2 が成り立つから，P_3 も成り立つ (Ⅱにより保証)
$\downarrow$
$\vdots$

図 B

と，なっていく．かくして命題が自然数のパラメータ n を含むものなら，帰納法という強力な証明法があることになる．

帰納法をつかえる問題は，ほとんどが"どんなパラメータについて"の帰納法

にすればよいかすぐにわかるのだが，たとえば，

　　すべての整式 $f(x)$ に対して 〜 が成立することを示せ

といった命題でも，$f(x)$ の次数 n についての帰納法として示すことが可能なことがある．2つの自然数 n, m をパラメータとして含む命題では，n ではなく他の文字 m についての帰納法とすることもできることもあるので注意せよ．

　なお，問題によっては，「$n \geq 3$ のとき命題 P_n が成立することを示せ．」などとなっているものもあるが，そのときは，いうまでもなく，初期操作Ⅰに相当するものは，"初期値 $n=3$ のときの命題 P_3 が真であることを示す" ということであり，Ⅱは $n=k$ $(k \geq 3)$ のときの命題 P_k の成立が仮定されることになる．以下，いくつかの帰納法のパターンを示すが，どの場合にも初期値が何であるかに注意しなければならない．

　また，Ⅱの "$n=k$ のときの命題 P_k が成り立つ" ことの仮定を「**帰納法の仮定**」とよぶ．なお，等式，不等式などの成立を帰納法によって証明する際，やや複雑な計算を要することが予想されるときに，帰納法の第Ⅱステップを，次のようにすると見通しよく計算できることがある．

　Ⅱ′　$n=k-1$ $(k \geq 2)$ のときの命題 P_k が成り立つなら，$n=k$ のときの命題 P_k
　　　も成り立つことを示す．

　ここでは，Ⅱの k を単に "$k-1$" で置き換えただけであり，構造そのものは図Bに示す構造にほかならない（〈練習 5・1・3〉）．帰納法で示す問題の多くは，等式や不等式の成立，あるいは数列の一般項を予想した後，その予想が正しいことを帰納法で示す，といったものであるが，ここではまず幾何学的な問題を紹介しよう．

[例題 2・1・1]

縦,横がそれぞれ 2^n の,$2^n \times 2^n$ の単位正方形からなるチェス盤から任意に1つの単位正方形を除去して得られるチェス盤を,欠損チェス盤 B_n(図1)とよぶこととする(B_n は n によって大きさが変わるうえに,単位正方形を抜き取る位置によって,いろいろな種類がある).このとき,どんな B_n も何枚かの B_1(図2)で敷き詰めることができることを示せ.

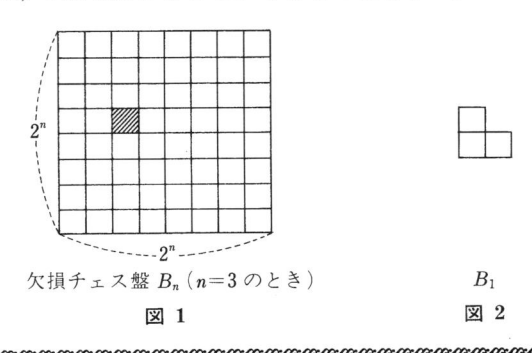

欠損チェス盤 B_n($n=3$ のとき)
図 1

B_1
図 2

発想法

$2^{k+1} \times 2^{k+1}$ のサイズのチェス盤から得られる欠損チェス盤 B_{k+1} を4等分すると,1つの B_k(これに対しては,直ちに帰納法の仮定を適用できる)と,3つの欠損していないチェス盤に分割することができる.後者の各欠損していないチェス盤に対しても帰納法の仮定が適用できるためには,意図的に,それらを欠損チェス盤にすることを考える.

【証明】 $n=1$ のときは,B_1 自身だから,命題は成り立つ.

$n=k$($k \geqq 1$)のとき命題が成り立つ,すなわち,

 「どんな欠損チェス盤 B_k も,B_1 で敷き詰めることが可能である」 ……(*)

と仮定する.

すると,$n=k+1$ のときに B_{k+1} が B_1 で敷き詰められることが次のようにして示せる.

まず,B_{k+1} を図3のように4つに分ける.

このうち,欠損か所を含んでいる部分は B_k にほかならない(図3の打点部)ので,この部分は帰納法の仮定(*)より B_1 で覆うことができる.残りの3つの正方形についても,図4のように,各正方形の隅から1つずつ単位正方形を除けば3つの B_k とすることができる.

おのおのの B_k は(*)より B_1 で敷き詰め可能であり,最後にさきほどくりぬいた

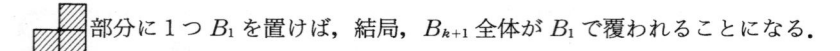

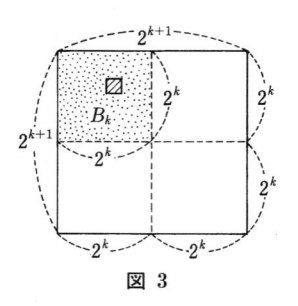

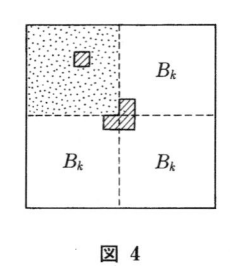

部分に 1 つ B_1 を置けば，結局，B_{k+1} 全体が B_1 で覆われることになる．

図 3　　　　　　　　　図 4

＜練習 2・1・1＞

縦，横，高さがそれぞれ 2^n の，$2^n \times 2^n \times 2^n$ 個の単位立方体からなる立方体から，任意の1つの単位立方体を除去して得られる立方体を欠損立方体 T_n とよぶ．任意の自然数 n に対して，欠損立方体 T_n は，いくつかの欠損立方体 T_1 を用いて組み立て可能であることを示せ．

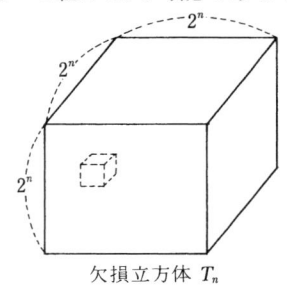

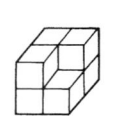

欠損立方体 T_n　　　　欠損立方体 T_1

|発想法|

$2^{k+1} \times 2^{k+1} \times 2^{k+1}$ のサイズの立方体から得られる T_{k+1} に対して，帰納法の仮定を適用するために，今度は T_{k+1} を8等分する．このとき，1つの T_k と7つの欠損していない立方体が得られる．7つの欠損してない立方体に対して帰納法の仮定を適用するために，[例題 2・1・1]と同様な考え方をする．

【証明】 n に関する帰納法で示す．

$n=1$ の場合は T_1 自身である．

$n=k$ $(k \geqq 1)$ のとき命題が真であると仮定する．すなわち，どんな欠損立方体 T_k も T_1 で組み立て可能であると仮定する．

$n=k+1$ のとき，欠損立方体 T_{k+1} を3方向にそれぞれ2等分する(図1参照)．このとき，T_{k+1} は，8個の立体に分割されるが，このうち1つは欠損立方体 T_k であり，これは帰納法の仮定より T_1 で組み立て可能である．残りの7つの立体はすべて欠損のない立方体であるが，図1のように，T_{k+1} の中心から1つ T_1 を取り除けば，7つの立体はすべて欠損立方体 T_k となり，それらは T_1 で組み立て可能である．この7つの T_k と，さきほど T_1 をくりぬいた部分に T_1 を復活させることにより，立方体 $(2^k \times 2^k \times 2^k)$ が7つ組み合わさった立体を作ることができる．

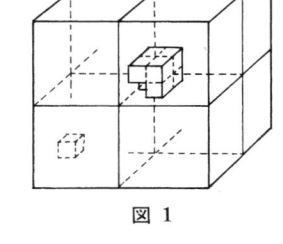

図 1

よって，すべての n に対して組み立て可能である．

このような図形の問題でも，自然数 n を含む命題であれば，帰納法での証明も十分考えられるのである．

さて，今までに，帰納法をつかう問題を多く解いたことのある読者も多いだろう．その際に，とくに意識をしなかったかもしれないが，

$$P(k) \Longrightarrow P(k+1)$$

を示すための方針には，次の2つがある．

1つは，$P(k)$ を$\dot{土}\dot{台}$にして，$P(k+1)$ を導くというものであり，もう1つは，$P(k+1)$ を解答の初めから引き合いに出し，$P(k)$ が真である，という仮定を活用できる形をつくりだしてしまう，というものである．後者は，少し難しいことをいっているように思えるかもしれないが何も難しいことではない．何をかくそう[**例題 2・1・1**]の証明は後者である．

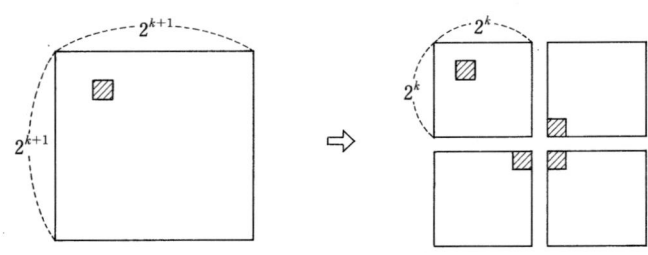

図 2　$P(k+1)$ を，$P(k)$ が利用できる形に

前者は，もっと直接的なものであり，たとえば，

$$1+\frac{1}{\sqrt{2}}+\frac{1}{\sqrt{3}}+\cdots\cdots+\frac{1}{\sqrt{n}}<2\sqrt{n} \quad \cdots\cdots(*)$$

を示せ

といわれたら（$n=1$ の成立を示したあと），

$$1+\frac{1}{\sqrt{2}}+\frac{1}{\sqrt{3}}+\cdots\cdots+\frac{1}{\sqrt{k}}<2\sqrt{k} \quad \cdots\cdots①$$

を仮定（P_k の成立を仮定）し，これを$\dot{土}\dot{台}$にして，両辺に $\frac{1}{\sqrt{k+1}}$ を加えて，

$$1+\frac{1}{\sqrt{2}}+\frac{1}{\sqrt{3}}+\cdots\cdots+\frac{1}{\sqrt{k}}+\frac{1}{\sqrt{k+1}}<2\sqrt{k}+\frac{1}{\sqrt{k+1}}$$

ここで，$2\sqrt{k}+\frac{1}{\sqrt{k+1}}<2\sqrt{k+1}$ であることを示すことにより（$2\sqrt{k}+\frac{1}{\sqrt{k+1}}$ は，後に，p.77 の[**コメント**]で述べる「仲立ち」となっている），

$$1+\frac{1}{\sqrt{2}}+\frac{1}{\sqrt{3}}+\cdots\cdots+\frac{1}{\sqrt{k}}+\frac{1}{\sqrt{k+1}}<2\sqrt{k+1}$$

よって，$P(k+1)$ も真である，という具合に進めていくであろう．これが，前者にあたる証明法である．なお，この不等式 (*) の証明としては，定積分を利用する別解も参照されたい．

【別解】 図3より，

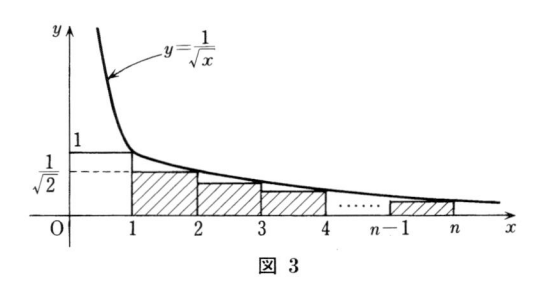

$$\begin{pmatrix}\text{斜線を施した } n-1\,(\text{個})\\ \text{の長方形の面積の総和}\end{pmatrix}=\frac{1}{\sqrt{2}}+\frac{1}{\sqrt{3}}+\cdots\cdots+\frac{1}{\sqrt{n}}<\int_1^n\frac{dx}{\sqrt{x}}=2\sqrt{n}-2$$

$$\therefore\quad 1+\frac{1}{\sqrt{2}}+\frac{1}{\sqrt{3}}+\cdots\cdots+\frac{1}{\sqrt{n}}<2\sqrt{n}-1<2\sqrt{n}$$

図3

(a)　$P(k)$ を土台にして $P(k+1)$ をつくりだす

> **[例題 2・1・2]**
> $a>0$, $b>0$ かつ n が2以上の整数であるとき，
> $$(n-1)a^n+b^n \geqq na^{n-1}b \quad (\text{等号成立は，}a=b \text{ のときのみ})$$
> を証明せよ．

発想法

　　帰納法の第1ステップは，$n=2$ のときの成立を示すことである．第2ステップとして，
　　$n=k$ $(k\geqq 2)$ のときの式
　　　　$(k-1)a^k+b^k \geqq ka^{k-1}b$
の左辺が，$n=k+1$ のときの
　　　　$ka^{k+1}+b^{k+1} \geqq (k+1)a^k b$
の左辺になるように，徐々に手を加えていく．この変形によって，右辺も $ka^{k-1}b$ から $(k+1)a^k b$ に変われば，それで証明は終わるのであるが……．なお，等号が成立する条件についても帰納法にのせて示していってしまうこと．

【証明】　まず，$n=2$ のときは，
　　　(左辺)－(右辺)$=a^2+b^2-2ab=(a-b)^2 \geqq 0$　（等号成立は $a=b$ のときのみ）
となり成立している．
　　$n=k$ $(k\geqq 2)$ のとき，
　　　　$(k-1)a^k+b^k \geqq ka^{k-1}b$　　　　　　　　　　　……①
が正しいとする．$n=k+1$ の場合を示すのに都合のよい左辺を①からつくりだす．
　　すなわち，$(k-1)a^k+b^k$ から $ka^{k+1}+b^{k+1}$ をつくりだすことを考える．
(i)　両辺に a をかけて a^k を a^{k+1} とする．
　　　　$(k-1)a^{k+1}+b^k a \geqq ka^k b$
(ii)　両辺に a^{k+1} を加えて，$(k-1)a^{k+1}$ を ka^{k+1} とする．
　　　　$ka^{k+1}+b^k a \geqq ka^k b+a^{k+1}$
(iii)　両辺から $b^k a$ をひき，b^{k+1} を加える．
　　　　$P \equiv ka^{k+1}+b^{k+1} \geqq ka^k b+a^{k+1}-b^k a+b^{k+1} \equiv Q$　　……②

　　この等号が成立するのは $a=b$ のとき，また，そのときに限ることも帰納法の仮定から，そのままひきずられてきている(同値変形しかしていないから)．そこで，
　　　　$P \geqq (k+1)a^k b \equiv R$
を示すのに〝$Q \geqq R$ かつ，この等号は $a=b$ のとき，また，そのときに限る〟ことを示せば十分．
　　　　$Q-R=ka^k b+a^{k+1}-b^k a+b^{k+1}-(k+1)a^k b$

§1 全称命題の証明のしかた（帰納法のカラクリ）　77

$$= -a^k b + a^{k+1} - b^k a + b^{k+1}$$
$$= a^k(a-b) + b^k(b-a)$$
$$= (a^k - b^k)(a-b)$$

$a > 0$, $b > 0$ より，$a^k - b^k$ と $a - b$ は同符号であるから，
$$(a^k - b^k)(a-b) \geqq 0$$
すなわち，
$$Q \geqq R \quad \cdots\cdots ③$$

また，等号成立は "$a^k - b^k = 0$ または $a - b = 0$" より $a = b$ のとき，また，そのときに限る．したがって，帰納法は完結した．

[コメント]　この証明において，$n = k$ のときの式①の左辺を，$n = k+1$ のときの式の左辺となるように手を加え，それに伴って右辺も同じように手を加えていったが，右辺は所望の（$n = k+1$ のときの式の）形とならなかった．しかし，ここで得られた右辺 Q と，必要とされている（右辺となるべき）式 R を比較することによって，$Q \geqq R$（③）が示され，$P \geqq Q$（②）と合わせることにより，Q を仲立ちとして，$P (\geqq Q) \geqq R$ が示せたのである．この「仲立ち」をつかって示すべき式の左辺，右辺の大小関係を評価する方法は，帰納法を用いて不等式の成立を示す際の定石である．

【(帰納法をつかわない)別解】　a を変数 x（$x > 0$）で置き換えて考える．
$$f(x) = (n-1)x^n - nbx^{n-1} + b^n$$
とおく．
$$f'(x) = n(n-1)x^{n-1} - n(n-1)bx^{n-2}$$
$$= n(n-1)(x-b)x^{n-2}$$
$n \geqq 2$ より，右の増減表を得る．

x	(0)	$\cdots$	b	$\cdots$
$f'(x)$		$-$	0	$+$
$f(x)$	b^n	$\searrow$	0	$\nearrow$

よって　$f(x) \geqq 0$　（等号成立は，$x = b$ のときのみ）
すなわち，
$$f(a) \geqq 0 \quad \text{（等号成立は，}a = b\text{ のときのみ）}$$
なお，与不等式は，n 個の正数についての相加平均・相乗平均の関係
$$x_1 + x_2 + \cdots\cdots + x_n \geqq n\sqrt[n]{x_1 \cdot x_2 \cdots\cdots x_n}$$
において，$x_1 = x_2 = \cdots\cdots = x_{n-1} = a^n$，$x_n = b^n$ とおいた式である．

＜練習 2・1・2＞

n を 2 以上の自然数とするとき，次の不等式を証明せよ．
$$1-\frac{1}{2}+\frac{1}{3}-\cdots\cdots+\frac{1}{2n-1}-\frac{1}{2n}<\frac{1}{4}\left(3-\frac{1}{n}\right) \quad \cdots\cdots(*)$$

発想法

帰納法の第1ステップは，$n=2$ のときの成立を示すことである．また，帰納法の第2ステップ，"$n=k$ のときの成立を仮定して $n=k+1$ のときの成立を示す" の $n=k+1$ のときに相当する式は，
$$1-\frac{1}{2}+\frac{1}{3}-\cdots\cdots+\frac{1}{2k-1}-\frac{1}{2k}+\frac{1}{2(k+1)-1}-\frac{1}{2(k+1)}<\frac{1}{4}\left(3-\frac{1}{k+1}\right)$$

であり，
$$1-\frac{1}{2}+\frac{1}{3}-\cdots\cdots+\frac{1}{2k-1}-\frac{1}{2k}+\frac{1}{2k+1}<\frac{1}{4}\left(3-\frac{1}{k+1}\right)$$

ではない．このことは，示すべき式の n に具体的な値を順次代入していったとき，

$n=2$；$1-\frac{1}{2}+\frac{1}{3}-\frac{1}{4}$　　　　　　$<\frac{1}{4}\left(3-\frac{1}{2}\right)$

$n=3$；$1-\frac{1}{2}+\frac{1}{3}-\frac{1}{4}+\frac{1}{5}-\frac{1}{6}$　　　　$<\frac{1}{4}\left(3-\frac{1}{3}\right)$

$n=4$；$1-\frac{1}{2}+\frac{1}{3}-\frac{1}{4}+\frac{1}{5}-\frac{1}{6}+\frac{1}{7}-\frac{1}{8}$　$<\frac{1}{4}\left(3-\frac{1}{4}\right)$

が得られることをみれば納得いくであろう．

解答　n に関する数学的帰納法による．

$n=2$ のとき，

$(*)$ の左辺 $=1-\frac{1}{2}+\frac{1}{3}-\frac{1}{4}=\frac{7}{12}$

$(*)$ の右辺 $=\frac{1}{4}\left(3-\frac{1}{2}\right)=\frac{5}{8}$

であり，$\frac{5}{8}-\frac{7}{12}=\frac{15-14}{24}=\frac{1}{24}>0$

だから，$(*)$ は成立している．

$n=k$ $(k\geqq 2)$ のときに $(*)$，すなわち，
$$1-\frac{1}{2}+\frac{1}{3}-\cdots\cdots+\frac{1}{2k-1}-\frac{1}{2k}<\frac{1}{4}\left(3-\frac{1}{k}\right) \quad \cdots\cdots ①$$

が成立していると仮定する．

① の両辺に，$\frac{1}{2(k+1)-1}-\frac{1}{2(k+1)}$ を加えると，
$$1-\frac{1}{2}+\frac{1}{3}-\cdots\cdots+\frac{1}{2(k+1)-1}-\frac{1}{2(k+1)}$$

$$< \frac{1}{4}\left(3-\frac{1}{k}\right)+\frac{1}{2k+1}-\frac{1}{2(k+1)} \quad \cdots\cdots ②$$

したがって，$n=k+1$ のときの（＊）の成立を示すためには，

$$② の右辺 < \frac{1}{4}\left(3-\frac{1}{k+1}\right) \quad \cdots\cdots ③$$

すなわち，

$$\frac{1}{2k+1}-\frac{1}{2(k+1)}<\frac{1}{4k}-\frac{1}{4(k+1)} \quad \cdots\cdots ④$$

を示せば十分である．

$$④ の左辺 = \frac{1}{2(2k+1)(k+1)} < \frac{1}{4k(k+1)} = ④ の右辺 \quad (\because\ 2(2k+1)>4k)$$

であるから，④が成立しており，したがって $n=k+1$ のときにも（＊）が成立している．（証明終）

[**コメント**] ①を仮定した後，$n=k+1$ の成立を示すために，まず，

「級数の形をした左辺」が $n=k+1$ のときの式の左辺となるように　……(☆)

①の両辺に，$\dfrac{1}{2(k+1)-1}-\dfrac{1}{2(k+1)}$ を加えた式②をつくった．しかし，まず右辺の形を所望の形とするために，

①の両辺に $\dfrac{1}{4k}-\dfrac{1}{4(k+1)}$ を加え，

$$1-\frac{1}{2}+\frac{1}{3}-\cdots\cdots+\frac{1}{2k-1}-\frac{1}{2k}+\frac{1}{4k}-\frac{1}{4(k+1)}$$
$$<\frac{1}{4}\left(3-\frac{1}{k}\right)+\frac{1}{4k}-\frac{1}{4(k+1)}$$
$$=\frac{1}{4}\left(3-\frac{1}{k+1}\right)$$

としてから，$\dfrac{1}{2(k+1)-1}-\dfrac{1}{2(k+1)}<\dfrac{1}{4k}-\dfrac{1}{4(k+1)}$ を示してもよい．

（もっとも，左辺が級数で与えられている不等式では，(☆)の変形法が自然であり，一般に見通しがよいであろう．）

(b) $P(k+1)$ を $P(k)$ が適応できる形に変形する

[例題 2・1・3]

$n=0, 1, 2, \cdots\cdots$ に対して，$\dfrac{n^5}{5}+\dfrac{n^4}{2}+\dfrac{n^3}{3}-\dfrac{n}{30}$ は整数であることを証明せよ．

発想法

最初から，$n=k+1$ のときの式

$$\dfrac{(k+1)^5}{5}+\dfrac{(k+1)^4}{2}+\dfrac{(k+1)^3}{3}-\dfrac{k+1}{30}$$

をもってきて（この段階では整数か否かわからない），これを展開した

$$\left(\dfrac{k^5}{5}+\dfrac{k^4}{2}+\dfrac{k^3}{3}-\dfrac{k}{30}\right)+\boxed{}$$

において，（ ）内に対しては帰納法の仮定より，整数．では，$\boxed{}$ 部は，どうなるであろうか．

【証明】 最初に示すのは，$n=1$ のときではなくて，$n=0$ のときである．$n=0$ のとき，与式は 0 となり整数である．$n=k\ (k\geqq 0)$ のとき，結果が成り立つと仮定して，

$$\dfrac{(k+1)^5}{5}+\dfrac{(k+1)^4}{2}+\dfrac{(k+1)^3}{3}-\dfrac{(k+1)}{30}$$

が整数であることを示す．これをパスカルの三角形を用いて展開して，

$$\dfrac{k^5+5k^4+10k^3+10k^2+5k+1}{5}+\dfrac{k^4+4k^3+6k^2+4k+1}{2}+\dfrac{k^3+3k^2+3k+1}{3}-\dfrac{k+1}{30}$$

帰納法の仮定である $P(k)$ を利用できるように，上式を組み直すと，

$$\left(\dfrac{k^5}{5}+\dfrac{k^4}{2}+\dfrac{k^3}{3}-\dfrac{k}{30}\right)+\{(k^4+2k^3+2k^2+k)+(2k^3+3k^2+2k)+(k^2+k)+1\}$$

となる．最初の（ ）内は帰納法の仮定から整数であり，2 番目の｛ ｝内も整数の和であるから整数である．したがって，証明は帰納法により完結した．

【（帰納法をつかわない）別解】 与式 $=\dfrac{n(n+1)(2n+1)(3n^2+3n-1)}{30}$

であり，$30=2\cdot 3\cdot 5$ であり，2, 3, 5 のいずれの 2 つも互いに素であるから，分子が 2, 3, 5 のいずれの倍数にもなっていることを示せばよい．

以下，k は負でない整数とする．

㋐ $n(n+1)$ は偶数，すなわち 2 の倍数である．

㋑ $n=3k$ のときは n が，また $n=3k+2$ のときには $n+1$ がそれぞれの 3 の倍数．

$n=3k+1$ のときは，$2n+1=3(2k+1)$ が 3 の倍数．

㋒ $n=5k$ のときは n が，また，$n=5k+4$ のときには $n+1$ がそれぞれ 5 の倍数．

$n=5k+1$ のときには，$3n^2+3n-1=5(25k^2+9k+1)$ が 5 の倍数.
$n=5k+2$ のときには，$2n+1=5(2k+1)$ が 5 の倍数.
$n=5k+3$ のときには，$3n^2+3n-1=5(15k^2+21k+7)$ が 5 の倍数.
㋐, ㋑, ㋒ より，分母は 30 の倍数であり，与式は整数値となる.

(注) 実は，この $\dfrac{n^5}{5}+\dfrac{n^4}{2}+\dfrac{n^3}{3}-\dfrac{n}{30}$ というのは $\sum_{k=1}^{n}k^4$ に等しいので，整数となるのはアタリマエ．

この [例題 2・1・3] の証明を，$\dfrac{k^5}{5}+\dfrac{k^4}{2}+\dfrac{k^3}{3}-\dfrac{k}{30}$ が整数であると仮定（P_k の成立を仮定）して，いきなり，
$$\left(\dfrac{k^5}{5}+\dfrac{k^4}{2}+\dfrac{k^3}{3}-\dfrac{k}{30}\right)+\{(k^4+2k^3+2k^2+k)+(2k^3+3k^2+2k)+(k^2+k+1)\}$$
も整数，したがって，これを変形した
$$\dfrac{k^5+5k^4+10k^3+10k^2+5k+1}{5}+\cdots\cdots=\dfrac{(k+1)^5}{5}+\dfrac{(k+1)^4}{2}+\dfrac{(k+1)^3}{3}-\dfrac{k+1}{30}$$
も整数だから $P(k+1)$ も真，とすれば，「$P(k)$ を土台にして」となるが，それは不自然であろう．しかし，$P(k)$ を土台にする方式でも，$P(k+1)$ を変形していく方式でも，いっていることはまったく同じである．

ここで，帰納法について今まで学んできたことについて少しふり返ってみることとしよう．

まず，p.69 における **《帰納法の構造（その1）》** のⅡについてである．
「$n=k$ ($k\geqq1$) のときの命題 P_k が成り立つなら」を，$n=k\geqq1$ によって
$$n\geqq1 \text{ なる任意の } n \text{ に対して命題 } P_n \text{ が成り立っている} \quad\cdots\cdots(*)$$
ことを仮定している，と解釈してしまっては誤りである．$(*)$ を仮定しているのなら，すでに，命題 P_{k+1} の成立も仮定されてしまっていることになり**(注)**，もはや P_{k+1} の成立は，「示されるべきこと」ではなくなってしまう．その意味で，ここで述べている k は，$k\geqq1$ なる「ある k」なのであって，(Ⅱ)は，
$$\text{"ある } k \text{ について } P_k \text{ が成立"} \implies (\text{その } k \text{ に対して}) P_{k+1} \text{ も成立} \quad\cdots\cdots(**)$$
を示す，と解釈するのである．この解釈において，「ある k」は「P_k が成立」にはたらいていることに注意せよ．この解釈によって，

「ある k」として $k=1$ とすれば，P_1 の成立は(1)によって確かに示されているので，$(**)$ によって P_2 も真である．次に「ある k」として $k=2$ とすれば，再び $(**)$ により P_3 も真であり，…… $\Bigg\}\cdots\cdots(☆)$

と逐次，P_k の成立が示されていくのである．

しかし，次のように解釈すれば，k を「任意の k」と解釈することも可能である．すなわち（II）を

$$\text{任意の } k \text{ について "}P_k \text{ が成立} \Longrightarrow P_{k+1} \text{ も成立"} \quad \cdots\cdots(**)'$$

を示す，と解釈するのである．ここでの解釈では，「任意の k」が「"P_k が成立 $\Longrightarrow P_{k+1}$ も成立"」にはたらいている．ここでも，P_k の成立が次々に示されていく様子は，(☆) における「ある k」を「任意の k」と書きかえるだけで得られるのであるが，実際には，

(**) の解釈では，"$k=1$ について P_1 が成立" $\Longrightarrow P_2$ も成立

となっていたのが，

(**)' の解釈では，$k=1$ について "P_1 が成立 $\Longrightarrow P_2$ も成立"

などと変わっているのである．

(注) (*) の解釈は，$k \geq 1$ を，1以上の「任意の k」として扱っており，したがって，(II) を，

$$\text{"任意の } k \text{ について } P_k \text{ が成立"} \Longrightarrow P_{k+1} \text{ も成立} \quad \cdots\cdots(*)'$$

を示すことと解釈していることになる．" " 内に該当する (*) では，k を n としているが，これは，k という文字が，" " 内の仮定を述べるための「媒介」として用いられているだけであり，1つの「k という値の自然数」を指し示しているわけではないことによる．したがって，k の代わりに n という文字に変えること自体は論理的に正しい．したがって，$\Longrightarrow$ の右側においてとくに，今度は，「$n=k+1$ なる値の自然数を指し示した」ときの命題 P_{k+1} も真となる，というのは，あたりまえの主張である．

次に，《帰納法の構造 (その1)》 の I についての注意を述べよう．

帰納法による証明は，ある程度ルーチン・ワークであるため，はしょって(?)，$n=1$ の場合を示さなかったりする生徒がときどきいる．たとえば，

$P : n$ が自然数のとき 3^n は偶数である

というのは，偽の命題であるが，次のような "証明" ができてしまうことになる．

【証明】 3^k が偶数であると仮定すると， $\quad 3^{k+1} = 3 \times 3^k = 3 \times (\text{偶数}) = \text{偶数}$

よって，P は正しい．

ご愁傷さま．これを読んで即座に笑えた人は，次のまちがいを指摘して下さい．一瞬とまどってから笑えた人は，まだ他人ごとだと思ってはいけません．まだ笑

えない人は，将棋のコマを1列に並べて，どうしたらコマが倒れだすかを考えて下さい．では問題．

(問) 次の問いに対する証明のまちがいを指摘せよ．

「n 人の人が並んでいるとき，その人たちはすべて男性であるか，または，すべて女性であるかのいずれかである．」

【証明】 並んでいる人の人数 n による帰納法で示す．

(i) 1人しかいないときは，明らか．

(ii) k 人が並んでいるとき命題が正しいと仮定する．

$k+1$ 人 が並んでいるとき，

(ア) 左端の1人を除いた k 人に対して帰納法の仮定を適用すると，その人たちは，すべて同性であり，また，(イ) 右端の1人を除いた k 人に対しても帰納法の仮定を用いて，やはりその人たちは同性である．このようになるのは，右側 k 人と左側 k 人とでだぶっている人たちに着目することにより，下図のような場合しかあり得ない．

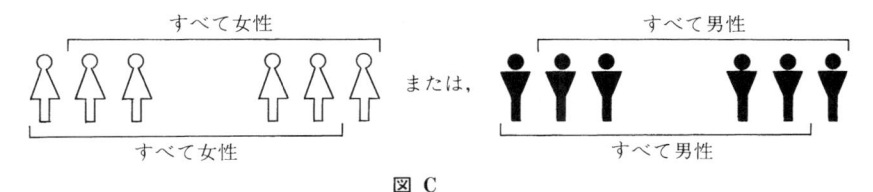

図 C

よって，$(k+1)$ 人の人たちはすべて同性でなくてはならない．

(i), (ii) より証明は完結した．

この証明の誤りについては p.104 で述べてある．**(e) いろいろな構造の帰納法**と合わせて学習すること．

(c) 帰納法の最初のステップで $n=1, 2$ の場合の成立を示すもの

これまでの帰納法は，最初のステップで $n=1$ のときの成立を示す（あるいは，示すべき命題が $n \geqq 2$ なる n に対する命題であれば，$n=2$ のときの成立を示す，というようにただ1つの n の値に対する命題の成立を示す）ものであったが，問題によっては，$n=1, 2$ のときの成立，あるいは，$n=1, 2, 3$ のときの成立などを示しておかなければならないものもある．いずれにせよ，ともかくいままでどおりの帰納法のつもりで書いていって，必要が生じたなら $n=2$，あるいは，$n=3$ の場合などの成立を調べて書き足す，というつもりでよい．では，どのようにしてその「必要」が生じ，それを発見することができるのだろうか．

[例題 2・1・4]

$x = t + \dfrac{1}{t}$ とし，$P_n = t^n + \dfrac{1}{t^n}$ $(n=1, 2, \cdots\cdots)$ とおく．

このとき，P_n は x の n 次の整式で表されることを示せ．

発想法

まず，$n=1$ のときは，$P_1 = t + \dfrac{1}{t} = x$ だから成り立つ．さて，P_{k+1} であるが，

$$P_{k+1} = t^{k+1} + \dfrac{1}{t^{k+1}}$$

$$= \underbrace{\left(t + \dfrac{1}{t}\right)\left(t^k + \dfrac{1}{t^k}\right)}_{\text{とりあえず，}t^{k+1},\, \dfrac{1}{t^{k+1}}\text{をつくりだして}} - \underbrace{\left(t^{k-1} + \dfrac{1}{t^{k-1}}\right)}_{\text{余分をひく}}$$

$$= xP_k - P_{k-1}$$

とりあえず，P_{k+1} を x と P_k で表すことを考えて変形しよう，としたのであるが，その結果 $P_{k+1} = xP_k - P_{k-1}$ となり，P_{k-1} まで出てきた．帰納法の仮定から，$xP_k - P_{k-1}$ が x の $k+1$ 次式といえるだろうか？ と考える．

P_k が x の k 次式であることだけを仮定したものでは，

　　P_{k-1} が x の $k-1$ 次式である

とはいっていないのだから，P_{k+1} が x の $k+1$ 次式である，とはいえない．P_{k-1} が x の $k+2$ 次式の可能性もあるのだから，このときには，P_{k+1} は x の $k+2$ 次式になるし，P_{k-1} が x の $k+1$ 次式のときには，xP_k の各項とキャンセルしあって，ずっと次数が落ちることも考えられる．だったら，P_{k-1} が x の $k-1$ 次式であることも仮定すればいいじゃないか，簡単な話だ，などとたかをくくってはいけない．P_k が x の k 次式，P_{k-1} が x の $k-1$ 次式であることを仮定しておけば，確かに，

$P_5 = xP_4 - P_3$
　$= (5\text{次式}) - (3\text{次式})$
　$= 5\text{次式}$

$P_{100} = xP_{99} - P_{98}$
　$= (100\text{次式}) - (98\text{次式})$
　$= 100\text{次式}$

などとなって，一般の k についても同様の議論ができそうだ．つまり，いつも自分 $(n=k+1)$ より小さい $k, k-1$ によって，P_{k+1} の成立が保証されそうだ．でも，この調子でいったら，P_2 が x の 2 次式であることを保証するのは，P_1 と P_0 ということになってしまう．P_1 については調べはついているものの P_0 については困ってしまう．そもそも P_0 というのは，定義されていないのだから．したがって，P_2 については，x

の2次式であることが保証されていない，ということになる．そこで P_2 についても P_1 同様，別個に調べる必要が出てくる．

$$P_2 = t^2 + \frac{1}{t^2} = \left(t + \frac{1}{t}\right)^2 - 2 = x^2 - 2$$

これは，確かに，x の2次式であり，これを帰納法の最初のステップに書き加えておけばよい．あとは，$P_{k+1} = xP_k - P_{k-1}$ によって，$n=3$ のときが $n=1, 2$ の場合により保証され，$n=4$ のときが $n=2, 3$ の場合によって保証され，……と無限に続いていく．

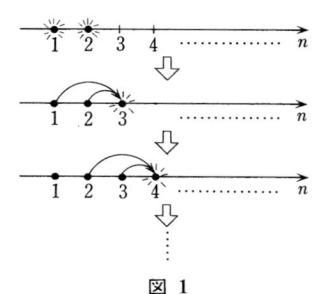

図 1

【証明】 (i) $n=1, 2$ のときは，

$$P_1 = t + \frac{1}{t} = x$$

$$P_2 = t^2 + \frac{1}{t^2} = \left(t + \frac{1}{t}\right)^2 - 2 = x^2 - 2$$

となり，命題は成立している．

(ii) $n=k, k-1$ $(k \geq 2)$ で命題が成立している，すなわち，

P_{k-1} は x の $k-1$ 次式

P_k は x の k 次式

として表される，と仮定する．すると，$n = k+1$ のときも，

$$P_{k+1} = \left(t + \frac{1}{t}\right)\left(t^k + \frac{1}{t^k}\right) - \left(t^{k-1} + \frac{1}{t^{k-1}}\right)$$

$$= xP_k - P_{k-1}$$

$$= (x \text{ の } k+1 \text{ 次式}) - (x \text{ の } k-1 \text{ 次式})$$

$$= (x \text{ の } k+1 \text{ 次式})$$

となり，命題は成立する．

(i), (ii) より，すべての n に対して命題が成立することが示された．

一般に，命題 P_{k+1} の成立を示すのに P_k, P_{k-1} の両方の成立を仮定しなければならないときは，最初のステップで $n=1, 2$ の両方の成立を確かめておくことになる．P_{k+1} の成立を示すのに，P_k, P_{k-1}, P_{k-2} まで必要とされるのなら，最初に $n=1, 2, 3$ までの成立を確かめておくことになる．

≪帰納法の構造（その2）≫

I　$n=1, 2$ のときの命題 P_1, P_2 が成り立つことを示す．

II　$n=k-1, k\ (k \geqq 2)$ のときの命題 P_{k-1}, P_k が成り立つなら，$n=k+1$ のときの命題 P_{k+1} も成り立つことを保証する．

しかし，このことを形式的に覚えておいただけではダメである．帰納法の最初のステップで，$n=1$ のときの成立しか示さなかった場合には，どのような構造の帰納法を用いたかによらず，まず，「$n=1$ での成立」から，本当に第2ステップによって $n=2$ の場合が示せるのか，ということをチェックすべきである．

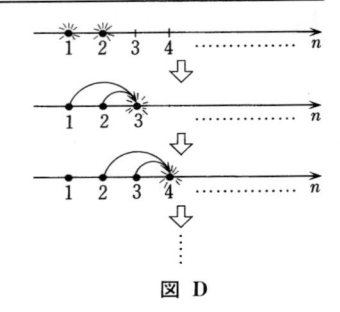

図 D

本例題でも，P_1 が x の1次式であることから，P_2 が x の2次式であることがいえるかな？ と考えた人なら，$P_2 = xP_1 - P_0$ となってしまって，定義されていない P_0 が出てきてしまった，マズイゾ，と修正すべきことに気づくはずである．

―〈練習 2・1・3〉――――――――――――――――――――

$f_0(x)$, $f_1(x)$, $f_2(x)$, …… のおのおのは多項式で，
$$f_0(x)=1, \quad f_1(x)=x, \quad f_{n+2}(x)=2xf_{n+1}(x)-f_n(x) \qquad (n=0, 1, 2, \cdots\cdots)$$
をみたすものとする．$f_3(x)$, $f_4(x)$ を書け．
また，$\cos n\theta = f_n(\cos\theta)$ $(n=0, 1, 2, \cdots\cdots)$ が成立することを証明せよ．

(福井医大)

発想法

後半を帰納法で示す際，
$$f_{k+2}(\cos\theta)=2\cos\theta f_{k+1}(\cos\theta)-f_k(\cos\theta)$$
を用いて $f_{k+2}(\cos\theta)=\cos(k+2)\theta$ を示すためには，帰納法の仮定として，
$$f_k(\cos\theta)=\cos k\theta$$
$$f_{k+1}(\cos\theta)=\cos(k+1)\theta$$
の両方を仮定しておく必要がある．したがって，帰納法の第1ステップとして，$n=0$, 1 の場合の成立を確かめておく必要がある．

解答 $f_2(x)=2xf_1(x)-f_0(x)=2x^2-1$

$\therefore\quad f_3(x)=2xf_2(x)-f_1(x)=2x(2x^2-1)-x$
$$=\boldsymbol{4x^3-3x} \qquad \cdots\cdots(答)$$
$f_4(x)=2xf_3(x)-f_2(x)=2x(4x^3-3x)-(2x^2-1)$
$$=\boldsymbol{8x^4-8x^2+1} \qquad \cdots\cdots(答)$$

次に，$\cos n\theta=f_n(\cos\theta)$ ……(∗) $(n=0, 1, 2, \cdots\cdots)$ を数学的帰納法を用いて示す．

$n=0, 1$ のときには，(∗)はそれぞれ，

$n=0$；左辺 $=\cos 0=1=f_0(\cos\theta)=$ 右辺

$n=1$；左辺 $=\cos\theta=f_1(\cos\theta)=$ 右辺

となり，(∗)は成立している．

次に，$n=k, k+1$ $(k\geqq 0)$ において (∗) が成立している．すなわち，
$f_k(\cos\theta)=\cos k\theta$, $f_{k+1}(\cos\theta)=\cos(k+1)\theta$ が成立していると仮定すると，

$f_{k+2}(\cos\theta)=2\cos\theta f_{k+1}(\cos\theta)-f_k(\cos\theta)$
$\qquad\qquad =2\cos\theta\cos(k+1)\theta-\cos k\theta$
$\qquad\qquad =2\cos\theta(\cos k\theta\cos\theta-\sin k\theta\sin\theta)-\cos k\theta$
$\qquad\qquad =\cos k\theta(2\cos^2\theta-1)-\sin k\theta\cdot 2\cos\theta\sin\theta$
$\qquad\qquad =\cos k\theta\cos 2\theta-\sin k\theta\sin 2\theta$
$\qquad\qquad =\cos(k+2)\theta$

となり，$n=k+2$ のときにも (∗) が成り立つ．

したがって，すべての負でない整数 n に対して (∗) が成り立つ．

88　第2章　全称命題と存在命題の証明のしかた

〈練習 2・1・4〉

$\alpha+\beta$, $\alpha\beta$ はともに整数であるとする．このとき任意の自然数 n に対して，$\sum_{r=0}^{n}\alpha^{n-r}\beta^r$ も整数であることを示せ．

発想法

$\sum_{r=0}^{k+1}\alpha^{(k+1)-r}\beta^r$ は，$\sum_{r=0}^{k}\alpha^{k-r}\beta^r$ と $\sum_{r=0}^{k-1}\alpha^{(k-1)-r}\beta^r$ を用いて表されるので，帰納法の第2ステップでは，$\sum_{r=0}^{k}\alpha^{k-r}\beta^r$ と $\sum_{r=0}^{k-1}\alpha^{(k-1)-r}\beta^r$ がともに整数であることを帰納法の仮定とすることになる．そのためには，第1ステップで，$n=1$ のときと $n=2$ のときとの命題の成立を示しておくことが要求される．

解答　$n=1$ のとき，

$\sum_{r=0}^{1}\alpha^{1-r}\beta^r = \alpha+\beta$ は整数である．

$n=2$ のとき，

$$\sum_{r=0}^{2}\alpha^{2-r}\beta^r = \alpha^2+\alpha\beta+\beta^2$$
$$= (\alpha+\beta)^2 - \alpha\beta$$

は整数である．

k を2以上の自然数として，$n=k$, $n=k-1$ に対して，$\sum_{r=0}^{n}\alpha^{n-r}\beta^r$ が整数であると仮定する．

$n=k+1$ のとき，

$$\sum_{r=0}^{k+1}\alpha^{(k+1)-r}\beta^r = (\alpha+\beta)\sum_{r=0}^{k}\alpha^{k-r}\beta^r - \alpha\beta\sum_{r=0}^{k-1}\alpha^{(k-1)-r}\beta^r$$

　　（この式変形については [コメント] 2 を参照せよ）

$\alpha+\beta$, $\alpha\beta$ がともに整数であることと，帰納法の仮定により右辺は整数である．したがって左辺も整数となる．

よって帰納法は完結した．

[コメント]　1．$\alpha+\beta$, $\alpha\beta$ がともに整数だからといって，α, β がともに整数であるとはいえない．たとえば，$\alpha+\beta=1$, $\alpha\beta=1$ とすると，α, β は，

$$t^2-(\alpha+\beta)t+\alpha\beta = t^2-t+1 = 0$$

の2解として $\dfrac{1\pm\sqrt{3}i}{2}$ （虚数！）となる．

2．$\sum_{r=0}^{k+1}\alpha^{(k+1)-r}\beta^r = (\alpha+\beta)\sum_{r=0}^{k}\alpha^{k-r}\beta^r - \alpha\beta\sum_{r=0}^{k-1}\alpha^{(k-1)-r}\beta^r$ の式変形は，α, β を平等に（対称的に）扱うことを考えながら，たとえば次のようにするとよいだろう（簡単のために $k+1=4$ とする）．

$$\sum_{r=0}^{4} \alpha^{4-r}\beta^r = \alpha^4 + \alpha^3\beta + \alpha^2\beta^2 + \alpha\beta^3 + \beta^4$$
$$= (\alpha+\beta)(\alpha^3 + \alpha^2\beta + \alpha\beta^2 + \beta^3) - \alpha\beta(\alpha^2 + \alpha\beta + \beta^2)$$

$\underbrace{\alpha^4 + \alpha^3\beta + \alpha^2\beta^2 + \alpha\beta^3}$ 　　$\underbrace{\text{余分を後からひく}}$
$\quad\boxed{+\alpha^3\beta + \alpha^2\beta^2 + \alpha\beta^3} + \beta^4$
$\qquad\quad\text{余　分}$

$$= (\alpha+\beta)\sum_{r=0}^{3}\alpha^{3-r}\beta^r - \alpha\beta\sum_{r=0}^{2}\alpha^{2-r}\beta^r$$

(d) 強化帰納法

前問で扱った帰納法は，P_{k+1} の成立を示すのに，P_k および P_{k-1} の成立を仮定する，というものだったが，ここでは，

P_{k+1} の成立を示すのに，$P_1, P_2, \ldots, P_k$ のすべての成立を仮定するという，より強い仮定のもとに，P_{k+1} の成立を示す「強化帰納法」とよばれている帰納法を学習する．

――――――――――――――――――《帰納法の構造（その3）》――

Ⅰ　$n=1$ のとき，命題 P_1 が成り立つことを示す．

Ⅱ　$1 \leq n \leq k$ $(k \geq 1)$ のときの命題 $P_1, \ldots, P_k$ が成り立つなら命題 P_{k+1} も成り立つことを保証する．

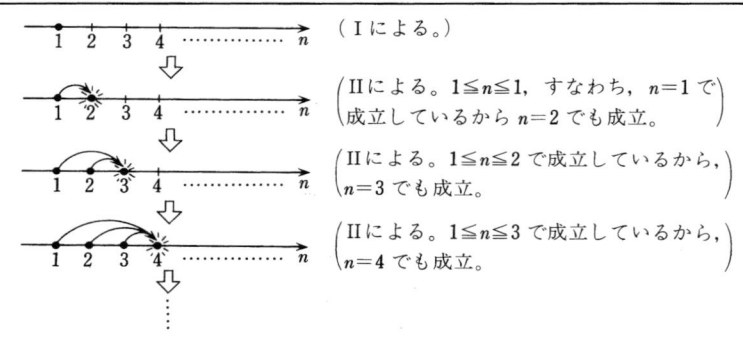

――――――――――――――――――――――――――――――

（Ⅰによる．）

$\begin{pmatrix} \text{Ⅱによる．}1 \leq n \leq 1，\text{すなわち，}n=1\text{ で} \\ \text{成立しているから }n=2\text{ でも成立．} \end{pmatrix}$

$\begin{pmatrix} \text{Ⅱによる．}1 \leq n \leq 2\text{ で成立しているから，} \\ n=3\text{ でも成立．} \end{pmatrix}$

$\begin{pmatrix} \text{Ⅱによる．}1 \leq n \leq 3\text{ で成立しているから，} \\ n=4\text{ でも成立．} \end{pmatrix}$

図 E　帰納法の構造　その 3-(i)

（その 3-(ii) については，p. 97 参照）

強化帰納法で示すべき命題，というのも《帰納法の構造（その2）》で示されている命題同様，最初は普通の帰納法で示そうとしているうちに，「強化」に切り換える必要が自然と生じてくるものである（慣れれば，すぐに見分けられるのが多い）．したがって，ここでは，その「必要」をどのように見つけるのかも含めて学習すること．

[例題 2・1・5]

数列 $\{a_n\}$ は,すべての n $(n \geq 1)$ に対して,
$$3(a_1{}^2 + a_2{}^2 + \cdots\cdots + a_n{}^2) = n a_n a_{n+1}$$
をみたし,$a_1 = 2$ である。一般項 a_n を推測し,これを証明せよ。

発想法

一般項 a_n が $a_n = 4n - 2$ となることは,最初の数項から容易に推測できる。その予想を確かめるために帰納法をつかって,

$$a_{k+1} = \frac{3(a_1{}^2 + a_2{}^2 + \cdots\cdots + a_k{}^2)}{k a_k}$$
$$= \cdots\cdots\cdots\cdots\cdots \quad \leftarrow 帰納法をつかう$$
$$= 4(k+1) - 2$$

といきたいのだが,そのためには,$a_k = 4k - 2$ であることだけでなく,$a_1 = 4 \cdot 1 - 2$,$a_2 = 4 \cdot 2 - 2$,$\cdots\cdots$,$a_k = 4k - 2$ すなわち,$1 \leq n \leq k$ なるすべての n に対して,$a_n = 4n - 2$ であることを仮定しておかなければならない。解答では(分数形にしないで),

$$k a_k a_{k+1} = 3(a_1{}^2 + a_2{}^2 + \cdots\cdots + a_k{}^2)$$

の形のままで変形していったほうが見やすいだろう。

【証明】 $3(a_1{}^2 + a_2{}^2 + \cdots\cdots + a_n{}^2) = n a_n a_{n+1}$ $\cdots\cdots(*)$

において,$n = 1$ とすると,

$3 a_1{}^2 = a_1 a_2$

$a_1 = 2$ より,

$3 \cdot 2^2 = 2 a_2$ $\quad \therefore \quad a_2 = 6$

$a_1 = 2$, $a_2 = 6$ より,

$3 \cdot (2^2 + 6^2) = 2 \cdot 6 \cdot a_3$ $\quad \therefore \quad a_3 = 10$

もう1つ,$n = 3$ の場合も計算すると,$a_4 = 14$ を得る。

このあたりで,$\{a_n\}$ は初項2,公差4の等差数列らしいことがわかるだろう。すなわち,$a_n = 4n - 2$ $(n \geq 1)$ と予想される。さあ,帰納法だ(最初は普通の帰納法で示すつもりで書いていくと……)。

(i) $n = 1$ の場合には,

$a_1 = 4 \cdot 1 - 2 = 2$

は正しい。

(ii) $n = k$ $(k \geq 1)$ のとき,$a_k = 4k - 2$ が成立していること(だけ)を仮定しよう。a_{k+1} を表す k の式を求める唯一の手段は,

$$3(a_1{}^2 + a_2{}^2 + \cdots\cdots + a_k{}^2) = k a_k a_{k+1} \quad \cdots\cdots(**)$$

をつかうことである。

いま，$a_k=4k-2$ しか仮定していないので，$a_1, a_2, \cdots\cdots, a_{k-1}$ は具体的な形で代入することはできず，このままでは a_{k+1} を求めることはできない。しかし，$a_1, a_2, \cdots\cdots, a_{k-1}$ のすべて，すなわち，$1 \leq n \leq k$ なるすべての n に対して $a_n=4n-2$ が成立していることを仮定すれば，それらを $(**)$ へ代入することを考えれば a_{k+1} は求められたのも同然だ。このようにして，「強化」にする必然性を見いだし，以下のように書き改めよう．

(iii) $1 \leq n \leq k\ (k \geq 1)$ なるすべての n に対して，
$$a_n=4n-2$$
が成立している，と仮定すると，

$$(**)\text{の左辺} = 3\sum_{n=1}^{k}(4n-2)^2$$
$$= 12\sum_{n=1}^{k}(4n^2-4n+1)$$
$$= 12(4\sum_{n=1}^{k}n^2-4\sum_{n=1}^{k}n+k)$$
$$= 12\left\{4 \cdot \frac{1}{6}k(k+1)(2k+1) - 4 \cdot \frac{1}{2}k(k+1) + k\right\}$$
$$= 4k\{2(k+1)(2k+1) - 6(k+1) + 3\}$$
$$= 4k(4k^2-1)$$
$$= 4k(2k-1)(2k+1)$$

よって，$(**)$ は，
$$4k(2k-1)(2k+1) = k(4k-2)a_{k+1}$$
$$\therefore\ a_{k+1} = \frac{4k(2k-1)(2k+1)}{k \cdot 2(2k-1)}$$
$$= 2(2k+1)$$
$$= 4(k+1)-2$$

よって，$n=k+1$ のときも，$a_n=4n-2$ の形となる．

(i), (iii)より，すべての $n\ (\geq 1)$ に対して，$a_n=4n-2$ であることが示された．

〈練習 2・1・5〉

n 個の等式 $(k+1)^2 - k^2 = 2k+1$ $(k=1,2,\ldots,n)$ の左辺，右辺をそれぞれ加え合わせることにより，$(n+1)^2 - 1 = 2\sum_{k=1}^{n} k + n$ が得られ，これから $\sum_{k=1}^{n} k = \frac{1}{2}n^2 + \frac{1}{2}n$ が導かれる．この方法を一般化して，$\sum_{k=1}^{n} k^p$ (p は自然数) は n の $p+1$ 次の多項式として表されることを，p に関する数学的帰納法を用いて示し，またそのときの n^{p+1} と n^p の係数を求めよ．

発想法

まず，$p=1$ のときは，
$$\sum_{k=1}^{n} k = \frac{1}{2}n^2 + \frac{1}{2}n$$
また，$p=2,3$ のときは公式にあるとおり，
$$\sum_{k=1}^{n} k^2 = \frac{1}{6}n(n+1)(2n+1)$$
$$= \frac{1}{3}n^3 + \frac{1}{2}n^2 + \frac{1}{6}n$$
$$\sum_{k=1}^{n} k^3 = \left\{\frac{1}{2}n(n+1)\right\}^2$$
$$= \frac{1}{4}n^4 + \frac{1}{2}n^3 + \frac{1}{4}n^2$$

これらより，$\sum_{k=1}^{n} k^p$ が n の $p+1$ 次の多項式で表されることに加えてと，さらにそのときの n^{p+1}，n^p の係数がそれぞれ $\frac{1}{p+1}$，$\frac{1}{2}$ となることまで含めても帰納法にのせて示すことを考える．

解答 $\sum_{k=1}^{n} k^p$ (p は自然数) が n の $p+1$ 次の多項式として表され，かつそのとき n^{p+1}，n^p の係数がそれぞれ $\frac{1}{p+1}$，$\frac{1}{2}$ である ……(∗)

ことを，p に関する帰納法で示す．

$p=1$ のときには，
$$\sum_{k=1}^{n} k = \frac{1}{2}n^2 + \frac{1}{2}n$$
より，(∗) が成立している．

次に，$p \leqq q$ $(q \geqq 1)$ なるすべての p に対し (∗) が成立していると仮定して，$p=q+1$ のときも (∗) が成り立つことを問題文に与えられた式変形のしかたを利用して示す．

$$(k+1)^{q+2}-k^{q+2}={}_{q+2}C_1 k^{q+1}+{}_{q+2}C_2 k^q+\cdots\cdots+{}_{q+2}C_{q+2}\cdot 1$$

において，$k=1, 2, \cdots\cdots, n$ を代入した n 個の等式の左辺，右辺をそれぞれ加え合わせることにより，

$$(n+1)^{q+2}-1^{q+2}={}_{q+2}C_1 \sum_{k=1}^{n} k^{q+1}+({}_{q+2}C_2 \sum_{k=1}^{n} k^q+\cdots\cdots+{}_{q+2}C_{q+2}\cdot n) \quad \cdots\cdots ①$$

左辺を二項展開し，また右辺において帰納法の仮定を考慮すると，

$$n^{q+2}+(q+2)\cdot n^{q+1}+f(n)=(q+2)\sum_{k=1}^{n} k^{q+1}+\left\{\frac{(q+2)(q+1)}{2}\cdot \frac{n^{q+1}}{q+1}+g(n)\right\}$$

（ただし，$f(n)$, $g(n)$ は n のたかだか q 次の多項式）

$$\therefore \quad (q+2)\sum_{k=1}^{n} k^{q+1}=n^{q+2}+(q+2)n^{q+1}+f(n)-\left\{\frac{q+2}{2}\cdot n^{q+1}+g(n)\right\}$$

$$=n^{q+2}+\frac{q+2}{2}n^{q+1}+\{f(n)-g(n)\}$$

よって，$\displaystyle\sum_{k=1}^{n} k^{q+1}=\frac{1}{q+2}\cdot n^{q+2}+\frac{1}{2}n^{q+1}+\frac{1}{q+2}\{f(n)-g(n)\}$

$f(n)-g(n)$ は n のたかだか q 次の多項式であるから，以上によりすべての自然数 p に対して $(*)$；$\displaystyle\sum_{k=1}^{n} k^p$ が n の $p+1$ 次の多項式で，n^{p+1}, n^p の係数がそれぞれ $\dfrac{1}{p+1}$, $\dfrac{1}{2}$ であることが示された．

§1 全称命題の証明のしかた（帰納法のカラクリ） 95

[例題 2・1・6]

漸化式 $a_n=a_{n-1}+a_{n-2}$ $(n≧3)$, $a_1=a_2=1$ により定まる数列 $\{a_n\}$ をフィボナッチ数列といい，各 a_n をフィボナッチ数とよぶ．すべての正の整数 n は，異なるフィボナッチ数のいくつかの和として書き表せることを示せ．

発想法

この問題に対しても，最初は，やはり普通の帰納法で示すつもりで進めていって，必要が生じたところで「強化」にしよう．

まず，$n=1$ は a_1 ($=a_2$) そのものなので，命題は成立している．次に，$n=k$ ($k≧1$) のとき命題が成立していると仮定しよう．$n=k+1$ のとき，$k+1$ 自身がフィボナッチ数なら，（帰納法の仮定をつかうまでもなく）題意はみたされている．そこで，$k+1$ がフィボナッチ数でないときを考えよう．

帰納法の仮定により，

　　$k+1=$(異なるフィボナッチ数のいくつかの和)$+1$　　……①
　　　　　　　　　　　　　　　　　　　　　　　　↑ 1 はフィボナッチ数

と書けるが，右辺の 〰〰 部にすでにフィボナッチ数 1 が含まれているかもしれないので，右辺は，1 が 2 回出てきてしまっているかもしれない（〰〰 部は 1 通りにきまるとは限らないので，正確にいうなら "〰〰 部をどのように異なるフィボナッチ数の和として書いても，必ず 1 が入ってきてしまう" ときに，まずいのである）．

では，どのような修正が考えられるだろうか．ともかく，"+1" の形をひきずるのは避けたほうがよさそうだ．

すなわち，「強化」に切り換えたほうがよい．今度は，$1≦n≦k$ ($k≧1$) なるすべての n に対して，それらがフィボナッチ数の和で書けることを仮定するのであるから，$k+1$ を，

　　$k+1=$(k 以下の数)$+$(フィボナッチ数)　　　　　……②
　　　　　　　↑　　　　　　↑
　　　　　①では k だった　①では 1 だった

　　　　$=k_0+f$

と分解し，k_0 を異なるフィボナッチ数の和で表したときに f とダブらないようにできればよい．すなわち，次のように，k_0, f を選んでこられればよいのである．

　　$k+1=k_0+f$

　　　　$=$(異なるフィボナッチ数の和)$+f$

　　　　　　（ただし，f は …… 内のフィボナッチ数とダブらないフィボナッチ数）

このような f として，1 とか 2 といった小さな値では，…… 部とダブる恐れが十分にある．そこで f をできるだけ大きく，すなわち，f を $k+1$ より小さなフィボナッチ数全体のうちで最も大きなもの，としてみよう．$k+1=4$ なら，$f=3$，$k+1=10$ なら，$f=8$ といった具合である．

いくつか例を試してもすぐに見当がつくであろうが、このとき必ず $k_0<f$ が成り立つ。このことの証明は後にまわすことにして、その結果いえることは、k_0 を異なるフィボナッチ数の和で表したとき、f を含むことは絶対ありえないということである。

したがって、
$$k+1=k_0+f$$
$$=(f を含まない異なるフィボナッチ数の和)+f$$
$$=異なるフィボナッチ数の和$$

となり、証明が完結することになる。きちんと書けば以下のようになる。

【証明】 (i) $n=1$ のときは、1 自身、フィボナッチ数 $a_1\ (=a_2)$ である。
(ii) $n\leq k\ (k\geq 1)$ のとき、命題が成立していると仮定する。
$n=k+1$ のとき、
(ii)-(ア) $k+1$ 自身がフィボナッチ数ならば、帰納法の仮定をつかうまでもなく題意はみたされている。
(ii)-(イ) $k+1$ がフィボナッチ数でないとき、$f_-<f<f_+$ を連続する3つのフィボナッチ数 ($f_-+f=f_+$) で、$f<k+1<f_+$ をみたすものとする。また、$k+1-f=k_0$ とおくと、
$$k+1=k_0+f \quad \cdots\cdots ①$$
である。このとき、$k_0\geq f$ と仮定すると (「**発想法**」における "$k_0<f$" を背理法で示す)、
$$k+1=k_0+f\geq f+f>f_-+f=f_+$$
$$\therefore\quad k+1>f_+$$
となり、f の選び方に反するので、
$$(0<)\ k_0<f \quad \cdots\cdots ②$$
である。すなわち、k_0 に対しては、帰納法の仮定がみたされており、したがって k_0 は異なるフィボナッチ数の和として、
$$k_0=f_1+f_2+\cdots\cdots+f_m \quad (f_1,\ f_2,\ \cdots\cdots,\ f_m は異なるフィボナッチ数)$$
と書ける。また、②より、$f_1,\ f_2,\ \cdots\cdots,\ f_m$ のどれも f より小さい (∵ すべて足しても f より小さい) から、①より、$k+1$ は異なるフィボナッチ数 $f_1,\ f_2,\ \cdots\cdots,\ f_m,\ f$ の和として、
$$k+1=f_1+f_2+\cdots\cdots+f_m+f$$
と書ける。

以上より、すべての $n\ (\geq 1)$ は、異なるフィボナッチ数のいくつかの和で表せることが示せた。

§1 全称命題の証明のしかた（帰納法のカラクリ） 97

　[**例題 2・1・6**]の強化帰納法は，[**例題 2・1・5**]のものとは，若干異なる点がある．[**例題 2・1・6**]では，「$1 \leq n \leq k$ なるすべての n に対して，命題が成立していることを仮定している」とはいっても，結局，帰納法の仮定として機能したのは，"$n = k_0$" という，1つの n の値に対する命題の成立である．しかし，「$1 \leq n \leq k$ なるすべての n に対して仮定」しておくことにより，ずっと扱いやすくなっていたことに注目すべきである．

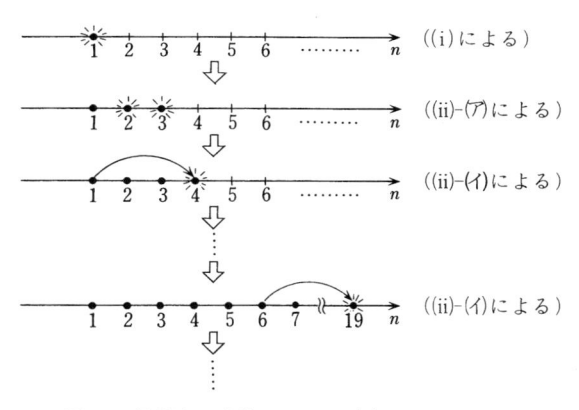

図 F　帰納法の構造　その3-(ii)

〈練習 2・1・6〉

A を平面上の $2n$ 個の点の集合とする．これらの点のどの3個も同一直線上にはないものとする．これらの点のうちの n 個を赤で塗り，残りの n 個を青で塗る．このとき，

　　n 本の閉線分(両端点を含む線分)がとれて，そのどの2本も共有点をもたず，各線分の両端点は A の異なる色をもつようにできる．　……(*)

ことを n に関する帰納法で示したい．(*) は $n=1$ のときは明らかに成り立つ．

そこで，$n \leq k$ のとき (*) が成立するならば，$n=k+1$ のとき (このとき，点の個数は $2(k+1)$ 個) にも (*) が成立することを，次の2つの場合に分けて示せ．

(i)　A の凸包†の頂点上の点が赤点も青点も含んでいる場合

(ii)　A の凸包の頂点上の点が単色である場合

　† 凸包；点を〝くぎ〟に見たてたとき，これらのくぎに輪ゴムをひっかけてすべてのくぎが輪ゴムの囲む凸多角形に入るようにする．このとき，右図のようになるが，この斜線部が凸包である．

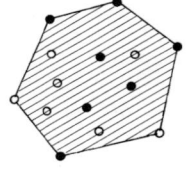

発想法

(ii)の場合には，平面を2分することにより配置されている $2n$ 個の点を分割して，2分された各領域において，赤点と青点が同数個ずつとなるようにして(図)，各領域において帰納法の仮定を適用する(強化帰納法とする必要がある)．

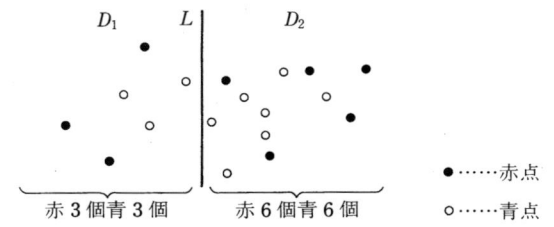

図　領域 D_1, D_2 において，それぞれ帰納法の仮定を適用．

● ……赤点
○ ……青点

赤3個青3個　　赤6個青6個

解答

(i)　このとき，凸包の周上に異なる色の隣り合う2頂点 P と Q がある．帰納法の仮定により，点集合 $A-\{P, Q\}$ に対しては，所望の k 本の線分がひける．P, Q の選び方(凸包の周上の隣り合う2点)から，これら k 本の線分のどれも線分 PQ とは共有点をもたないので，k 本の線分および線分 PQ によって命題がみたされる

($n=k$ の成立しか要していない；図 1)．

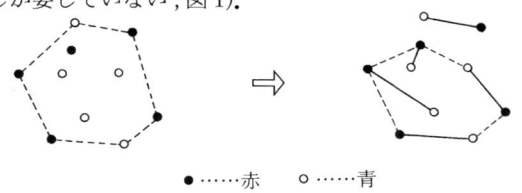

●……赤　○……青

図 1

（ii） 凸包の頂点上の点がすべて赤点である場合について示せば十分である．L を A のどの 2 点を両端点とする線分とも平行でなく，かつ，水平でない直線とする．また L の左側にある A の青点，赤点の個数を，それぞれ $B(L), R(L)$ とし，また $D(L) = B(L) - R(L)$ とする．まず最初に，L の位置を，A の点がすべて L の右側にきているようにする．この L に対して $D(L)=0$ である．L を連続的に右に平行移動していくとき，L が A の 2 点以上を同時に含むことはない．そして，A の点を通過するたびに $D(L)$ の値は，通過する点が青ならば +1，赤ならば −1 変化する．L が右に動いていくとき，L が最初に通過する A の点は凸包の頂点の 1 つである赤点であり，この点を通過するとき，$D(L)$ の値はまず，0 から −1 に変化する．L が最後に通過する A の点も，凸包の頂点の 1 つである赤点であり，この点を通過することにより $D(L)$ の値は 1 だけ減少し，最終的な値 $D(L)=0$ となる．すなわち，$D(L)$ の値は最後に 0 に変わる寸前では +1 である（図 2）．

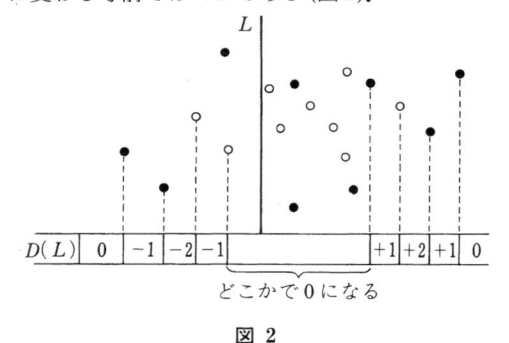

図 2

上述の考察より，L が最初と最後に通過する A の点の間のどこかで $D(L)=0$ となる（$D(L)$ は A の点を通過するごとに ±1 ずつ変化する整数値関数であることに注意せよ）．$D(L)=0$ となる L の位置において，L の左側の点集合と L の右側の点集合は，それぞれ点の個数が $2k$ 以下であり，かつ，それぞれの領域において赤点と青点の個数が等しくなっている（∵ $D(L)=B(L)-R(L)=0$）．よって，各領域において帰納法の仮定がみたされる．すなわち，L の左側と右側にそれぞれ題意をみたす線分をひくことができる（図 3）．それらの線分のどの 2 本も共有点をもたないから，命題が成り立ち，証明は完成した．

図 3

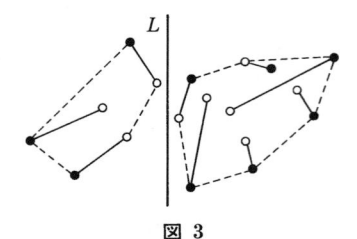

なお，この問題に対するエレガントな証明は [**例題** 5・2・2] を見よ．

（e） いろいろな構造の帰納法

[例題 2・1・7]

絶対値が1より小さい実数 $a_1, a_2, \ldots, a_n$ $(n \geq 1)$ について，次の不等式を証明せよ．
$$1+a_1+a_2+\cdots+a_n \leq a_1 a_2 a_3 \cdots a_n + n \quad \cdots\cdots(*)$$

発想法

ここではまず，誤答例をあげることにしよう．どこにまちがいがあるのか考えてみよ．

【誤答】 $n=1$ のときには，$(*)$ は，
　　左辺 $=1+a_1=$ 右辺
となり，等号が成立している．

次に，$n \leq k$ $(k \geq 1)$ のときに $(*)$, すなわち，
$$1+a_1+a_2+\cdots+a_k \leq a_1 a_2 a_3 \cdots a_k + k \quad \cdots\cdots ①$$
が成立していると仮定する．①の両辺に a_{k+1} を加えると，
$$1+a_1+a_2+\cdots+a_k+a_{k+1} \leq a_1 a_2 a_3 \cdots a_k + a_{k+1} + k \quad \cdots\cdots ②$$
したがって，
（②の右辺）$= a_1 a_2 a_3 \cdots a_k + a_{k+1} + k \leq a_1 a_2 a_3 \cdots a_k a_{k+1} + (k+1)$
すなわち，
$$a_1 a_2 a_3 \cdots a_k + a_{k+1} \leq a_1 a_2 a_3 \cdots a_k a_{k+1} + 1 \quad \cdots\cdots ③$$
が示されれば十分である．

③において，$a_1 a_2 a_3 \cdots a_k = a$ とおくと，$|a_i|<1$ $(i=1,2,3,\ldots,k)$ より，$|a|<1$ であり，
$$③ \iff a+a_{k+1} \leq a a_{k+1}+1$$
$$\iff 1+a+a_{k+1} \leq a a_{k+1}+2 \quad \cdots\cdots ③'$$

③′は，$n=2$ の場合の不等式であり，今，$n \leq k$ なるすべての n に対して命題の成立を仮定しているので③′は真であり，よって③も真である．

以上より，すべての $n \geq 1$ に対して $(*)$ は示された．

p.86でも述べたとおり，帰納法の最初のステップで，$n=1$ のときの成立しか示していない場合には，必ず「$n=1$ での成立」から，本当に第2ステップによって $n=2$ の場合が示せるのかをチェックすべきである．この問題では，第2ステップによって $n=1$ のときの式 $1+a_1 \leq a_1+1$ を用いて $n=2$ に該当する式 $1+a_1+a_2 \leq a_1 a_2 + 2$ が真であることが示されていなければならない．ところが，【誤答】では，この「$n=2$」のときの式の成立を示すために，③′，すなわち $n=2$ のときの式そのものを勝手に真であると認めてつかってしまっていることになる．したがって，$n=2$ のときの式の成

立が，実はどこにも「示されて」いないのである．そのため，$n≧3$ での成立も当然「示されていない」．すなわち，砂上の楼閣であったことになる（2番目のコマが倒れなかったら，3番目，4番目，……のコマは倒れていかない）．そこで，$n=2$ のときの式の成立を帰納法の出発地点として示す必要がある（$n=1$ での成立は，$n≧2$ での成立とは切り離して扱う）．$n=2$ での成立が示されれば，$n≧3$ での成立は，

　　$n=k-1$ での成立を仮定し，さらに $n=2$ での式を用いることにより，$n=k$ での成立が示される．

という構造により，次々に示されていく（図 G）．

($n=1$ での成立は，$n≧2$ とは切り離して調べる)

[解答]（【誤答】における $n=1$ での成立を示した後に，以下をそう入する．）

　続いて，$n≧2$ なる n に対して（∗）が成り立っていることを帰納法で示す．

　$n=2$ のとき，示すべき不等式は，
　　$1+a_1+a_2≦a_1a_2+2$ ……(∗)′
　　（右辺）−（左辺）$=a_1a_2-a_1-a_2+1$
　　　　　　　　　　$=(a_1-1)(a_2-1)$
$|a_1|<1,\ |a_2|<1$ より，
　　$a_1-1<0,\ a_2-1<0$
よって，
　　$(a_1-1)(a_2-1)>0$
となり，(∗)′ が示された．

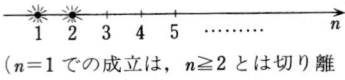

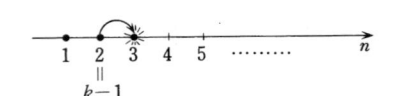

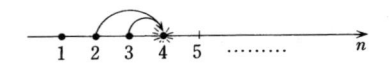

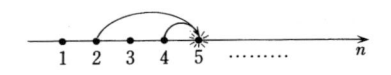

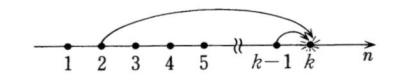

図 G　帰納法の構造（その4）

§1 全称命題の証明のしかた（帰納法のカラクリ）

〈練習 2・1・7〉

$y=f(x)$ のグラフが下に凸であるとき，$p_i>0$ ならば，

$$\frac{p_1f(x_1)+p_2f(x_2)+\cdots\cdots+p_nf(x_n)}{p_1+p_2+\cdots\cdots+p_n} \geqq f\left(\frac{p_1x_1+p_2x_2+\cdots\cdots+p_nx_n}{p_1+p_2+\cdots\cdots+p_n}\right)$$

が成り立つことを証明せよ．

[発想法]

$n=k$ での不等式の成立を示すために，$n=k-1$ での成立を仮定するほかに，$n=2$ のときの式をつかうことになる．したがって，$n=1$ での成立だけを確かめておいても，$n=2$ での成立が「示される」ことはない．したがって，$n=2$ のときの不等式の成立も確かめておく必要がある．前の [例題 2・1・7] と同じ構造の帰納法である．

[解答] $n=1$ のとき，

$$(左辺)=\frac{p_1f(x_1)}{p_1}=f(x_1),\quad (右辺)=f\left(\frac{p_1x_1}{p_1}\right)=f(x_1)$$

であるから，(左辺)＝(右辺) となり，与式は成立している．

以下，$n\geqq 2$ なる n に対して，帰納法を用いて与式を示す．

$n=2$ のとき，

示すべき不等式は，

$$\frac{p_1f(x_1)+p_2f(x_2)}{p_1+p_2} \geqq f\left(\frac{p_1x_1+p_2x_2}{p_1+p_2}\right)$$

である（この不等式の成立は，図1より明らかであるが，きちんと式で示すならば次のようになる）．

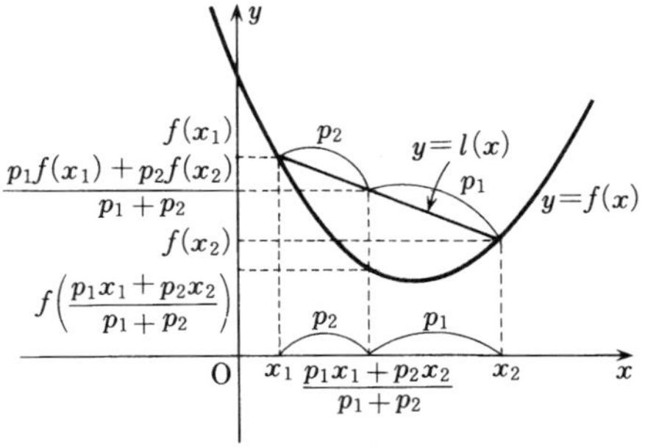

$y=f(x)$ のグラフは下に凸であるから，2点 $(x_1,\ f(x_1))$，$(x_2,\ f(x_2))$ を結ぶ線分 $y=l(x)$ $(x_1\leqq x\leqq x_2)$ は，$y=f(x)$ のグラフより上側にある．……(＊)

図1

したがって，$l(x)=ax+b$ とおくと，

$$\frac{p_1f(x_1)+p_2f(x_2)}{p_1+p_2}=\frac{p_1(ax_1+b)+p_2(ax_2+b)}{p_1+p_2}$$

$$=a\cdot\frac{p_1x_1+p_2x_2}{p_1+p_2}+b$$

$$\geqq f\left(\frac{p_1x_1+p_2x_2}{p_1+p_2}\right)\quad ((＊) より)$$

よって，$n=2$ の場合について示せた．

次に，$n=k$ $(k\geqq 2)$ のとき与不等式，すなわち，

$$p_1f(x_1)+p_2f(x_2)+\cdots\cdots+p_kf(x_k)$$

$$\geq (p_1+p_2+\cdots\cdots+p_k)f\left(\frac{p_1x_1+p_2x_2+\cdots\cdots+p_kx_k}{p_1+p_2+\cdots\cdots+p_k}\right) \quad \cdots\cdots ①$$

が成り立っていると仮定する．①の両辺に $p_{k+1}f(x_{k+1})$ を加えると，

$$p_1f(x_1)+p_2f(x_2)+\cdots\cdots+p_kf(x_k)+p_{k+1}f(x_{k+1})$$
$$\geq (p_1+p_2+\cdots\cdots+p_k)f\left(\frac{p_1x_1+p_2x_2+\cdots\cdots+p_kx_k}{p_1+p_2+\cdots\cdots+p_k}\right)+p_{k+1}f(x_{k+1})$$

右辺において，$p_1+p_2+\cdots\cdots+p_k=p$, $p_1x_1+p_2x_2+\cdots\cdots+p_kx_k=x$ とおくと，

$$\text{右辺}=pf\left(\frac{x}{p}\right)+p_{k+1}f(x_{k+1})$$

$$\geq (p+p_{k+1})f\left(\frac{p\cdot\frac{x}{p}+p_{k+1}x_{k+1}}{p+p_{k+1}}\right) \quad (\because \quad n=2 \text{ のときの式})$$

$$=(p_1+p_2+\cdots\cdots+p_k+p_{k+1})f\left(\frac{p_1x_1+p_2x_2+\cdots\cdots+p_kx_k+p_{k+1}x_{k+1}}{p_1+p_2+\cdots\cdots+p_k+p_{k+1}}\right)$$

よって，帰納法により証明は完結した．

♛♙「n 人の性別」の問題 (p. 83) の解答 ♛♙

$n=1$ のときの成立を確かめた後の第2ステップによって，本当に $n=2$ のときの成立も示せるか？ と考えてみよ．ここでは，$n=2$ のときの明らかな反例である ♛♙ という並べ方があるので，この並べ方に対して帰納法の第2ステップのうちの，「$n=1$ で成立 $\Longrightarrow$ $n=2$ で成立」がきちんと作用していないことを確かめることにしよう．まず，左端を除いた残りがすべて同性，右端を除いた残りがすべて同性，ということについては，図Aを見てもわかるように，個々にはみたされている（それぞれの場合に，"残り"は，1人だけである）．しかし，誤答の図に見るような，左端を除いた k 人と右端を除いた k 人とのダブりがないため，「ダブりに着目すること」ができないのである．ダブりが生じるためには，$n\geq 3$ でなければならない．しかし，命題を $n\geq 3$ に改めたところで，命題が真になるものでもない．今度は，第1ステップの $n=3$ のときにすでに反例（♛♙♛ など）があるからだ．

図 A

[例題 2・1・8]

n を2以上の整数とする．このとき n 個の正数について，それらの平均の n 乗を Q，また，それらの積を P とする．

(1) $n=2$ のとき，つねに，$Q \geqq P$ が成立することを証明せよ．

(2) m が1つの正整数であって，$n=2^m$ のときつねに $Q \geqq P$ が成立するならば，
$n=2^{m+1}$ のときにも $Q \geqq P$ が成立することを証明せよ．

(3) (1)と(2)によって，どのような命題が証明されたことになるか．

(4) $a_1, a_2, \ldots, a_n$ を n 個の正数とし，平均を $\overline{a}$ とする．$n \leqq 2^k$ であるような1つの正整数 k をとり，$a_1, a_2, \ldots, a_n$ に $(2^k - n)$ 個の $\overline{a}$ をつけ加えて得られる 2^k 個の正数に対して(3)の命題を適用して，次の不等式を導け．

$$\left(\frac{a_1 + a_2 + \cdots + a_n}{n}\right)^n \geqq a_1 a_2 \cdots a_n$$

発想法

n 個の正数についての相加平均・相乗平均の関係

$$\frac{a_1 + a_2 + \cdots + a_n}{n} \geqq \sqrt[n]{a_1 a_2 \cdots a_n} \quad \cdots\cdots (*)$$

(と同値な)不等式を示させる問題である．(1),(2)により，とくに $n=2^m$ (m は正整数)と表せる n に対して，帰納法により $(*)$ を示す．そこで示される一連の不等式のおのおのに対し，適当なおきかえをすることにより，$n=2^m$ と表せない n に対しても $(*)$ が成立していることを示すのが(4)である．

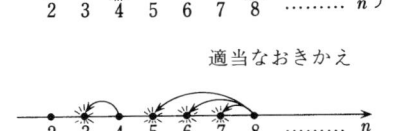

図1

解答 (1) a_1, a_2 を正数とすると，

$$Q - P = \left(\frac{a_1 + a_2}{2}\right)^2 - a_1 a_2$$

$$= \frac{1}{4}\{(a_1^2 + 2a_1 a_2 + a_2^2) - 4a_1 a_2\}$$

$$= \frac{1}{4}(a_1 - a_2)^2$$

$$\geqq 0$$

よって，$Q \geqq P$ である．

(2) $n=2^m$ のとき $Q \geqq P$ が成立するならば，
$n=2^{m+1}$ のとき，
$$Q = \left(\frac{a_1+a_2+\cdots\cdots+a_{2^{m+1}}}{2^{m+1}}\right)^{2^{m+1}} = \left\{\left(\frac{A_1+A_2+\cdots\cdots+A_{2^m}}{2^m}\right)^{2^m}\right\}^2$$
$$\left(\text{ただし，} A_i = \frac{a_{2i-1}+a_{2i}}{2} \quad (i=1, 2, \cdots\cdots, 2^m)\right)$$

{ } 内において，$n=2^m$ のときの $Q \geqq P$ なる関係を適用すると，
$$Q \geqq (A_1 A_2 \cdots\cdots A_{2^m})^2 = A_1{}^2 A_2{}^2 \cdots\cdots A_{2^m}{}^2$$
$$= \left(\frac{a_1+a_2}{2}\right)^2 \left(\frac{a_3+a_4}{2}\right)^2 \cdots\cdots \left(\frac{a_{2^{m+1}-1}+a_{2^{m+1}}}{2}\right)^2$$

ここで，(1) より，
$$\left(\frac{a_{2i-1}+a_{2i}}{2}\right)^2 \geqq a_{2i-1} a_{2i}$$

であるから，結局，
$$Q \geqq a_1 a_2 \cdots\cdots a_{2^{m+1}} = P$$

(3) m を任意の正整数とするとき，$n=2^m$ に対して $Q \geqq P$ である．　　　……(答)

(4) (3) より，$\left(\dfrac{a_1+a_2+\cdots\cdots+a_n+\overbrace{\overline{a}+\overline{a}+\cdots\cdots+\overline{a}}^{(2^k-n)\text{個}}}{2^k}\right)^{2^k} \geqq a_1 a_2 \cdots a_n \cdot \overbrace{\overline{a}\cdots\cdots\overline{a}}^{(2^k-n)\text{個}}$

　　　……(＊＊)

ここで，$\overline{a} = \dfrac{a_1+a_2+\cdots\cdots+a_n}{n}$ より，

( ) 内の分子 $= a_1+a_2+\cdots\cdots+a_n+(2^k-n)\overline{a}$
$= 2^k \overline{a}$

より，
$$(**) \Longleftrightarrow \overline{a}^{2^k} \geqq a_1 a_2 \cdots a_n \cdot \overline{a}^{2^k-n}$$

両辺に $\overline{a}^{n-2^k}$ をかけると，
$$\overline{a}^n \geqq a_1 a_2 \cdots\cdots a_n$$

すなわち
$$\left(\frac{a_1+a_2+\cdots\cdots+a_n}{n}\right)^n \geqq a_1 a_2 \cdots\cdots a_n$$

§1 全称命題の証明のしかた（帰納法のカラクリ）　　107

―〈練習 2・1・8〉――――――――――――――――
　8以上の自然数は，3と5をいくつか加えた和として表すことができること
を証明せよ．
――――――――――――――――――――――

発想法

　「帰納法を用いて」と指定がされているわけでないので，この問題が帰納法の節にあることを一度忘れてしまって，問題を眺めてみよ．このような問題が与えられたときには必ず，小さな n の値に対して，実際に題意が成り立っていることを確かめてみることだ．ここでは，まず，

　　$n=8$; $8=3+5$　　……㋐
　　$n=9$; $9=3+3+3$　……㋑
　　$n=10$;$10=5+5$

となる．次は $n=11$ であるが，$11=3+8$ であるから，㋐を用いて $11=3+(3+5)$ と表すことができる．同様に $n=12$ のときは，㋑より，$12=3+9=3+3+3+3$ と表される．すなわち，$n≧11$ に対しては，$n=3+(n-3)$ と変形することにより，$n-3$ において命題の成立が保証されていれば，n も3と5をいくつか加えた和として表せることがわかる．したがって，図1のような構造の帰納法を用いれば題意が示される．

解答　数学的帰納法により示す．

　$n=8, 9, 10$ のときには，それぞれ
　　$8=3+5$，$9=3+3+3$，$10=5+5$
と表すことができる．
　次に，$n=k-3$ ($k≧11$) で命題が
成立していると仮定する．
　$n=k$ のとき，
　　$k=3+(k-3)$

図 1

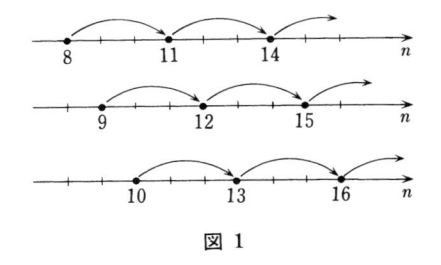

と変形する．$k-3$ は帰納法の仮定により，3と5をいくつか加えた和として表されるので，結局，$n=k$ のときも命題が成立する．
　以上により証明は完結．

（注）　$n=k-2$ ($k≧10$) で命題が成立していることを仮定して，$n=k+1$ のときの成立を示しても同じであるが，示すべき場合が「$n=k$ のとき」であるほうが変形の見通しがよいことに注意せよ (p.70)．

―――〈練習 2・1・9〉―――

1つの数列がある．その連続する3項のうち，
$$a_{2n-1},\ a_{2n},\ a_{2n+1} \quad (n=1, 2, 3, \cdots\cdots)$$
はいずれも等差数列をなし，
$$a_{2n},\ a_{2n+1},\ a_{2n+2} \quad (n=1, 2, 3, \cdots\cdots)$$
はいずれも等比数列をなすという．
$a_1=1,\ a_2=2$ として一般項 a_{2n-1} および a_{2n} を求めよ．また，
$$a_1+a_3+a_5+\cdots\cdots+a_{2n-1}$$
を求めよ．

発想法

問題文を読むと「a_{2n-1} および a_{2n} を求めよ」となっているから，奇数番目の項と偶数番目の項とで分けて考えたほうがよさそうである．初めの何項かを実際に調べると，
$$a_1=1,\ a_2=2,\ a_3=3,\ a_4=\frac{9}{2},\ a_5=6,$$
$$a_6=8,\ a_7=10,\ a_8=\frac{25}{2},\ \cdots\cdots$$
となっている．$a_{2n-1}=b_n,\ a_{2n}=c_n$ とおくと，
$\{b_n\}$ は，　1, 3, 6, 10, ……
$\{c_n\}$ は，　$2\left(=\frac{4}{2}\right),\ \frac{9}{2},\ 8\left(=\frac{16}{2}\right),\ \frac{25}{2},\ \cdots\cdots$

これより，まず $a_{2n}=c_n=\dfrac{(n+1)^2}{2}$ であることが予想され，また $\{b_n\}$ についても階差数列 $\{b_n'\}$ が，2, 3, 4, …… となることより，$b_n'=n+1$ であることが予想され，したがって，
$$a_{2n-1}=b_n=b_1+\sum_{k=1}^{n-1}b_k'$$
$$=\sum_{k=0}^{n-1}(k+1) \quad (b_1=1=0+1)$$
$$=\sum_{k=1}^{n}k=\frac{n(n+1)}{2}$$

であることが予想される（$\{c_n\}$ についても2を $\frac{4}{2}$，8を $\frac{16}{2}$ と直すことに気づかなければ階差数列を調べればよい）．そこで，この予想を，帰納法を用いて示すことになる．すなわち，各 n の値に対し，
$$a_{2n-1}=\frac{n(n+1)}{2} \text{ であることと，} a_{2n}=\frac{(n+1)^2}{2} \text{ であることの両方を示す．}$$

解答 $n \geq 1$ に対して
$$a_{2n-1} = \frac{n(n+1)}{2}, \quad a_{2n} = \frac{(n+1)^2}{2} \quad \cdots\cdots(*)$$
であることを帰納法で証明する．
　まず，$n=1$ のときには $(*)$ の2式はそれぞれ，
$$a_1 = 1, \quad a_2 = 2$$
となり，真である．次に，$n=k$ のとき $(*)$ が成立している．すなわち，
$$a_{2k-1} = \frac{k(k+1)}{2} \quad \cdots\cdots①$$
$$a_{2k} = \frac{(k+1)^2}{2} \quad \cdots\cdots②$$
であると仮定する．すると $n=k+1$ のとき，まず $a_{2k-1}, a_{2k}, a_{2k+1}$ が等差数列となるべきことから，
$$a_{2k-1} + a_{2k+1} = 2a_{2k}$$
より，
$$a_{2k+1} = 2a_{2k} - a_{2k-1} = (k+1)^2 - \frac{k(k+1)}{2}$$
$$= (k+1)\left\{(k+1) - \frac{k}{2}\right\} = \frac{(k+1)(k+2)}{2} \quad \cdots\cdots③$$
が示される．さらに，$a_{2k}, a_{2k+1}, a_{2k+2}$ が等比数列となるべきことから，
$$a_{2k} \cdot a_{2k+2} = a_{2k+1}{}^2$$
　帰納法の仮定の②，および①，②のもとに示された③を用いて，
$$a_{2k+2} = \frac{a_{2k+1}{}^2}{a_{2k}} = \frac{(k+1)^2(k+2)^2}{2(k+1)^2}$$
$$= \frac{(k+2)^2}{2}$$
が示される．
　以上より，帰納法により，すべての $n \geq 1$ に対して $(*)$ が示された．
　次に，$a_1 + a_3 + a_5 + \cdots\cdots + a_{2n-1} = S_n$ を求める．
$$S_n = \sum_{k=1}^{n} \frac{k(k+1)}{2} = \frac{1}{2}\sum_{k=1}^{n} k^2 + \frac{1}{2}\sum_{k=1}^{n} k$$
$$= \frac{1}{12}n(n+1)(2n+1) + \frac{1}{4}n(n+1)$$
$$= \frac{1}{6}\boldsymbol{n(n+1)(n+2)} \quad \cdots\cdots(答)$$

(f) 二重帰納法　最後に，「二重帰納法」とよばれる，やや複雑な帰納法を紹介しよう．そのためにまず，(ずる)賢い工務店主の話をしよう．図1のような，平屋建ての家が密集している街があった．高い建物がなく，どの家も日当たり良好だ．

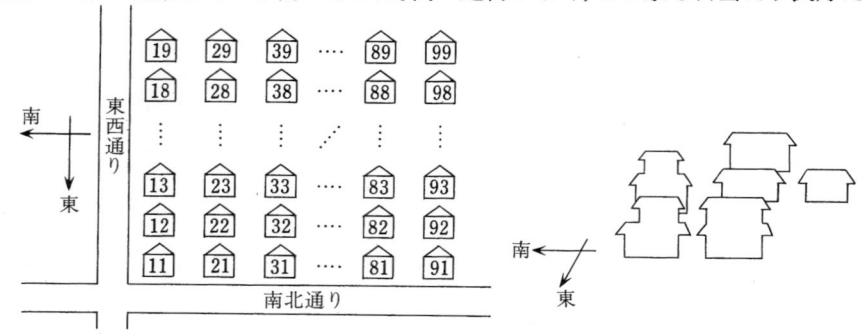

図 H　　　　　　　　　　　　　**図 I**

　この街にやって来た工務店のA氏はまず，南北通り沿いの家と東西通り沿いの家のすべてを二階建てに増築させた．21番地の家と12番地の家が二階建てになったために，22番地の家では東からも南からも日射しがさえぎられ，日当たりが悪くなってしまった．そのため22番地の家もバルコニーを造るために二階建てにする．22番地の家が2階建てになれば今度は，23番地と32番地の家はそれぞれ，13番地と22番地の家，31番地と22番地の家によって東，南からの日射しがさえぎられてしまうので，これらの家も二階建てにする．このようにして，東と南の家が二階建てにすれば，その内側にある家も二階建てにし，そしてさらに内側にある家も二階建てにしていき，……　と連鎖的に二階建ての増築が続く．この街の家がすべて二階建てになったとき，工務店は大きなビルになっていた．

　上の，2次元的連鎖が二重帰納法の構造そのものなのであるが，二重帰納法は，たとえば命題；任意の自然数 n, m に対し，$f(m, n) = (x^{n+1}-1)(x^{n+2}-1)\cdots\cdots(x^{n+m+1}-1)$ が，つねに $g(m) = (x-1)(x^2-1)\cdots\cdots(x^{m+1}-1)$ でわり切れるというような，パラメータとして n, m の2つの自然数を含んでいる，すなわち自然数の組 (n, m) に対する命題 $P(n, m)$ を証明するための方法の一つである（上述の命題は，証明においてやや高度な知識を要するので，証明は割愛する）．二重帰納法を用いる証明において，何を示せばよいのか，ということは，上の増築ラッシュ現象を [例題2・1・9] で数学的に考察した後に述べることとしよう．[例題2・1・9] では，L の各点は，最初はそれぞれ平家建ての家であり，また赤く塗られた点は二階建てにした家である．

§1 全称命題の証明のしかた（帰納法のカラクリ）

[例題 2・1・9]

xy 平面上，x 座標も y 座標も整数である点を格子点という．第 1 象限にある格子点 (n, m) の全体からなる集合を L とし，これから次の規則にしたがって L の点を赤く塗っていくことにする．

(i) まず $(1, m)$，$(n, 1)$（m, n は自然数）なる格子点をすべて赤く塗る．

(ii) 点 $(k+1, l)$ および点 $(k, l+1)$ が赤く塗られているとき，点 $(k+1, l+1)$ も赤く塗る．

……(∗)

このとき，L の点はすべて赤く塗られることを示せ．

[解答] 背理法で証明する．

赤く塗られない格子点が存在する ……(☆) と仮定して，それらの集合を S とする．S の点 (n, m) のうち，$n+m$ が最小である点（の 1 つ）を (n_0, m_0) とすると，(i) より $n_0 \neq 1$，$m_0 \neq 1$ だから，$n_0 \geq 2$，$m_0 \geq 2$，すなわち $n_0 - 1 \geq 1$，$m_0 - 1 \geq 1$ である．したがって，2 点 $(n_0, m_0 - 1)$，$(n_0 - 1, m_0)$ はともに L の点であり，また，これらの 2 点に対し

$n + m = n_0 + m_0 - 1$ ……①

である．$n_0 + m_0$ の値の S における最小性より，

S の点について，$n + m \geq n_0 + m_0$ である．よって，① より，2 点 $(n_0, m_0 - 1)$，$(n_0 - 1, m_0)$ はともに S の点ではない．すなわち，これらの 2 点は赤で塗られている．このとき (ii) によって，点 (n_0, m_0) も赤で塗られていることになり，矛盾が生じる．したがって，(☆) は否定され，証明が完結した．

[コメント] 命題 $P(n, m)$ を二重帰納法を用いて証明する際には，

(I) $P(1, m)$ および $P(n, 1)$ がそれぞれすべての m, n について真であることを示し，

(II) $P(k+1, l)$，$P(k, l+1)$ が真であることを仮定すれば，$P(k+1, l+1)$ も真であることを保証する．

のである．上の例題は，実は「二重帰納法という証明が正しい」ことの証明になっている．「点 (n, m) が赤く塗られる」ことが，「命題 $P(n, m)$ が真であることを意味する」と解釈すればよい．なお，Ⅰ の〈練習 5・2・2〉において，「（普通の）帰納法という証明法が正しい」ことの証明を与えているが，上の例題の証明によく似ている）．

§2 存在命題の証明のしかた

1. 最大値・最小値の定理

最大値・最小値の定理とは，

> 閉区間 $[a, b]$ で連続な関数 $f(x)$ に対し，この区間における $f(x)$ の最大値・最小値がともに存在する．

という定理である（図A）．区間が閉区間でない，または関数が連続でない場合にも，最大値と最小値が存在することもありうるが，「必ず存在する」ということは保証されなくなる（図B）．

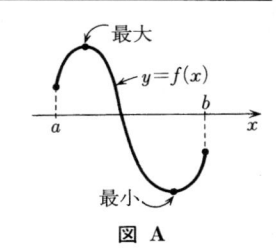

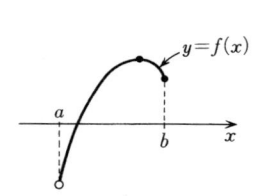

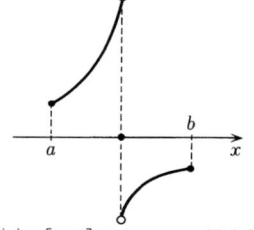

図 A

(a) $(a, b]$ において，最小値が存在しない　(b) (a, b) において，最大値が存在しない　(c) $[a, b]$ において，最大値も最小値も存在しない

図 B

最大値・最小値の定理は，高等学校の段階では，グラフを参照して直感的に認めておけばよい．与えられた関数がある条件をみたしているとき，その関数が最大値，または最小値をとる点において特別な性質をもつことがある．したがって「特別な性質」をみたす点の存在を保証する定理（たとえばロル (Rolle) の定理，平均値の定理）を導く際に，この最大値・最小値の定理は極めて重要な役割を果たすのである．

すなわち，最大値・最小値の定理は，他の多くの存在定理を導くための大切な定理といえるのである．そして，多くの存在定理に共通していえることは，「存在定理とは，ある条件をみたす関数 $f(x)$ に対して，特別な性質をみたす x の値が存在する」ことを保証しているにすぎないが，特別な性質をみたす x の値を求め

る必要さえなければ，そのためにかえって多くの関数，それも複雑怪奇な形をした関数や，具体的に式で表現できない関数に対してまでも，適応しうる定理である，ということである．

最大値（または最小値）をとる x が存在することを保証しておくことの大切さを実感できる例を，次に2つほど与えておこう．

(例 1) （最大なものの存在が保証されていないのに，勝手に存在すると思いこんだ場合の誤り）

・自然数の中の最大数は1である．なぜならば，自然数の中の最大数を x とおくと，x^2 は自然数だから，$x^2 \leq x$ である．この不等式より，$0 \leq x \leq 1$ を得るが，x が自然数であるから $x=1$，すなわち自然数の中の最大値は1である．

(例 2)

『大学で学ぶ最大値・最小値の定理』

(x, y) が境界を含む領域内を動くとき，$f(x, y)$ に対し，この領域内における $f(x, y)$ の最大値・最小値が存在する．　……(※)

≡ その応用例 ≡

　　円に内接する三角形のうち面積が最大となる三角形は，正三角形である．

(証明) 円に内接する三角形 △ABC に対し，たとえば AB≠AC とするとき，点 A を優弧 $\overparen{BC}$ の中点 A′ にくるように移動させて，A′B=A′C となるようにすれば，BC を底辺とみたときの高さがより高い鋭角三角形 △A′BC が得られ，

　　　△ABC < △A′BC

となる（図C）．よって，もし，面積が最大となるものが存在するなら，それは，AB=BC=CA なる三角形，すなわち正三角形でなければならない．そこで，円に内接する三角形(注)のうち，面積が最大となるものの存在が保証されれば，正三角形が，そのような三角形である，と結論づけてよいことになる．

円 O に内接する △ABC に対し，∠AOB=θ，∠AOC=φ とおく（図D）．円の半径を r とすると，

　　　△ABC = △AOB + △AOC + △BOC　……①

$$= \frac{1}{2}r^2\sin\theta + \frac{1}{2}r^2\sin\varphi + \frac{1}{2}r^2\sin(2\pi-(\theta+\varphi))$$

$$= \frac{r^2}{2}\{\sin\theta + \sin\varphi - \sin(\theta+\varphi)\} \quad \text{……②}$$

$$\equiv f(\theta, \varphi)$$

図 C

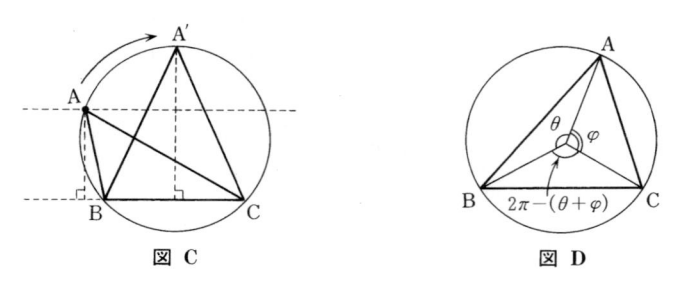

図 D

　ここで，$0<\theta<\pi$，$0<\varphi<\pi$，$0<2\pi-(\theta+\varphi)<\pi$ であることから，(θ, φ) は図 E (a) の領域 D 内（境界を含まない）を動くが，（※）がつかえるよう，図 E (b) の領域 D'（境界を含む）で動かす．このとき，（※）より $f(\theta, \varphi)$ は，D' 内のある (θ, φ) に対し最大値をとる．D' の境界においては $f(\theta, \varphi)=0$ となり，D' の内部においては $f(\theta, \varphi)>0$ となる（図形的に考えて明らか）ので，結局 $f(\theta, \varphi)$ は，D 内において最大値をとることが保証された．よって，円に内接する面積最大の三角形は，正三角形であるといえる．

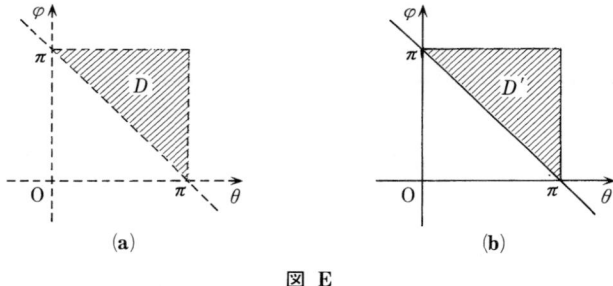

図 E

なお，II の [例題 4・2・1], [例題 4・2・2] による解法も参照せよ．
(注)　∠A が鈍角の場合には，① は △AOB+△AOC−△BOC となるが，②式は正しい．∠B, ∠C が鈍角の場合も考えられるが，あらかじめ ∠A が最大角（の 1 つ）としておけばよい．

[例題 2・2・1]

関数 $f(x)$ が，$a \leq x \leq b$ において連続，$a < x < b$ において微分可能であるとする．このとき，$f(a) = f(b)$ ならば，
$$f'(c) = 0, \quad a < c < b$$
となる c が存在することを示せ．（ロルの定理）

[解答] $f(x)$ が定数の場合には，$a < x < b$ において，つねに $f'(x) = 0$ だから c は(無数に)存在する．$f(x)$ が定数でない場合には，$f(a) < f(x)$ である x が存在するか，または，$f(a) > f(x)$ である x が存在する．

(場合 1) $f(a) < f(x)$ なる x が存在する場合；

$f(x)$ が閉区間 $[a, b]$ で連続であることから，この区間におけるある値 $x = c$ において最大をとる．場合分けの条件を考慮すれば，
$$f(c) > f(a) = f(b)$$
$$\therefore \quad c \neq a, b$$

よって，$c \in (a, b)$ であるから，$f(x)$ は $x = c$ において微分可能である．

したがって，$\lim_{h \to +0} \dfrac{f(c+h) - f(c)}{h}$, $\lim_{h \to -0} \dfrac{f(c+h) - f(c)}{h}$ がともに存在してそれらの値は等しい(微分可能の定理)．$f(c)$ が最大値であることから，
$$f(c+h) - f(c) \leq 0$$

よって，

$h > 0$ のとき，$\dfrac{f(c+h) - f(c)}{h} \leq 0 \quad \therefore \quad \lim_{h \to +0} \dfrac{f(c+h) - f(c)}{h} \leq 0 \quad \cdots\cdots ①$

$h < 0$ のとき，$\dfrac{f(c+h) - f(c)}{h} \geq 0 \quad \therefore \quad \lim_{h \to -0} \dfrac{f(c+h) - f(c)}{h} \geq 0 \quad \cdots\cdots ②$

① の左辺と ② の左辺は等しい値となるべきことから，
$$\lim_{h \to +0} \dfrac{f(c+h) - f(c)}{h} = \lim_{h \to -0} \dfrac{f(c+h) - f(c)}{h} = 0$$
$$\therefore \quad f'(c) = 0$$

(場合 2) $f(a) > f(x)$ となる x が存在する場合；

$g(x) \equiv -f(x)$ と定義する．このとき，$g(a) < g(x)$ となる x が存在することになり，関数 $g(x)$ はまた $[a, b]$ において連続，(a, b) において微分可能であり，$g(a) = g(b)$ が成り立っている．したがって，(場合 1) の結果を適用すれば，$g'(c) = 0$ となる c が存在する．

このとき，$\quad f'(c) = -g'(c) = 0$

─〈練習 2・2・1〉─

f は $0 \leqq x \leqq 1$ で定義されている関数で，その2次導関数は連続であるとする．また，$f(0)=0=f(1)$，かつ，$0<x<1$ のすべての x について，$f(x)>0$ であるとする．このとき，
$$\int_0^1 \left| \frac{f''(x)}{f(x)} \right| dx > 4$$
であることを示せ．

発想法

分数形とした関数 $\left| \dfrac{f''(x)}{f(x)} \right|$ を実際に積分することを回避するための一つの手段として，この関数の積分が容易に行える関数を用いて，関数及び定積分の値を不等式で評価する方針が考えられる．被積分関数が $|f''(x)|$ だけならば，
$$\int_a^b |f''(x)| dx \geqq \left| \int_a^b f''(x) dx \right| = |f'(b) - f'(a)|$$
となることを用いることを考えよう．$M \geqq f(x)$ $(0 \leqq x \leqq 1)$ となる M が存在することが保証されれば，この M を用いて，
$$\left| \frac{f''(x)}{f(x)} \right| = \frac{|f''(x)|}{f(x)} \geqq \frac{|f''(x)|}{M}$$
$$\therefore \int_0^1 \left| \frac{f''(x)}{f(x)} \right| dx > \int_0^1 \frac{|f''(x)|}{M} dx = \frac{1}{M} \int_0^1 |f''(x)| dx$$
と評価でき，結局，最右辺 $= \dfrac{1}{M} \int_0^1 |f''(x)| > 4$ を示せば十分である．

M として，あまり大きな値をとってしまうと，この不等式が示せなくなる危険性があるうえに，$f(x)$ の性質との関連を活かせなくなってしまう．$f''(x)$ の連続性より，$f'(x)$，したがって $f(x)$ も区間 $[0,1]$ で連続であるから，$f(x)$ は，この区間における最大値をもつ．その最大値を M とおけばよい（解答では，Y とおいてある）．

解答 $f''(x)$ の連続性より，$f'(x)$ も連続であり，したがって $f(x)$ は区間 $[0,1]$ において連続である．したがって $f(x)$ は，この区間における最大値をもち，その値を Y (>0)，また，最大値 Y を与える x を X とする．

このとき，
$$\int_0^1 \left| \frac{f''(x)}{f(x)} \right| dx > \frac{1}{Y} \int_0^1 |f''(x)| dx \quad \cdots\cdots(*)$$

$X \neq 0, 1$ であるから，2つの区間 $[0, X]$，$[X, 1]$ において平均値の定理を用いる（注）と，
$$f'(a) = \frac{f(X) - f(0)}{X - 0} = \frac{f(X)}{X} = \frac{Y}{X} \quad \cdots\cdots ①$$

$$f'(b)=\frac{f(1)-f(X)}{1-X}=\frac{-Y}{1-X} \qquad \cdots\cdots ②$$

となる a, b がそれぞれ，区間 $[0, X]$, $[X, 1]$ に存在する（図1参照）．

したがって，

$$(*)\text{の右辺} \geq \frac{1}{Y}\int_a^b |f''(x)|\,dx$$
$$\geq \frac{1}{Y}\left|\int_a^b f''(x)dx\right|$$
$$=\frac{1}{Y}|f'(b)-f'(a)|$$
$$=\frac{1}{Y}\left|\frac{-Y}{1-X}-\frac{Y}{X}\right|$$
$$=\frac{1}{Y}\left|\frac{Y}{1-X}+\frac{Y}{X}\right|$$
$$=\left|\frac{1}{X(1-X)}\right|$$

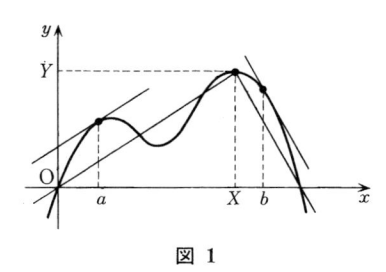

図 1

ここで，$0<X<1$ であることから，相加平均・相乗平均の関係により，

$$1=X+(1-X)\geq 2\sqrt{X(1-X)}$$
$$\therefore \quad X(1-X)\leq \left(\frac{1}{2}\right)^2=\frac{1}{4}$$

よって，

$$\int_0^1 \left|\frac{f''(x)}{f(x)}\right|dx > \frac{1}{X(1-X)}\geq \frac{1}{\frac{1}{4}}=4$$

(注)　(*)から，

$$\frac{1}{Y}\int_0^1 |f''(x)|\,dx \geq \frac{1}{Y}\left|\int_0^1 f''(x)dx\right|$$
$$=\frac{1}{Y}|f'(1)-f'(0)|$$

を導いても所望の不等式を得ることはできない．

2. 数列 $\{a_n\}$ の極限値 $\lim_{n\to\infty} a_n$ が存在するための十分条件

数列 $\{a_n\}$ は，"$n<m \Longrightarrow a_n \leqq a_m$" が成り立っているとき，すなわち，

$$a_1 \leqq a_2 \leqq a_3 \leqq \cdots\cdots \leqq a_n \leqq a_{n+1} \leqq \cdots\cdots$$

が成り立っているとき，「単調増加数列」という．

また，"$n<m \Longrightarrow a_n \geqq a_m$" すなわち，

$$a_1 \geqq a_2 \geqq a_3 \geqq \cdots\cdots \geqq a_n \geqq a_{n+1} \geqq \cdots\cdots$$

が成り立っているとき，「単調減少数列」という．

また，

　　ある定数 M に対して，$\{a_n\}$ のすべての項に対して $a_n \leqq M$ が成り立っているとき，$\{a_n\}$ は「上に有界である」

といい，

　　ある定数 M' に対して，$\{a_n\}$ のすべての項に対して $a_n \geqq M'$ が成り立っているとき，$\{a_n\}$ は「下に有界である」

という．

数列 $\{a_n\}$ の極限値 $\lim_{n\to\infty} a_n = \alpha$ が存在する，すなわち，数列 $\{a_n\}$ が収束するための十分条件として，次の事実はよく知られている．

(i) 単調増加数列は，上に有界ならば収束する．
(ii) 単調減少数列は，下に有界ならば収束する．

これらの事実は，図 A のように視覚化して，とらえておくことにしよう．

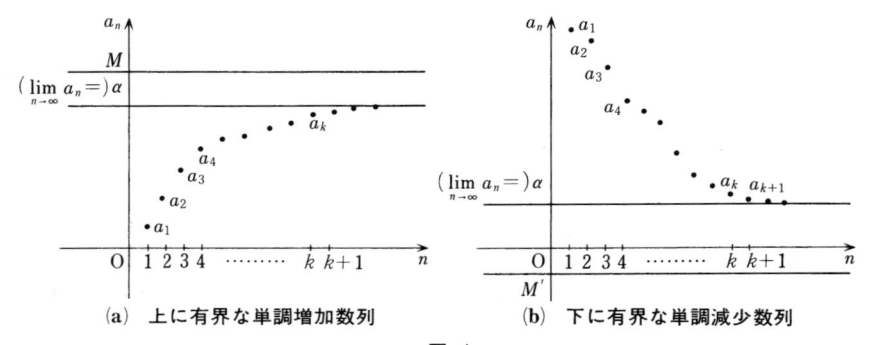

(a) 上に有界な単調増加数列　　(b) 下に有界な単調減少数列

図 A

(注) 〈練習 2・2・2〉において,一般項 a_n が $a_n=\left(1+\dfrac{1}{n}\right)^n$ で与えられる数列 $\{a_n\}$ が収束することを,$\{a_n\}$ が上に有界な単調増加数列であることを示すことによって証明するが,この際,有界性を保証するための定数 M(「$\{a_n\}$ のすべての項に対して $a_n \leqq M$」の M)として $M=3$ を用いるが,$\lim\limits_{n\to\infty} a_n = M$ という意味ではない(図 A (a))。有界性を保証するための M は,$\lim\limits_{n\to\infty} a_n$ の値より〝ずっと〟大きくても(M' なら〝ずっと〟小さくても)かまわない。なお,[例題 2・2・2]では,$M=\lim\limits_{n\to\infty} a_n$ となっている。

[例題 2・2・2]

　数列 $\{a_n\}$ は，$a_1=1$ であり，また，$n\geqq 1$ なるすべての n に対して，漸化式
$$a_{n+1}=\sqrt{a_n+1}$$
をみたしているという．このとき，$\lim_{n\to\infty} a_n$ を求めよ．

[発想法]

　$\lim_{n\to\infty} a_n=\alpha$ とおくと，明らかに $\alpha>0$ であり，また $\lim_{n\to\infty} a_{n+1}=\lim_{n\to\infty}\sqrt{a_n+1}$ より，
$$\alpha=\sqrt{\alpha+1}$$
が成り立つ．この式から，
$$\alpha^2=\alpha+1$$
$$\alpha^2-\alpha-1=0$$
$$\therefore\ \alpha=\frac{1+\sqrt{5}}{2}\ (>0)$$
が導かれる．しかし，以上の議論よりいえることは，もし極限値が存在するなら，その極限値は $\frac{1+\sqrt{5}}{2}$ である，ということだけである（注）．

　このことに加えて，数列 $\{a_n\}$ が収束するということが示せれば，$\{a_n\}$ の極限値が $\alpha=\frac{1+\sqrt{5}}{2}$ である，と断言してよいのである．

　そこで，まず $\{a_n\}$ が収束するための十分条件；$\{a_n\}$ が単調増加数列であり（単調減少でないことは初めの数項を調べればわかる）上に有界である，をみたしていることから示そう．

（注）　もう少し簡単な例をあげて説明してみよう．
$$b_{n+1}=3b_n-1\ (n\geqq 1),\quad b_1=1$$
によって表される数列 $\{b_n\}$ に対して，極限値が存在すると仮定して，$\lim_{n\to\infty} b_n=\beta$ とおけば，
$$\beta=3\beta-1\quad\therefore\ \beta=\frac{1}{2}$$
が得られる．

　しかし，この議論はあくまでも極限値が存在するなら，その値が $\frac{1}{2}$ である，ということだけのことであって，実際には，$\{b_n\}$ は無限大に発散してしまうので，$\beta=\frac{1}{2}$ は無意味な値である（b_n の極限値が分数で表されること自体，疑問が生じるべきところである）．

解答 まず，$\{a_n\}$ が収束することを示す．そのために，

$\{a_n\}$ が単調増加数列で，上に有界である

ことが示せれば十分である．

$a_{n+1} = \sqrt{a_n + 1}$ より，$n \geq 1$ に対して，

$\quad a_{n+1}^2 = a_n + 1 \qquad \cdots\cdots$①

$\quad a_{n+2}^2 = a_{n+1} + 1 \qquad \cdots\cdots$②

②−①を計算すると，

$\quad a_{n+2}^2 - a_{n+1}^2 = a_{n+1} - a_n$

$\quad \therefore \ (a_{n+2} + a_{n+1})(a_{n+2} - a_{n+1}) = a_{n+1} - a_n \quad (n \geq 1) \ \cdots\cdots$③

まず，$\{a_n\}$ が単調増加数列であることを示す．つまり，任意の自然数 n に対して，$a_{n+1} > a_n$，すなわち，

$\quad a_{n+1} - a_n > 0 \qquad \cdots\cdots$④

が成り立っていることを示す．

そのために，数学的帰納法をつかう．

$n = 1$ のときには，$a_1 = 1$, $a_2 = \sqrt{a_1 + 1} = \sqrt{2}$ より，

$\quad a_2 - a_1 = \sqrt{2} - 1 > 0$

となり，確かに成立している．

$n = k$ のときに，④が成り立っている．すなわち，

$\quad a_{k+1} - a_k > 0 \qquad \cdots\cdots$⑤

であると仮定する．このとき，③により，

$\quad (a_{k+2} + a_{k+1})(a_{k+2} - a_{k+1}) = a_{k+1} - a_k > 0$

$\quad \therefore \ (a_{k+2} + a_{k+1})(a_{k+2} - a_{k+1}) > 0 \qquad \cdots\cdots$⑥

ここで，

すべての n に対して明らかに $a_n > 0$ である $\cdots\cdots$⑦

から，$a_{k+2} + a_{k+1} > 0$　したがって，

$\quad $⑥$ \iff a_{k+2} - a_{k+1} > 0$

よって，④は，$n = k+1$ のときにも成立している．

以上により，$\{a_n\}$ が単調増加数列であることが示された．

次に，$\{a_n\}$ が上に有界であることを示す．

④，⑦により，$a_{n+1}^2 > a_n^2$ であるから，①より，

$\quad a_n^2 < a_n + 1$

$\quad \therefore \ a_n^2 - a_n - 1 < 0$

$\quad \therefore \ (0 <) a_n < \dfrac{1 + \sqrt{5}}{2}$

したがって，$\{a_n\}$ は上に有界である（IVの[**例題る・5・1**]で，異なる方法で有界性を示している．参照せよ）．

以上より，$\{a_n\}$ は単調増加数列であり，上に有界であるから収束する．そこで，$\lim_{n\to\infty} a_n = \alpha$ とおけば，α は明らかに正であり，また，$a_{n+1} = \sqrt{a_n+1}$ より，

$$\lim_{n\to\infty} a_{n+1} = \lim_{n\to\infty} \sqrt{a_n+1} \quad \therefore \quad \alpha = \sqrt{\alpha+1}$$

が成り立つ．したがって，

$\alpha^2 = \alpha + 1$
$\alpha^2 - \alpha - 1 = 0$

$$\therefore \quad \alpha = \frac{1+\sqrt{5}}{2} \ (>0)$$

よって，

$$\lim_{n\to\infty} a_n = \frac{1+\sqrt{5}}{2} \quad \cdots\cdots(答)$$

である．

[コメント] この問題に対して，直観的ではあるが，収束する様子が見てとれる図を与えておこう (Ⅳの第3章§5参照)．

$y = \sqrt{x+1} \ (y \geq 0)$，および $y = x$ のグラフを同一の xy 平面上に描く．

(i) $y = \sqrt{x+1}$ のグラフ上，$x = a_1$ なる点の y 座標が a_2 である．(図1)
(ii) 図2に与えられた操作により，x 軸上に $(a_2, 0)$ をとる．
(iii) $y = \sqrt{x+1}$ のグラフ上，$x = a_2$ なる点の y 座標が a_3 となる．(図3)
(iv) (ii)と同様な操作により，x 軸上に $(a_3, 0)$ をとる．

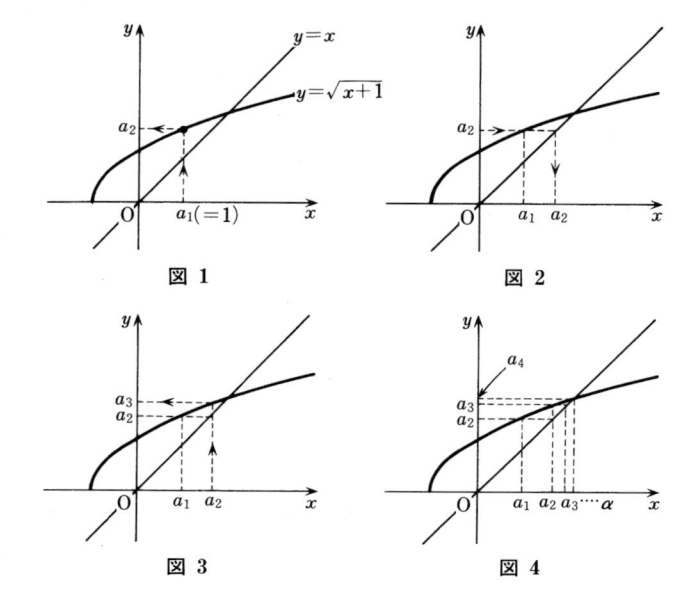

図1

図2

図3

図4

この操作を繰り返していけば，数列 $\{a_n\}$ が単調増加で，しかも上に有界であること，および $\{a_n\}$ の極限値が，$y=\sqrt{x+1}$ と $y=x$ のグラフの交点の x 座標（y 座標でもよい）として，2式から y を消去した
$$x=\sqrt{x+1} \quad (a=\sqrt{a+1})$$
を解くことによって与えられることがわかるであろう．

ちなみに，「**発想法**」の(**注**)としてあげた数列 $\{b_n\}$ に対して同様な操作を繰り返した場合には，図5のような図を得ることになる．

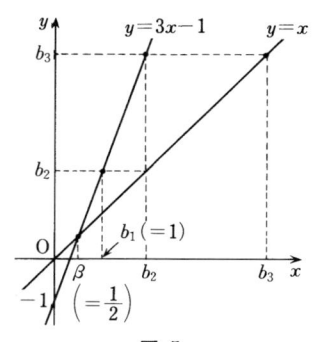

図 5

"極限値 β が存在するなら $\beta=\dfrac{1}{2}$ である"というのは，単に2直線 $y=3x-1$ と $y=x$ の交点の x 座標（y 座標）を求めているにすぎず，実際には，$\{b_n\}$ は $+\infty$ に発散する（であろう）ことがわかる．

〈練習 2・2・2〉

一般項 a_n が $a_n = \left(1+\dfrac{1}{n}\right)^n$ で与えられる数列 $\{a_n\}$ は収束することを示せ．

発想法

「$\lim\limits_{n\to\infty}\left(1+\dfrac{1}{n}\right)^n = e\,(=2.71828\cdots\cdots)$ であるから a_n は収束する」では解答にならない．$\lim\limits_{n\to\infty}\left(1+\dfrac{1}{n}\right)^n$ が有限な値として確定する，ということを示すのである．$\left(1+\dfrac{1}{n}\right)^n$ を，二項定理を用いて展開すれば，多項式として扱うことができるので，a_{n+1} と a_n の比較（単調増加性または単調減少性を調べる）や，a_n の値を不等式で評価する（$\{a_n\}$ の有界性を調べる）ことがやさしくなる．

解答　$a_n = \left(1+\dfrac{1}{n}\right)^n$ ……①

①の右辺を二項定理を用いて展開すると，

$$a_n = {}_nC_0\left(\dfrac{1}{n}\right)^0 + {}_nC_1\left(\dfrac{1}{n}\right)^1 + {}_nC_2\left(\dfrac{1}{n}\right)^2 + {}_nC_3\left(\dfrac{1}{n}\right)^3 + \cdots\cdots$$
$$+ {}_nC_r\left(\dfrac{1}{n}\right)^r + \cdots\cdots + {}_nC_n\left(\dfrac{1}{n}\right)^n$$
$$= 1\cdot 1 + n\cdot\dfrac{1}{n} + \dfrac{1}{2!}\cdot\dfrac{n}{n}\cdot\dfrac{n-1}{n} + \dfrac{1}{3!}\cdot\dfrac{n}{n}\cdot\dfrac{n-1}{n}\cdot\dfrac{n-2}{n} + \cdots\cdots$$
$$+ \dfrac{1}{r!}\cdot\dfrac{n}{n}\cdot\dfrac{n-1}{n}\cdot\cdots\cdots\cdot\dfrac{n-(r-1)}{n} + \cdots\cdots$$
$$+ \dfrac{1}{n!}\cdot\dfrac{n}{n}\cdot\dfrac{n-1}{n}\cdot\cdots\cdots\cdot\dfrac{n-(n-1)}{n}$$

$\therefore\ a_n = 1 + 1 + \dfrac{1}{2!}\left(1-\dfrac{1}{n}\right) + \dfrac{1}{3!}\left(1-\dfrac{1}{n}\right)\left(1-\dfrac{2}{n}\right) + \cdots\cdots$
$$+ \dfrac{1}{r!}\left(1-\dfrac{1}{n}\right)\cdot\cdots\cdots\cdot\left(1-\dfrac{r-1}{n}\right) + \cdots\cdots$$
$$+ \dfrac{1}{n!}\left(1-\dfrac{1}{n}\right)\cdot\cdots\cdots\cdot\left(1-\dfrac{n-1}{n}\right)\quad\cdots\cdots②$$

同様に，

$$a_{n+1} = 1 + 1 + \dfrac{1}{2!}\left(1-\dfrac{1}{n+1}\right) + \dfrac{1}{3!}\left(1-\dfrac{1}{n+1}\right)\left(1-\dfrac{2}{n+1}\right) + \cdots\cdots$$
$$+ \dfrac{1}{r!}\left(1-\dfrac{1}{n+1}\right)\cdot\cdots\cdots\cdot\left(1-\dfrac{r-1}{n+1}\right) + \cdots\cdots$$
$$+ \dfrac{1}{n!}\left(1-\dfrac{1}{n+1}\right)\cdot\cdots\cdots\cdot\left(1-\dfrac{n-1}{n+1}\right)$$
$$+ \dfrac{1}{(n+1)!}\left(1-\dfrac{1}{n+1}\right)\cdot\cdots\cdots\cdot\left(1-\dfrac{n}{n+1}\right)$$

a_n, a_{n+1} において，展開した各項ごと比較する．

第1項目と第2項目は，それぞれにおいてともに1であるが，第 r 項目（$3 \leqq r \leqq n+1$）について，

$$a_n \text{ の第 } r \text{ 項} = \frac{1}{r!} \cdot \left(1 - \frac{1}{n}\right) \cdot \left(1 - \frac{2}{n}\right) \cdot \cdots\cdots \cdot \left(1 - \frac{r-1}{n}\right)$$
$$< \frac{1}{r!} \left(1 - \frac{1}{n+1}\right) \cdot \left(1 - \frac{2}{n+1}\right) \cdot \cdots\cdots \cdot \left(1 - \frac{r-1}{n+1}\right)$$
$$= a_{n+1} \text{ の第 } r \text{ 項}$$

である（各項の因数について，$1 - \frac{1}{n} < 1 - \frac{1}{n+1}$, $1 - \frac{2}{n} < 1 - \frac{2}{n+1}$, ……, $1 - \frac{r-1}{n} < 1 - \frac{r-1}{n+1}$ であることから明らか）．

さらに，a_{n+1} においては第 $n+2$ 項目

$$\frac{1}{(n+1)!}\left(1 - \frac{1}{n+1}\right) \cdot \cdots\cdots \cdot \left(1 - \frac{n}{n+1}\right)$$

が存在するが，これは正の値である．

以上のことを総合して，

$$a_{n+1} > a_n$$

であることがわかるので，数列 $\{a_n\}$ は単調増加である． ……③

また，②より，

$$a_n \leqq 1 + 1 + \frac{1}{2!} + \frac{1}{3!} + \cdots\cdots + \frac{1}{r!} + \cdots\cdots + \frac{1}{n!}$$
$$\leqq 1 + \left\{1 + \frac{1}{2} + \frac{1}{2^2} + \cdots\cdots + \frac{1}{2^{r-1}} + \cdots\cdots + \frac{1}{2^{n-1}}\right\}$$
$$= 1 + \frac{1 - \left(\frac{1}{2}\right)^n}{1 - \frac{1}{2}}$$
$$< 1 + \frac{1}{1 - \frac{1}{2}} = 3$$

よって，a_n は上に有界である． ……④

③，④より，数列 $\{a_n\}$ は収束する．

3. 中間値の定理

[例題 2・2・3]

$(2n+4)$ 個の点からなる点集合 X が，空間の一般の位置（どの 4 点も同一平面上にない）に配置されているとする．また，X のどの 5 点も同一球面上に存在しないものとする．このとき，次の条件 $(*)$ をみたす球 S が存在することを示せ．

$(*)$ S はその球面上に X の点を 4 点を含み，S の内部，外部に X の点をそれぞれ n 点ずつ含む．

発想法

示すべき命題を

球面上に X の点を 4 点含むような球 S の全体の中には，S の内部，外部に X の点をそれぞれ n 点ずつ含むものが存在する．

と解釈する．

とくに，最初にある 3 点を指定しておき，対象とする球 S をこの 3 点を球面上に含むものに限定して考えていき，

残りの $(2n+1)$ 個の点のうち S の球面上に 1 点，また S の内部と外部に n 点ずつが含まれている．

ような球 S が存在する，という命題が示されれば十分である．

この最終的に述べた命題の成立を，中間値の定理を用いて示すことができるように，最初に指定しておく 3 点をきめる．

すなわち，指定した 3 点を球面上に含む球 S として，

球 S の内部に 0 点，外部に $(2n+1)$ 点

を含むものが存在し，かつ，その状態から球を徐々に移動させていき（球の半径も徐々に変化する），S の外部の点を 1 点ずつ内部に取り込んでいく（このことは，どの 5 点も同一球面上に存在しないことから可能である）ことにより最終的に，

S の内部に $(2n+1)$ 点，外部に 0 点

なる状態が得られるような 3 点を最初に指定しておくのである．

この操作の途中，

S の内部に n 点，外部に $(n+1)$ 点

の状態から，

S の内部に n 点，球面上に 1 点（最初に指定しておいた 3 点と合わせて 4 点となる），そして S の外部に n 点 ……$(*)$

なる状態を経て，

S の内部に $(n+1)$ 点，外部に n 点

という状態となる(図1)ので,状態(＊)における球 S が題意をみたす球である.

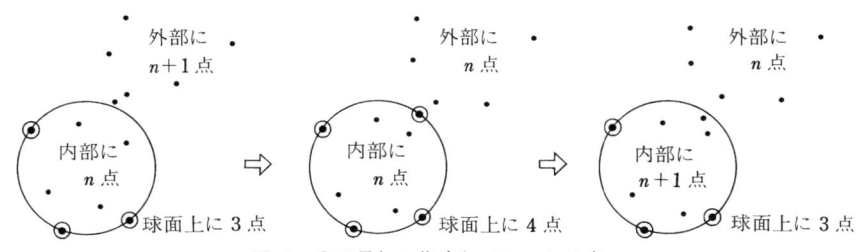

図1 ⊙は最初に指定しておいた3点

[解答] まず最初に,点集合 X から,次の条件(＊＊)をみたす点 A, B, C を選び出す((＊＊)をみたす3点の選ばれ方は,何組か考えられるが,そのうちの1組を考える).

A, B, C を含む平面によって空間を2つの領域 D_-, D_+ に分割したときに,一方の領域 D_- には,X の点が含まれていない(したがって,X の点は,平面上,および,もう一方の領域 D_+ にのみ含まれる:図2) ……(＊＊)

図2

△ABC の外心を O とし,また O を通り,平面 ABC に垂直な直線を l とする(図3).l 上の点 P の座標 x を,

$$x = \begin{cases} -h & \text{(P が } D_- \text{ の内部の点)} \\ 0 & \text{(P が平面 ABC 上)} \\ h & \text{(P が } D_+ \text{ の内部の点)} \end{cases}$$

(ただし,$h = $ "線分 OP の長さ" とする)によってきめる.

中心が P で,3点 A, B, C を含む球面を $S(x)$ とし,また,$S(x)$ の内部(球面上を除く)の点の個数を $f(x)$ で表す.

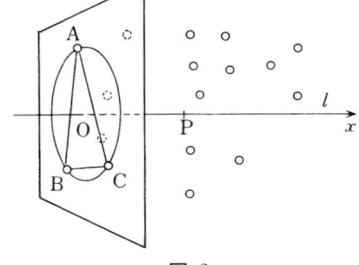

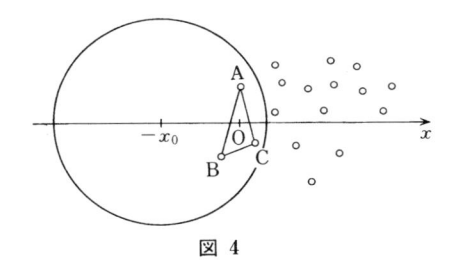

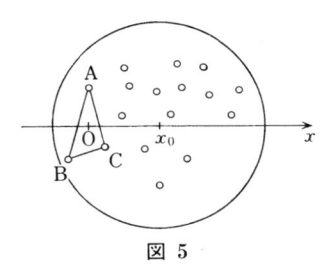

図3

図4

図5

このとき，十分大きな正数 $x_0>0$ に対し，
$f(-x_0)=0$　　（図4）
$f(x_0)=2n+1$　　（図5）
となる．

$f(x)$ は，$-x_0\leqq x\leqq x_0$ において整数値をとりながら増加していく関数であり（**注**），どの5点も同一球面上にないことも考慮すると，$f(x)$ の値は，0から $2n+1$ まで，1ずつ増加していく（$y=f(x)$ のグラフは，たとえば図6）．

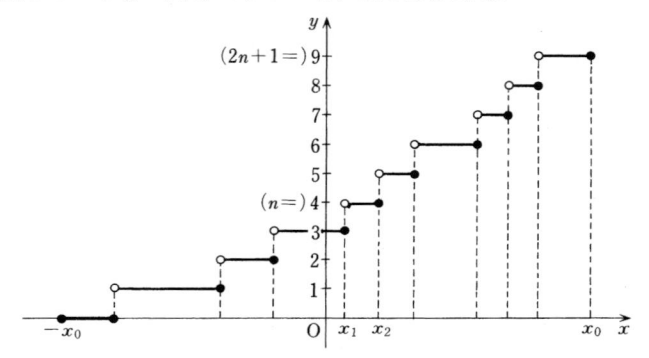

図6 $n=4$ の場合の例

このとき，ある $x_1, x_2\ (-x_0<x_1<x_2<x_0)$ が存在して，
$f(x)=n\ \ (x_1<x\leqq x_2)$
が成立している．$S(x_2)$ は，内部に n 点，球面上には A, B, C の他にもう1点を含み，したがって，さらに外部に n 点が存在するような球である．したがって，
$S(x_2)$ が題意をみたす球である．

（**注**）Pが移動して，球 $S(x)$ が変化していく際，ひとたび球の内部に取り込まれた点が，その後のPの移動によって球の外に出てしまう，ということがないことに注意せよ．このことは，球 $S(x)$ の変化を2次元的に表した図7を参照するとわかりやすいだろう．

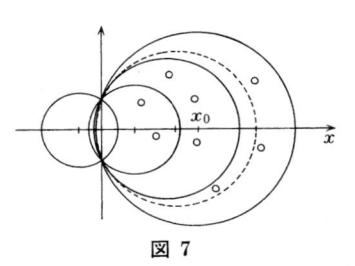

図7

[**コメント**]　普通，「中間値の定理」は，関数値が連続的に変化するような関数に対する定理である．しかし，ここでは関数値が「整数」という離散量であるような関数に対して定理を適用しており，このことが本証明のうまみである．離散量に対する中間値の定理を適用する例として，たとえば次のものがあげられる．

数列 $\{a_n\}$ は，$|a_n-a_{n-1}|=1$ をみたしており，$a_1=-1$，$a_{100}=3$ である．
このとき，ある $n\ (1<n<100)$ に対して，$a_n=0$ となる．

---〈練習 2・2・3〉---

方程式 $a_0 + a_1 \cos x + \cdots + a_n \cos nx = 0$ は,$0 \leq x < 2\pi$ において,少なくとも $2n$ 個の解をもつことを示せ。

ただし,$|a_0| + |a_1| + \cdots + |a_{n-1}| < a_n$ とする。

発想法

区間 $[0, 2\pi)$ を $2n$ 等分して得られる一連の区間

$$\left[0, \frac{\pi}{n}\right), \left[\frac{\pi}{n}, \frac{2\pi}{n}\right), \cdots\cdots, \left[\frac{(2n-1)\pi}{n}, 2\pi\right)$$

の各区間に,少なくとも 1 つずつ解をもつことが示されれば十分である。

解答 $f(x) = a_0 + a_1 \cos x + a_2 \cos 2x + \cdots + a_n \cos nx$ とする。$0 \leq k \leq n$ なる任意の整数 k に対して,

$$f\left(\frac{2k}{n}\pi\right) > -|a_0| - |a_1| - \cdots + a_n \cos 2k\pi$$
$$= -(|a_0| + |a_1| + \cdots + |a_{n-1}|) + a_n$$
$$> 0$$

$0 \leq k \leq n$ なる任意の整数 k に対して,

$$f\left(\frac{2k+1}{n}\pi\right) < |a_0| + |a_1| + \cdots + a_n \cos(2k+1)\pi$$
$$= |a_0| + |a_1| + \cdots + |a_{n-1}| - a_n$$
$$< 0$$

よって,中間値の定理より,区間

$$\left[\frac{2k}{n}\pi, \frac{2k+1}{n}\pi\right] \quad (0 \leq k \leq n-1)$$

$$\left[\frac{2k+1}{n}\pi, \frac{2(k+1)}{n}\pi\right] \quad (0 \leq k \leq n-1)$$

のそれぞれの区間に少なくとも 1 つずつ解をもつので,$[0, 2\pi)$ に少なくとも $2 \times n = 2n$ (個) の解をもつ。

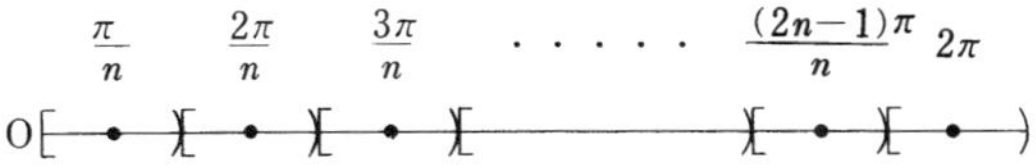

図 1

少なくとも区間の個数 $2n$ 個は解がある。

┌─〈練習 2・2・4〉─┐

$f(x)$ は閉区間 $[0,1]$ で連続な関数で，この区間での $f(x)$ の最大値 M，最小値 m について，$M+m=1$ が成り立つ．このとき，$0 \leq a \leq 1$ なる a に対して，$f(b)=1-f(a)$ をみたす b が閉区間 $[0,1]$ に少なくとも１つ存在することを証明せよ．

発想法

　この問題文は，
　中間値の定理；関数 $f(x)$ が閉区間 $[a,b]$ で連続であり，d が $f(a)$ と $f(b)$ の間の値であるなら，$f(c)=d$ となる c が閉区間 $[a,b]$ に少なくとも１つ存在する．

の〜〜〜部とそっくりな文である．

　与えられた問題にそっくり中間値の定理に帰着できるとしたら，とりあえず中間値の定理における＝＝部を無視することによって，a, b, c, d をそれぞれ $0, 1, b, 1-f(a)$ でおきかえることが考えられる．しかし，このとき，定理の仮定において最も本質的な＝＝部に相当する「($0 \leq a \leq 1$ なる任意の a に対して) $1-f(a)$ が $f(0)$ と $f(1)$ の間の値である．」という仮定が与命題において要求されることになる．しかし，このようにことは与命題において仮定されておらず，また，与えられている仮定から導くこともできない(実際，$y=f(x)$ のグラフが図１に示されるような関数 $f(x)$ に対しては，この仮定はみたされていない．たとえば，$a=\dfrac{2}{3}$ としてみよ)．

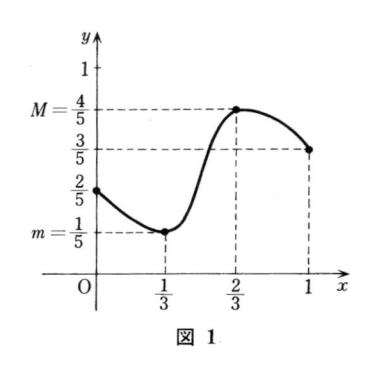

図 １

　したがってわれわれは，定理の仮定の本質的な部分である「$1-f(a)$ がどのような範囲の値をとりうるのか」ということから，a, b, c, d に相当するものをきめていく方針に切り換えなければならない．そこで，まだ登場していない m, M を登場させることになる．$m \leq f(a) \leq M$ より，$1-M \leq 1-f(a) \leq 1-m$，ここで $m+M=1$ をつかえば，$m \leq 1-f(a) \leq M$ となる．

【証明】　n, N をそれぞれ $f(n)=m$, $f(N)=M$ となる $[0,1]$ 内の２数とする．n と N ではさまれた閉区間 I ($I=[n, N]$ または $[N, n]$) に対し，中間値の定理を適用することを考える．

　まず，$f(x)$ は閉区間 I で連続である．さらに，$0 \leq a \leq 1$ なる a に対し，$m \leq f(a) \leq M$ であるから，

$$-M \leq -f(a) \leq -m$$
$$\therefore \quad 1-M \leq 1-f(a) \leq 1-m \quad \cdots\cdots(*)$$

ここで，$m+M=1$ より，$1-M=m$，$1-m=M$ であるから，$(*)$ は，
$$m \leq 1-f(a) \leq M$$

すなわち，$1-f(a)$ は $f(n)=m$ と $f(N)=M$ の間の値となる．したがって，中間値の定理が適用でき（中間値の定理における閉区間 $[a, b]$ として I, d として $1-f(a)$ とおけば，中間値の定理の仮定をみたしていることがわかるので，定理の結果に相当するものとして），

「$f(b)=1-f(a)$ なる b が I 内，したがって I を含む区間である $[0, 1]$ 内に少なくとも1つ存在する」が得られる．

4. ロルの定理

> **[例題 2・2・4]**
> $f(x)$ と $g(x)$ は,ともに微分可能な関数であり,すべての x に対して,
> $$f'(x)g(x) \neq g'(x)f(x) \quad \cdots\cdots(☆)$$
> である.方程式 $f(x)=0$ が 2 つ以上の解をもつとき,任意の 2 つの解の間に $g(x)=0$ の解が存在することを示せ.

発想法

$f'(x)g(x) \neq g'(x)f(x)$ なる条件 (☆) から,どんなことを連想するだろうか.

$\left\{\dfrac{f(x)}{g(x)}\right\}'$ の微分の分子 $f'(x)g(x)-g'(x)f(x)$ を連想して,

$$\left(\left\{\frac{f(x)}{g(x)}\right\}'=\right)\frac{f'(x)g(x)-g'(x)f(x)}{\{g(x)\}^2} \neq 0$$

をつかうことを思いつけばシメたものだ.そのために,$g(x) \neq 0$ なる x において(……(*)),$F(x)=\dfrac{f(x)}{g(x)}$ を議論の対象とすることが考えられる.このとき,さらに $f(x)=0$ の任意の 2 つの解 a, b が ($g(x)=0$ の解でなければ),$F(x)=0$ の解にもなっていることもつかおう.

解答 $f(x)=0$ の任意の 2 つの解を a, b とし,$a<b$ とする.条件 (☆) より,

$$f'(a)g(a) \neq g'(a)f(a)=0$$
$$f'(b)g(b) \neq g'(b)f(b)=0$$

だから,$g(a)$, $g(b)$ はそれぞれ 0 になり得ない.すなわち,a, b はどちらも $g(x)=0$ の解ではない.

$g(x)=0$ が区間 $[a, b]$ に解をもたないと仮定して矛盾を導く.$[a, b]$ において $g(x) \neq 0$ だから (これで (*) が活きる),$[a, b]$ を定義域とした関数 $F(x)=\dfrac{f(x)}{g(x)}$ を考えることができる.この関数は $[a, b]$ 上で連続で (a, b) 上で微分可能で,さらに,

$$F(a)=0=F(b)$$

である.

したがって,Rolle の定理より,$F'(c)=0$ となる点 c が (a, b) 内に存在する.

ところが,

$$F'(c)=\frac{g(c)f'(c)-g'(c)f(c)}{\{g(c)\}^2}$$

であり,条件 $g(c)f'(c)-g'(c)f(c) \neq 0$ より,$F'(c) \neq 0$ となり矛盾.このことより,方程式 $g(x)=0$ は,$f(x)=0$ の任意の 2 つの解 a と b の間に解をもつことが示された.

―〈練習 2・2・5〉―

$4ax^3+3bx^2+2cx=a+b+c$ (a, b, c は実定数) は，0 と 1 の間に少なくとも 1 つの解をもつことを示せ。

発想法

この問題に対してまず考えられる解法は，中間値の定理を適用することである．

$$f(x)=4ax^3+3bx^2+2cx-(a+b+c)$$

とおくと，$f(x)$ の連続性より，$f(0)=-(a+b+c)$ と $f(1)=3a+2b+c$ とが異符号であることが示せれば十分である．しかし，a, b, c に関する条件が緩すぎるため，$f(0)$ と $f(1)$ が異符号である，とは一般にいえない．たとえば，$a=b=1, c=-3$ とすると，$f(0)=1>0, f(1)=2>0$ となり，$f(0), f(1)$ は同符号である．それでも，$y=f(x)$ のグラフを実際にかけばわかるように，$f(x)=0$ は確かに 0 と 1 の間に解をもっている (図 1)．

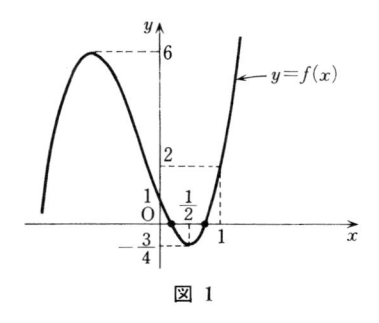

図 1

解の存在を示すのに powerful な役割を果たす別の定理がある —— Rolle の定理である．Rolle の定理は，$f'(x)=0$ の解の存在についての定理であるが，この問題に関していえば，$4ax^3+3bx^2+2cx-(a+b+c)$ が $f'(x)$ となるよう，改めて，

$$f(x)=ax^4+bx^3+cx^2-(a+b+c)x$$

とおいてみよ．すると，$f(x)$ は $[0, 1]$ で連続，$(0, 1)$ で微分可能な関数であり，$f(0)=f(1)$ $(=0)$ であるから，Rolle の定理の仮定にピッタリ当てはまる．このとき，Rolle の定理の結論に相当するのは……？

解答 $f(x)=ax^4+bx^3+cx^2-(a+b+c)x$

とおく．$f(x)$ は閉区間 $[0, 1]$ で連続，かつ開区間 $(0, 1)$ で微分可能であり，さらに，$f(0)=f(1)$ であるから，Rolle の定理より，$f'(d)=0$ すなわち，

$$4ad^3+3bd^2+2cd-(a+b+c)=0$$

となる $d\in(0, 1)$ が存在する．これは，d が $4ax^3+3bx^2+2cx=a+b+c$ の解であることを意味する．

よって，証明は完結した．

【別解】 $f(x)=4ax^3+3bx^2+2cx-(a+b+c)$ とおく．

このとき，$\int_0^1 f(x)dx=0$ となるので，$f(x)=0$ となる x が 0 と 1 の間に少なくとも 1 つ存在する．

5. 平均値の定理

[例題 2・2・5]

関数 $f(x)$ は区間 $[0, 1]$ で微分可能で，$f(0)=0$，$f(1)=1$ であるとする．このとき，
$$\frac{1}{f'(x_1)}+\frac{1}{f'(x_2)}=2$$
となる相異なる点 x_1, x_2 が区間 $[0, 1]$ の中に存在することを示せ．

[発想法]

関数 $f(x)$ の形が具体的にわかっていないので，x_1, x_2 の値を"具体的に"求めることは当然不可能である．しかし，われわれは，与えられた条件をみたす x_1, x_2 が存在することを示しさえすれば十分なのである．微分係数 $f'(x_1), f'(x_2)$ に関係した存在命題であるから，平均値の定理をつかうことを考える．

[解答] 区間 $[0, 1]$ を2つの閉区間 $[0, x]$，$[x, 1]$ ($x \neq 0, 1$) に分割する (以下で平均値の定理が適用できるように"切断点" x は，両方の区間に入れておき，2つの区間がともに閉区間となるようにしてある)．

それぞれの区間において，平均値の定理を適用すれば，

$$\left.\begin{array}{l} f'(x_1)=\dfrac{f(x)-f(0)}{x-0}=\dfrac{f(x)}{x} \\ f'(x_2)=\dfrac{f(1)-f(x)}{1-x}=\dfrac{1-f(x)}{1-x} \end{array}\right\} \quad \cdots\cdots ①$$

となる x_1, x_2 が (それぞれの区間に) 存在する．x を $f(x) \neq 0, 1$ $\cdots\cdots ②$ となるようにとれば，① より，

$$\frac{1}{f'(x_1)}+\frac{1}{f'(x_2)}=\frac{x}{f(x)}+\frac{1-x}{1-f(x)}$$

したがって，x として，

$$② \text{かつ} \quad \frac{x}{f(x)}+\frac{1-x}{1-f(x)}=2 \qquad \cdots\cdots ③$$

となるようにとることができれば，① より定まる x_1, x_2 は，

$$\frac{1}{f'(x_1)}+\frac{1}{f'(x_2)}=2$$

をみたすことになる．

$$\begin{aligned} ③ &\iff \frac{x\{1-f(x)\}+(1-x)f(x)}{f(x)\{1-f(x)\}}=2 \\ &\iff x\{1-f(x)\}+(1-x)f(x)=2f(x)-2\{f(x)\}^2 \\ &\iff x-2xf(x)-f(x)+2\{f(x)\}^2=0 \\ &\iff \{x-f(x)\}\{1-2f(x)\}=0 \end{aligned}$$

したがって，② のもとに $x=f(x)$ または $f(x)=\dfrac{1}{2}$ となる x が $(0, 1)$ に存在すればよいのであるが，とくに後者の $f(x)=\dfrac{1}{2}$ に対しては，$f(0)=0$, $f(1)=1$ であることから，中間値の定理により，$f(x)=\dfrac{1}{2}$ となる x が $(0, 1)$ に確かに存在する．以上により，証明は完結した．

[コメント]　(② かつ) $x=f(x)$ となる x が $(0, 1)$ に存在することは保証されていない．

〈練習 2・2・6〉

$1 < \alpha < \beta$ に対し，$\alpha < e^c < \beta$ かつ $\left(\dfrac{\log \beta}{\log \alpha}\right)^c = \dfrac{\beta}{\alpha}$ なる c が存在すること を示せ．

ただし，対数は自然対数で，e はその底である． （奈良県立医大）

発想法

与えられた命題に対し，適用しうる存在定理は何であろうか．

"ある範囲" に "α, β の 2 文字が関係したある条件式" をみたす c が存在する」という結論の形から，平均値の定理が適用できそうだ．しかし，平均値の定理の結論部 $\dfrac{f(b)-f(a)}{b-a} = f'(c)$ となる c が開区間 (a, b) に（少なくとも 1）存在する．……(☆) との間には，式の形の上でのギャップがある．このギャップをいかに埋めるかを考えることが，問題解決への大きなステップとなる．まず，考えやすいこと，すなわち，c がどの範囲に存在するのかということを明確にしてみよう．そのために，$\alpha < e^c < \beta$ の各辺の自然対数をとると，

$\quad \log \alpha < c < \log \beta$

となる．これと (☆) の "開区間 (a, b)" と比べて a, b として $\log \alpha, \log \beta$ とするとよいであろうことがわかる．

このとき，"$\dfrac{f(b)-f(a)}{b-a} = f'(c)$" は，

$\quad \dfrac{f(\log \beta) - f(\log \alpha)}{\log \beta - \log \alpha} = f'(c) \quad \cdots\cdots (*)$

となる．したがって，われわれは，関数 $f(x)$ をうまく定めることを考えればよい．

そこで，今度は，示すべき等式 $\left(\dfrac{\log \beta}{\log \alpha}\right)^c = \dfrac{\beta}{\alpha}$ が $(*)$ の形に近づくよう，すなわち，右辺（または左辺）が c だけを含む式となるよう変形していくことを試みる．そのためにまず，

$\quad \left(\dfrac{\log \beta}{\log \alpha}\right)^c = \dfrac{\beta}{\alpha}$

の，商の形をした両辺を差の形に直すことを考え，両辺の自然対数をとると，

$\quad c \log \left(\dfrac{\log \beta}{\log \alpha}\right) = \log \dfrac{\beta}{\alpha}$

$\quad c \{\log(\log \beta) - \log(\log \alpha)\} = \log \beta - \log \alpha$

$\quad \therefore \ \dfrac{\log(\log \beta) - \log(\log \alpha)}{\log \beta - \log \alpha} = \dfrac{1}{c} \quad \cdots\cdots (**)$

$1 < \alpha < \beta$ より，$0 < \dfrac{\beta}{\alpha}$，$0 < \log \alpha < \log \beta$ であるから，上の各式における真数条件は

§2 存在命題の証明のしかた 137

みたされており，したがって以上の変形は意味をもつ．

(**)の左辺から，(*)における関数 $f(x)$ として $\log x$ とすればよさそうだ，ということがわかる．このとき，(*)の右辺の $f'(c)$ に相当するものは，$(\log x)' = \dfrac{1}{x}$ に c を代入した $\dfrac{1}{c}$ であるが，これは確かに(**)の右辺になっている．

解答　$1 < \alpha < \beta$ より，
$$0 < \log \alpha < \log \beta \quad \cdots\cdots ①$$
である．

見やすくするために，$\log \alpha = a$，$\log \beta = b$ とおくと，①より，
$$0 < a < b$$
である．

したがって，閉区間 $[a, b]$ 上において，関数 $\log x$ を考えることができる．$\log x$ は閉区間 $[a, b]$ で連続，開区間 (a, b) で微分可能 $\left((\log x)' = \dfrac{1}{x}\right)$ であるから，平均値の定理より，
$$\frac{\log b - \log a}{b - a} = \frac{1}{c}$$
となる c が，(a, b) 内に(少なくとも1つ)存在する．すなわち，
$$\frac{\log(\log \beta) - \log(\log \alpha)}{\log \beta - \log \alpha} = \frac{1}{c} \quad \cdots\cdots ②$$
かつ，
$$\log \alpha < c < \log \beta \quad\quad\quad \cdots\cdots ③$$
なる c が(少なくとも1つ)存在する．

$$② \iff \frac{\log\left(\dfrac{\log \beta}{\log \alpha}\right)}{\log \dfrac{\beta}{\alpha}} = \frac{1}{c}$$

$$\iff c \log\left(\frac{\log \beta}{\log \alpha}\right) = \log \frac{\beta}{\alpha}$$

$$\iff \log\left(\frac{\log \beta}{\log \alpha}\right)^c = \log \frac{\beta}{\alpha}$$

$$\iff \left(\frac{\log \beta}{\log \alpha}\right)^c = \frac{\beta}{\alpha}$$

$$③ \iff \alpha < e^c < \beta$$

であるから，結局，
$$\alpha < e^c < \beta \text{ かつ } \left(\frac{\log \beta}{\log \alpha}\right)^c = \frac{\beta}{\alpha}$$
なる c が存在することが示せた．

6. 鳩の巣原理

[例題 2・2・6]
1以上99以下の自然数の中から勝手に10個選んだ数からなる集合 S が1個与えられている。要素全部の和が等しい，空でない互いに素な S の部分集合 X, Y が存在することを証明せよ．ただし，集合 X, Y が互いに素であるとは，$X \cap Y = \phi$ であることをいう．

発想法

X, Y の条件のうち，「互いに素」という条件をずっとゆるめて，単に「異なる」という条件でおきかえて考えていけばよい．というのは，そのようにおきかえた条件のもとに得られた S の部分集合 X と Y が，共通部分をもつ ($X \cap Y \neq \phi$) ときには，X, Y から，それぞれ共通部分を除いて得られる集合 X', Y' を考えれば，この X', Y' が「互いに素」という条件をみたすからである ($X' = \phi$ または $Y' = \phi$，すなわち $X \subset Y$ または $X \supset Y$ となることは，$X \neq Y$ かつ（X の要素全部の和）＝（Y の要素全部の和）なる条件より，ありえない）．ゆるめられた条件をみたす X, Y，すなわち，要素全部の和が等しい S の相異なる部分集合 X, Y の存在を示すのには，鳩の巣原理をつかうことが考えられる．

解答 $S = \{a_1, a_2, \ldots, a_{10}\}$ とする．S の部分集合をつくっていく際，まず a_1 を部分集合の要素として含むか否かで2通りに分かれ，そのおのおのの場合に対し，a_2 を含むか否かで，さらに2通りに分かれる．このようにして考えていくと，10個の要素からなる集合 S の相異なる部分集合が $2^{10} = 1024$（個）存在することがわかる．ただし，この中には，a_1 も a_2 も $\ldots\ldots a_{10}$ もすべて含まない空集合 ϕ も1個として数えあげられているので，この分を差し引いて S の空でない部分集合は1023個存在することになる．

一方，そのおのおのの部分集合の和としてとりうる値の最大値はたかだか

$$90 + 91 + \cdots\cdots + 99$$

（$S = \{90, 91, \ldots, 99\}$ としたときに，その部分集合として S 自身を考えたとき）であり，その値は，$100 \times 10 = 1000$ よりも小さく，したがって，1023よりも小さい．

したがって，S の各部分集合を，その中の要素全部の和の値によって分類したとき（1023個のものを，1023個より少ないグループに分けるのであるから），鳩の巣原理により，ある相異なる部分集合 X, Y は，それぞれの要素の和が一致していることになる．X と Y が互いに素であれば，この X, Y が題意をみたす2つの部分集合であり，X と Y に共通部分があるときには，X, Y のそれぞれから，その共通部分の要素を除くことによって得られる集合 X', Y' において題意がみたされている（それぞれの要素の和が等しいこと，および X', Y' のどちらも空集合ではないことは容易に確かめられる）．

〈練習 2・2・7〉

「$(n-1)$ 個以下の引き出しに n 個の物をしまえば，どこかの引き出しには 2 個以上の物が入らなくてはならない[1]．」 このしごく当然の道理は，ディリクレの原理といって数学ではよく利用される．

さて，この原理をつかって，「どのような会合においても，その中に友人の数が同じであるような人が少なくとも 2 人はいる」ことを証明しよう．ただし，友人関係は相互的であって，自分自身は友人とはいわない．

会合に集まった n 人のおのおのに，その友人数を対応させる．友人数は最小 0 から最大 $n-1$ までにわたりうるが，0 と $n-1$ とが同時に現れることはない[2]．したがって，友人数の数は $n-1$ を超えない．そこで，ディリクレの原理により，同じ友人数をもつ人が 2 人はいることになる[3]．

(1) なぜか，理由をわかりやすく述べよ．
(2) なぜか，理由を述べよ．
(3) ディリクレの原理をどう適用したか．

(明治大 経営)

発想法

「ディリクレの原理」とは，鳩の巣原理そのものである．
(2)によって，n 人の人のそれぞれの友人数としてとり得る値の範囲は，

　　0, 1, 2, ……, $n-2$ （($n-1$)通り）

　または，

　　1, 2, 3, ……, $n-1$ （($n-1$)通り）

のいずれかに限定されることになる．会合に集まった人数 "n" と友人数としてとりうる値の範囲 "$(n-1)$" 通りに着眼して，

　　「友人数」という名の $n-1$ 個の引き出し

に「0, 1, 2, ……, $n-2$」，または「1, 2, 3, ……, $n-1$」の番号をつけておき，

　　n 人の人を，自分の友人数と同じ番号のついた引き出しに入れる．

つもりになればよい．

解答 (1) 引き出しの個数を m ($\leq n-1$) とし，m 個の引き出しのおのおのを，D_1, D_2, ……, D_m とする．また，各 D_i ($1 \leq i \leq m$) にしまわれた物の個数を n_i とする．

　どの引き出しにも物が 1 個以下（1 個または 0 個）しか入っていない． ……(*)

すなわち，$n_i \leq 1$ ($1 \leq i \leq m$) と仮定すると，

（引き出しにしまわれた物の総数）$= n_1 + n_2 + \cdots\cdots + n_m$

$$\leq \underbrace{1+1+\cdots\cdots+1}_{m\text{ 個}}$$

$$= m \leq n-1 < n$$

となり，(引き出しにしまわれた物の総数)$=n$ であることに矛盾する．よって，どこかの引き出しには2個以上のものが入っている．

(2)　0と $n-1$ が同時に現れている，

　　すなわち，

　　　　友人数0の人と，友人数 $n-1$ の人が少なくとも1人ずついる．　……(∗)

と仮定する．友人数が $n-1$ の人（複数人いる場合にはそのうちの1人）をAとすると，A以外のどの人もAとは友人である．したがって，A以外のどの人も友人数は1以上であるべきであり，(∗)の，友人数が0の人が少なくとも1人いることに反する．よって，(∗)となることはあり得ない，すなわち，0と $n-1$ は同時に現れ得ない．

(3)　友人数として現れる値の個数を m とする．

　　(2)により，友人数として0と $n-1$ は同時に現れ得ないから $m \leqq n-1$ である．m 個の引き出しのそれぞれに，友人数として現れる値を1つずつ番号づけしておく．n 人の人を「n 個の物」とみなし，これらのおのおのを，それぞれの友人数が番号づけられた「m（$\leqq n-1$）個の引き出し」にしまうと考える．このとき，ディリクレの原理により，どこかの引き出しには2個以上のものがしまわれていることになる．このことは，

　　　　同じ友人数をもつ人が2人以上いる

ことを意味している．

第3章　場合分けの動機と基準

　部屋を掃除すると，以前に探していた書類がひょっこり見つかることがある．これは部屋を整理した結果，雑然としていた部屋が整理分類され，部屋の秩序がとり戻され，全体を見渡すことができるようになったからである．このように，分類・整理するという操作は日常生活において重要であることはいうまでもないが，実は，一見そう重要そうには見えないこの操作は自然科学を研究する際には不可欠な操作なのである．たとえば，化学の講義では元素を周期表に従って分類したし，生物では植物や動物を種や科や目などに分類したであろう．たとえば，トノサマガエルは，正式には

　　動物界―脊椎動物門―両性綱―無尾目―アカガエル科
　　　―Rana―nigromaculata

となる．そのとき，同じクラスに属するものが類似した性質を有していたので，全体を分析するのに"代表だけを考えれば概略を把握できた"のでたいへん役立ったことを思い起こしていただきたい．

　もう一つの分類の効用は，次のようなものである．困難な仕事に直面したとき，人はその大仕事をいくつかに分けて，そのおのおのを片付けていき，結果としてその大仕事に決着をつけるという方法をとる．すなわち，"困難は分割して処理すべし"という原則に従っているのである．たとえば自動車をつくっている会社の人々はいろいろな部課に分けられ，そのおのおのの部課で自動車製造にかかわる仕事を分担し，能率的作業を目指しているのである．すなわち，設計をする課，各部分を作る課，車体を作る課，組み立てを行う課，品質管理をする課，……などはその一例であろう．

　数学の問題を解くときにも，分類・整理するという操作，すなわち，"場合分け"は極めて重要である．毎日のように場合分けを行っているわりには，その重要性を正しく認識している人が少ない．そこで，本章と次章では，場合分けのしかた，動機，効果について突込んで分析し，今後，場合分けのエキスパートになるための下地を整えることにしよう．第3章，第4章で学ぶ事柄の概略は次のものである．

　場合分けをしないで解ける問題に対し，あえて場合分けをする必要がないこと

は当然である．すなわち，3，4章で扱う問題は，場合分けしないと解決するのが難しいものに限られる．しかし，そのような場合，場合分けの必然が鮮明に現れているときと，そうでないときがある．前者は，問題解決の操作中，場合分けをしないと以下の議論が続けられなくなるとき生じる場合分けで，場合分けの必要性を比較的容易に気付くことができる．後者は，一見，場合分けの必然が見えないので，場合分けをしないと問題を一向に解決することができないが，上手な基準に基づいて場合分けを行うと，様相が一変し，問題が簡単に解けてしまうという比較的高度な技術を必要とする場合である．前者の場合分けをおもに第3章で学び，後者の場合分けを第4章で学ぶ．

§1　必然による場合分け

　信号のある交差点に来るたびに私達は場合分けを行っているのである．すなわち，"赤なら止まれ，緑なら進行，そして黄ならオマワリと危険がなければ（？）進行せよ"のように．

　本節では，場合分けをしないと以下の議論が進められないときに行う場合分け，すなわち，"**必然による場合分け**"について解説する．$|x|$ の絶対値記号をはずすためには，$x \geq 0$ のときと，$x < 0$ のときに場合分けしなければならないし，図Aに示すような区間 $[a, b]$ で定義された連続関数 $y = f(x)$ と $y = g(x)$ とで囲まれる領域の面積を求めるとき，2つの関数の大小関係に基づき，場合分けしてから積分を実行しなければならない．これらは，必然による場合分けの典型である．

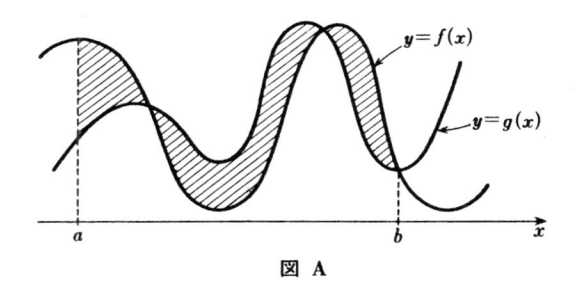

図 A

　場合分けの必然が上述のようには明確に見抜くことはできないが，対処している問題のなかで扱われている対象に関する数学の基本的性質を考慮すれば，するのが当然と考えることができる場合分けがある．たとえば，

　　三角形を扱うとき，鋭角三角形，直角三角形，鈍角三角形
　　整数を扱うとき，偶数，奇数
　　写像（たとえば，1次変換）を扱うとき，1対1（行列式が0でない）か否か
　　2つ以上のベクトルを扱うとき，それらが1次独立か否か
　　放物線 $y = ax^2 + bx + c$ を扱うとき，上に凸 $(a < 0)$ か下に凸 $(a > 0)$ か
　　……などなど

である．これらも数学を知る人にとっては必然による場合分けといえよう．

　この節では，必然による場合分けを勉強することにしよう．

[例題 3・1・1]

平面上の相異なる3定点を O, A, B とする．実数 m, n が次の条件をみたしながら変化するとき，
$$\overrightarrow{OP} = m\overrightarrow{OA} + n\overrightarrow{OB}$$
で定められる点 P は，それぞれ，どんな図形を描くか．
(1) $m+n=2$
(2) $1 \leq m+n \leq 2$, $m \geq 0$, $n \geq 0$

発想法

2つのベクトル $\overrightarrow{OA}$, $\overrightarrow{OB}$ があるとき，それらが1次独立なのか，そうでない（1次従属）のかは，本質的なちがいであり，どちらであるのかのべられていない以上，このちがいに基づいて，場合分けして議論を進めていくのが原則である（(1)は，場合分けの必要がない）．

解答 (1) $n=2t$ とおけば，$m+n=2$ より，$m=2(1-t)$ となり，
$$\overrightarrow{OP} = 2(1-t)\overrightarrow{OA} + 2t\overrightarrow{OB}$$
$2\overrightarrow{OA} = \overrightarrow{OC}$, $2\overrightarrow{OB} = \overrightarrow{OD}$ とおけば，
$$\overrightarrow{OP} = (1-t)\overrightarrow{OC} + t\overrightarrow{OD} \; (= \overrightarrow{OC} + t\overrightarrow{CD})$$

そして，t はすべての実数値をとりうるので，P の描く図形は，

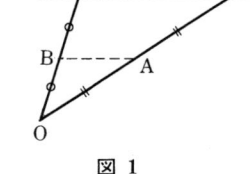

直線 CD（ただし，C, D はそれぞれ $\overrightarrow{OC}=2\overrightarrow{OA}$, $\overrightarrow{OD}=2\overrightarrow{OB}$ なる点）……（答）

図1

（以上の議論は，$\overrightarrow{OA}$, $\overrightarrow{OB}$ が，1次独立であるか否かにかかわらず成立するが，とくに1次独立でない場合には，直線 CD は，直線 AB に一致する．）

(2) $m+n=k \; (1 \leq k \leq 2)$ ……① に固定する．

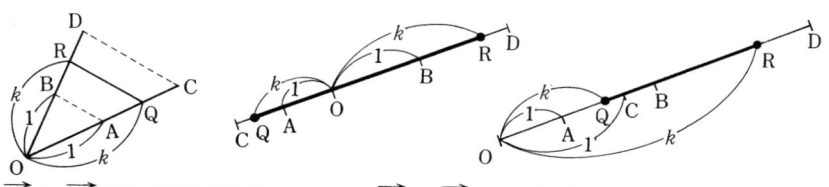

$\overrightarrow{OA}$ と $\overrightarrow{OB}$ が1次独立のとき　　　　$\overrightarrow{OA}$ と $\overrightarrow{OB}$ が1次従属のとき

図2

さらに，$n=kt$ とおくと，$m=k(1-t)$ となり，
$$\overrightarrow{OP} = k(1-t)\overrightarrow{OA} + kt\overrightarrow{OB} = (1-t)(k\overrightarrow{OA}) + t(k\overrightarrow{OB}) \quad \text{……②}$$
ただし，$m \geq 0$, $n \geq 0$ より，　　$0 \leq t \leq 1$ 　　　　……③

(i) k を固定して，t を変化させれば，②，③ より P は，
「$k\overrightarrow{OA}=\overrightarrow{OQ}$，$k\overrightarrow{OB}=\overrightarrow{OR}$ で定められる．2 点 Q，R を両端とする線分」を描く．

(ii) 次に k を変化させたときの「線分 QR の通過する範囲」が，求める図形であるが，これは，C，D を(1)で得た 2 点として ① のもとに次のようになる．

(場合 1) $\overrightarrow{OA}$ と $\overrightarrow{OB}$ が，1 次独立，すなわち，3 点 O，A，B が三角形をつくるとき，「Q は線分 AC 上，R は線分 BD 上を QR∥AB を保ちながら動く」ので，P の描く図形は四角形 ABDC の周および内部．

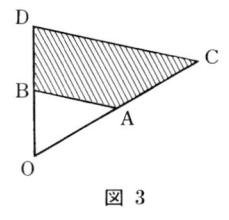

図 3

(場合 2) $\overrightarrow{OA}$ と $\overrightarrow{OB}$ が，1 次従属のとき，P の描く図形は，一直線上にある 4 点 A，B，C，D のうち，最も離れた 2 点を両端点とする線分．

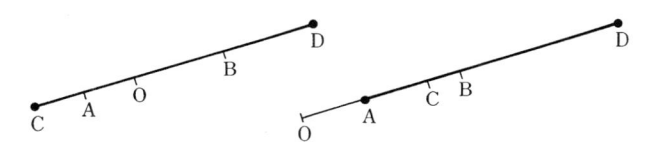

図 4

[コメント] **1 次独立か否かによって場合分け**，という問題では，「1 次独立」の意味を正確に把握していないと，場合分けに困ることがあるので，少し説明を加えておく．

2 つのベクトル $\vec{a}$，$\vec{b}$ について，
$$x\vec{a}+y\vec{b}=\vec{0} \iff x=y=0$$
が成立しているとき，$\vec{a}$ と $\vec{b}$ は，1 次独立であるという．これが成り立たないとき，$\vec{a}$ と $\vec{b}$ は，1 次従属であるという．したがって，たとえば，
$$\vec{0}=(0, 0)\ と\ \vec{e}=(1, 0)\ は 1 次従属である．\quad（確かめてみよ）$$
幾何学的解釈をすれば，3 点 O，A，B が三角形をつくるとき，
$$\overrightarrow{OA}\ と\ \overrightarrow{OB}\ は 1 次独立である．$$
ということになる．

＜練習 3・1・1＞
平面のある1次変換 f において，次のような2点 C, D があるとする．
(i) C, D は，相異なり，線分 CD の中点 M は，原点 O と異なる．
(ii) f による C の像が D，D の像が C である．
すなわち，$f(C)=D$ かつ $f(D)=C$ である．
(1) f の不動点，すなわち $f(P)=P$ となる点 P をすべて求めよ．
(2) 一般の点 P について，P とその像 $Q=f(P)$ と，C, D, O との位置の関係を求めよ．

発想法

1次変換の問題であるから，各点をその位置ベクトルによって，表現していくことになる．ベクトル $\overrightarrow{OC}$ と $\overrightarrow{OD}$ が1次独立であるとは限らない（結果的には1次独立であることがわかる）から，まず1次独立か否かで場合分けする．

解答 (1) C, D の位置ベクトルをそれぞれ
$$\overrightarrow{OC}=\vec{c},\quad \overrightarrow{OD}=\vec{d}$$
と書くことにする．

（場合1）$\vec{c}, \vec{d}$ が1次独立な場合

平面上の任意の点 P の位置ベクトルを $\vec{p}$ とすると，
$$\vec{p}=\alpha\vec{c}+\beta\vec{d} \quad \cdots\cdots ①$$
とおける．P の f による像，$f(P)$ を $f(\vec{p})$，また $f(C), f(D)$ をそれぞれ $f(\vec{c}), f(\vec{d})$ などと書けば，1次変換の線型性により，
$$\begin{aligned}
f(\vec{p}) &= f(\alpha\vec{c}+\beta\vec{d}) \\
&= f(\alpha\vec{c})+f(\beta\vec{d}) \\
&= \alpha f(\vec{c})+\beta f(\vec{d}) \\
&= \alpha\vec{d}+\beta\vec{c} \\
&= \beta\vec{c}+\alpha\vec{d} \quad \cdots\cdots ②
\end{aligned}$$
P が不動点，つまり $f(\vec{p})=\vec{p}$ となる条件は，①，②より，
$$\alpha\vec{c}+\beta\vec{d}=\alpha\vec{d}+\beta\vec{c} \quad \cdots\cdots ③$$
が成立することであり，$\vec{c}, \vec{d}$ が1次独立であることから，
$$\alpha=\beta$$
①に代入して，
$$\vec{p}=\alpha(\vec{c}+\vec{d})=2\alpha\cdot\frac{\vec{c}+\vec{d}}{2} \quad \cdots\cdots ④$$

α は任意であるから，不動点 P は CD の中点 M と原点を結んだ直線上の点である．

（場合 2） $\vec{c}, \vec{d}$ が 1 次従属な場合

$\vec{c}=\vec{0}$ とすると，1 次変換の性質より，$f(\vec{0})=\vec{0}$ だから，
$$f(\vec{c})=\vec{0} \quad \cdots\cdots ⑤$$
一方，$f(C)=D$ すなわち，$\quad f(\vec{c})=\vec{d} \quad \cdots\cdots ⑥$
だから，⑤，⑥ より，$\quad \vec{d}=0$
したがって，$\quad \vec{c}=\vec{d}\ (=\vec{0})$

これは，C と D が異なる点であることに反するので $\vec{c} \neq \vec{0}$ である．このとき，$\vec{d}=k\vec{c}$（k は適当な実数）と書くことができる．

(i) より，
$$f(\vec{c})=\vec{d}=k\vec{c} \quad \therefore \quad f(\vec{d})=f(k\vec{c})=kf(\vec{c})=k^2\vec{c}$$
一方，$f(\vec{d})=\vec{c}$ であるから，
$$(f(\vec{d})=)\ k^2\vec{c}=\vec{c} \quad \therefore \quad (k^2-1)\vec{c}=0$$
$$k^2=1\ (\because\ \vec{c}\neq\vec{0}) \quad \therefore \quad k=\pm 1$$

$k=1$ ならば，$\vec{c}=\vec{d}$ となり，$\vec{c}\neq\vec{d}$ に反する．

$k=-1$ ならば，$\vec{c}+\vec{d}=\vec{0}$，よって，$\overrightarrow{OM}=\dfrac{\vec{c}+\vec{d}}{2}=\vec{0}$ となり，M$\neq$O に反する．

したがって，$\vec{c}$ と $\vec{d}$ が 1 次従属ということはありえないので，この場合は，除外してよい．よって，

不動点 P の集合は，直線 OM ……（答）

(2) (1) より，$\vec{c}$ と $\vec{d}$ は 1 次独立であることがわかったので，平面上の任意の点 P および，Q$=f(P)$ の位置ベクトルをそれぞれ $\vec{p}, \vec{q}$ とすると，まず，
$$\vec{p}=\alpha\vec{c}+\beta\vec{d}\ (\alpha, \beta は適当な実数) と書くことができ，$$
$$\vec{q}=f(\vec{p})=\alpha f(\vec{c})+\beta f(\vec{d})=\alpha\vec{d}+\beta\vec{c}$$
である．よって，
$$\vec{p}-\vec{q}=(\alpha-\beta)(\vec{c}-\vec{d})$$
$$\dfrac{\vec{p}+\vec{q}}{2}=(\alpha+\beta)\dfrac{\vec{c}+\vec{d}}{2}$$

これは，**PQ∥CD かつ PQ の中点が直線 OM 上にある** ……（答）

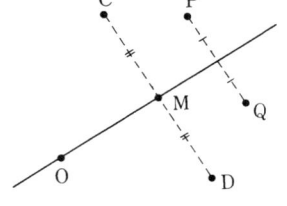

ことを表している．

[コメント] (2) の答えとして，「PQ∥CD」，および「PQ の中点が直線 OM 上」の両方が求められて初めて，Q の位置が定まる．

なお，(1) の（場合 2）において，$\vec{d}=k\vec{c}$（k は適当な実数）とあらわしたが，$\vec{c}\neq\vec{0}$ を導いたのと同様な議論によって $\vec{d}\neq\vec{0}$，すなわち $k\neq 0$ であることがわかる．しかし，以上の議論においてとくに $k\neq 0$ としておく必要はないので，解答中では触れていない．

[例題 3・1・2]

$A = \begin{pmatrix} a-1 & a-3 \\ a+2 & 2 \end{pmatrix}$ の表す1次変換 f によって，直線 $y = mx$ の像が，直線 $y = mx$ 全体になるような m の値がただ1つだけ存在するのは，定数 a がどんな値のときか。

発想法

行列 $A = \begin{pmatrix} a & b \\ c & d \end{pmatrix}$ に対して，$ad - bc$ を $\det A$ と書く．1次変換においては，それを表す行列 A について，$\det A = 0$（逆変換をもたない）であるか，あるいは，$\det A \neq 0$（逆変換をもつ）であるかで，場合分けが必要となる．

解答

$\det A = (a-1) \cdot 2 - (a-3)(a+2) = -(a-4)(a+1)$ より，

$a = 4, -1$ のとき，　　$\det A = 0$

それ以外のときは $\det A \neq 0$ である．

（場合1）$a = 4$ のとき，

$A = \begin{pmatrix} 3 & 1 \\ 6 & 2 \end{pmatrix}$ より，　　$\begin{pmatrix} x' \\ y' \end{pmatrix} = A \begin{pmatrix} x \\ y \end{pmatrix} = \begin{pmatrix} 3x+y \\ 6x+2y \end{pmatrix} = \begin{pmatrix} 3x+y \\ 2(3x+y) \end{pmatrix}$

より，$y' = 2x'$，すなわち，xy 平面上の点は，すべて直線 $y = 2x$ 上にうつされる．したがって，題意の直線が存在するなら，それは $y = 2x$ に限られる（もしかすると，f によって，$y = 2x$ が，$y = 2x$ 上の1点《または，1次変換の性質上，実際にありえないが，$y = 2x$ 上の線分等》にうつってしまうことがあるかもしれないので，ここでいっていることは，$a = 4$ のとき，題意をみたす直線が存在するなら，それは $y = 2x$ に限られるということである）．そこで，x を変化させたときに x' が全実数をとりうることがいえれば，$a = 4$ が答えの1つとなるといえる．f によって，$y = 2x$ 上の各点 $(x, 2x)$ に対し，

$x' = 3x + y = 3x + 2x = 5x$

となり，x が全実数値をとりうることを考えれば，結局 x' は，全実数値をとりうることがわかる．よって，$a = 4$ は題意をみたす．

（場合2）$a = -1$ のとき，

$A = \begin{pmatrix} -2 & -4 \\ 1 & 2 \end{pmatrix}$ より，　　$\begin{pmatrix} x' \\ y' \end{pmatrix} = A \begin{pmatrix} x \\ y \end{pmatrix} = \begin{pmatrix} -2x-4y \\ x+2y \end{pmatrix} = \begin{pmatrix} -2x-4y \\ -\frac{1}{2}(-2x-4y) \end{pmatrix}$

これより，xy 平面上の点は，すべて直線 $y = -\frac{1}{2}x$ 上にうつされることがわかる．したがって，題意をみたす直線が存在するなら，$y = -\frac{1}{2}x$ である．ところが，

f によって，$y=-\dfrac{1}{2}x$ 上の各点 $\left(x,\ -\dfrac{1}{2}x\right)$ に対し，

$$x'=-2x-4y=-2x-4\left(-\dfrac{1}{2}x\right)=0$$

となって，$y=-\dfrac{1}{2}x$ は f によって，($y=-\dfrac{1}{2}x$ 上の) 1 点 $(0,0)$ にうつしてしまうので，$a=-1$ は，題意をみたさない．

(場合 3) $a \neq 4,\ -1$ のとき，$y=mx$ 上の点 $(x,\ mx)$ は f によって，

$$\begin{pmatrix} x' \\ y' \end{pmatrix} = \begin{pmatrix} a-1 & a-3 \\ a+2 & 2 \end{pmatrix} \begin{pmatrix} x \\ mx \end{pmatrix} = \begin{pmatrix} \{a-1+(a-3)m\}x \\ \{(a+2)+2m\}x \end{pmatrix}$$

にうつされ，この点が再び $y=mx$ 上にある条件は，

$$\{(a+2)+2m\}x = m\{a-1+(a-3)m\}x \quad \text{すなわち，}$$
$$\{(a-3)m^2+(a-3)m-(a+2)\}x=0$$

が，すべての x の実数値に対して成立することであり，

$$(a-3)m^2+(a-3)m-(a+2)=0 \quad \cdots\cdots ①$$

である．このようなことが，ただ 1 つの m に対してしか成立しないような a を求める．すなわち，① を m についての方程式とみたとき，ただ 1 つの解しかもたないような a を求めるのである．m^2 の係数 $a-3$ が，0 であるか否かによって 2 次方程式であるか否か，変わってくる．

(i) $a-3=0$，すなわち $a=3$ のとき，① の等号は (m によらず) 成立しない．

(ii) $a-3 \neq 0$，すなわち $a \neq 3$ のとき，① がただ 1 つの解 m をもつということは，① が，重複解をもつということであり，その条件は，

$$\text{判別式 } D = (a-3)^2 + 4(a-3)(a+2)$$
$$= 5(a-3)(a+1) = 0$$

であるが，(場合 3) の場合分けの条件より $a \neq -1$，また (ii) の場合分けの条件より $a \neq 3$ だから，これは成立しえない．

以上より，題意をみたす $\boldsymbol{a=4}$ ……(答)

【別解】「不動直線」の問題であるから，2 つの固有値 (一致する場合を含む) がどんな値であるかによって場合分けしてもよい．一般に，「0 でない実数の固有値の個数 (ここでは重複解は 1 つとして数える)」＝「原点を通る不動直線の本数」であるが，実数の固有値 λ が $\lambda \neq 0$ であっても，その固有ベクトルが $(0,1)$ である場合には，λ に対する不動直線は y 軸となり，$y=mx$ とは表されない．したがって，この問に対しては，「0 でない固有値の個数」から，$(0,1)$ を固有ベクトルとする固有値の個数を差し引いたものが，$y=mx$ なる不動直線の個数となることを用いる．そのために，次のように場合分けして，各条件をみたす a を求めることになる．

(i) 0 を固有値としてもつとき；もう 1 つの固有値を λ とすると，$\lambda \neq 0$ であり，かつ λ に対する固有ベクトルが $(0,1)$ (y 軸に平行) ではない．

(ii) 0を固有値としてもたないとき；
　　(ii)-(1)　固有値が重複解 (実数) のとき；固有ベクトルが $(0, 1)$ ではない．
　　(ii)-(2)　2つの固有値がともに実数で，かつ相異なるとき；一方の固有値に対する固有ベクトルが $(0, 1)$ である．

ただし，(ii)-(2)を真正面から処理するのは，骨が折れるので，実際には次のようにして $(0, 1)$ を固有ベクトルにもつ場合がどんな場合なのかを最初に調べてしまっておくとよい．

$(0, 1)$ が行列 A の固有ベクトルとなるのは，

$$\begin{pmatrix} a-1 & a-3 \\ a+2 & 2 \end{pmatrix} \begin{pmatrix} 0 \\ 1 \end{pmatrix} = \lambda \begin{pmatrix} 0 \\ 1 \end{pmatrix}$$

$$\iff \begin{pmatrix} a-1-\lambda & a-3 \\ a+2 & 2-\lambda \end{pmatrix} \begin{pmatrix} 0 \\ 1 \end{pmatrix} = \begin{pmatrix} a-3 \\ 2-\lambda \end{pmatrix} = \begin{pmatrix} 0 \\ 0 \end{pmatrix}$$

より，$a=3$，$\lambda=2$ のときである．ところが，$a=3$ のとき固有方程式は，

$$\lambda^2 - 4\lambda + 4 = (\lambda-2)^2 = 0$$

となり，固有値は2だけ (重複解) であるから，結局，不動直線は y 軸だけとなり不適．$a \neq 3$ のときには，$(0, 1)$ を固有ベクトルにもつことはないので，固有方程式；

$$f(\lambda) = \lambda^2 - (a+1)\lambda - a^2 + 3a + 4 = 0 \quad \cdots\cdots ①'$$

を用いて，$a \neq 3$ のもとに，以下の各場合に適する a を求めればよい．

(i)　固有値の一方が0で，他方が0でないとき，

①′ が相異なる2実数解をもち，その一方が0となることが条件だから，

①′ の判別式 $D = (a+1)^2 - 4(-a^2+3a+4)$
$\qquad\qquad\qquad = 5a^2 - 10a - 15$
$\qquad\qquad\qquad = 5(a-3)(a+1) > 0$

かつ

$f(0) = -a^2 + 3a + 4$
$\qquad = -(a-4)(a+1) = 0$

これより $a=4$ を得る．

(ii)-(1) 固有値が0以外の重複解をもつとき；

$D = 5(a-3)(a+1) = 0$

$a \neq 3$ より，$a=-1$ を得るが，このとき ①′ は，$\lambda^2 = 0$ となり，固有値は0の重複解となり，不適．

(ii)-(2)　(固有ベクトルが $(0, 1)$ となるのは $a=3$ のときに限られることを考えると，「2つの固有値が相異なり，一方の固有値に対する固有ベクトルのみが $(0, 1)$ となることはありえないので) 不適．

以上より，$a=4$

を得る．　　　……(答)

―〈練習 3・1・2〉――――――――――――――――――――

xy 平面上で原点から傾き a ($a>0$) で出発し折れ線上を動く点 P を考える。ただし，点 P の y 座標はつねに増加し，その値が整数になるごとに動く方向の傾きが s 倍 ($s>0$) に変化するものとする。

P の描く折れ線が直線 $x=b$ ($b>0$) を横切るための a, b, s に関する条件を求めよ。

―――――――――――――――――――――――――――

発想法

折れ線が直線 $x=b$ を横切るとは，点 P の x 座標がしだいに大きくなっていって b を越える，ということである。〝折れ目″である点だけに注目すれば，点 P の x 座標は，単調に増加する数列である。数列や，無限級数の問題の議論の分岐点〝収束するのか，発散するのか″で場合分けする。

解答 y の値が整数になるごとに傾きを変えるので，P が $\left(\dfrac{1}{a}, 1\right)$ に到達したら，まず，傾きが as に変わる。P の y 座標が 2 になったら，今度は傾きが as^2 に変わって，…… となってくる。

図 1 で得られた折れ線で，y 座標が n ($n=0, 1, 2, \cdots\cdots$) である点(すなわち，〝折れ目″)を P_n とし，P_n の x 座標を x_n とすると，x_n の値は単調に増加していくので，

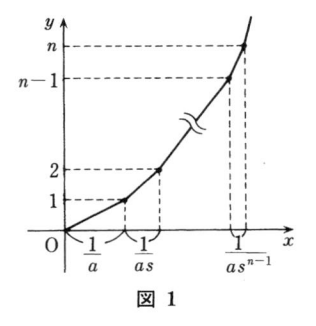

　　　折れ線が直線 $x=b$ を横切る
　　$\iff$ ある n に対して $b<x_n$　　さらに，
　　$\iff$ $b<\lim\limits_{n\to\infty} x_n$　……(∗)

ここで，
$$x_n=\dfrac{1}{a}+\dfrac{1}{as}+\dfrac{1}{as^2}+\cdots\cdots+\dfrac{1}{as^{n-1}}$$
だから，数列 $\{x_n\}$ は，

　　　$0<\dfrac{1}{s}<1$ のとき収束し，$1\leqq\dfrac{1}{s}$ のとき発散する．

(場合 1) $0<s\leqq 1$ $\left(1\leqq\dfrac{1}{s}\right)$ のとき，

　　$\{x_n\}$ は a (>0) の値によらず $+\infty$ に発散するので，$b>0$ のもとで，(∗)は成立する．

(場合 2) $s>1$ $\left(0<\dfrac{1}{s}<1\right)$ のとき，

図 1

$$\lim_{n\to\infty} x_n = \cfrac{\cfrac{1}{a}}{1-\cfrac{1}{s}} = \cfrac{1}{a}\cdot\cfrac{1}{1-\cfrac{1}{s}}$$ だから,

$$(*) \iff b < \cfrac{1}{a}\cdot\cfrac{1}{1-\cfrac{1}{s}}$$

$$\iff ab\left(1-\cfrac{1}{s}\right) < 1$$

よって求める条件は,

$$\begin{cases} \text{「}0 < s \leq 1 \text{ かつ } a, b \text{ は任意の正の数」} \\ \text{または,} \\ \text{「}s > 1 \text{ かつ } ab\left(1-\cfrac{1}{s}\right) < 1 \text{」} \end{cases} \quad \cdots\cdots\text{(答)}$$

[コメント] $(*)$ を, $b \leq \lim_{n\to\infty} x_n$ としてはいけない. $b = \lim_{n\to\infty} x_n$ のときは不適である.

§1 必然による場合分け　153

[例題 3・1・3]

xyz 空間において，次の 6 個の不等式で表される立体の体積を求めよ．
　　$x≧0$，$y≧0$，$z≧0$
　　$x+y+z≦3$，$x+2z≦4$，$y-z≦1$

発想法

　不等式で表される立体の体積をある軸(たとえば x 軸としよう)に垂直な平面による立体の切り口の面積(断面積)を求め，その面積を積分して求める際に，場合分けの必要が生じることがある．たとえば，切り口の面積を表す式が，
　　$a≦x≦b$ では，　　$S_1(x)$
　　$b≦x≦c$ では，　　$S_2(x)$　　($S_1(x)≢S_2(x)$，$S_2(x)≢S_3(x)$)
　　$c≦x≦d$ では，　　$S_3(x)$
となるようなときである．このような場合分け(積分区間の分割)は，どの軸に垂直な平面で立体の切り口を考えていくかによって異なってくるが，実際に答案をつくる際には(場合分けの個数を減らすためには，どの軸に垂直な平面で切るとよいかを考えるよりもむしろ)，切り口の面積を表すおのおのの式が，できるだけ容易に求められるような平面を捜したほうがよい．そのために，
　　最高次数の文字を固定する平面(最高次数の文字の軸に垂直な平面)で切って
　いくことにより，切り口が次数の低い曲線(1 次なら直線)で囲まれるようにする．
という定石がある(IIの[例題 3・3・1]参照)．しかし，この問題では x，y，z のいずれに関しても 1 次の式であるので，この定石はつかえない．このようなときには，不等式において登場回数の最も多い文字を固定するとよい．この問題では，z の登場回数が 4 回で最も多いので，$z=$(一定)なる平面で切れば，切り口の面積が簡単に求められる(可能性が大きい)のである．

　その根拠は，以下のとおりである．平面 $z=z_0$ (一定)で立体を切ったとき，切り口の xy 平面への正射影 $x≧0$，$y≧0$，$x+y≦3-z_0$，$x≦4-2z_0$，$y≦z_0+1$ ……(∗) の境界となりうる直線は，
　　$x=0$，$y=0$，$x+y=3-z_0$，$\underline{x=4-2z_0}$，$\underline{y=z_0+1}$ ……(∗∗)
である．そして，〰〰 を施した直線は，それぞれ x 軸，y 軸に垂直な直線である(∵ z_0 は定数)から，その分，面積が容易に求められる可能性が高いのである(x 軸，あるいは y 軸に垂直に切ったときには，このような「軸に垂直な直線」はそれぞれ 1 本ずつしか得られない)．

　さて，これで，切り口の面積を容易に求めうる切り方が見つかったのであるが，では，㋐ 切り口が存在するための z_0 の範囲(積分区間)や，㋑ 切り口の面積を表す式(切り口の形状)が，切り口を設定する区間によって，どのように変わってくるのか(したがって，積分区間をどのように分割するか)，といったことはどのようにして考えて

いけばよいのだろうか.

㋐については，(＊)をみたす点 (x, y) が存在するための z_0 に対する条件として求めることができるのであるが，この条件は，(＊＊)に示される直線の位置関係の考察に帰着させて，

$$x+y=3-z_0, \quad x=4-2z_0, \quad y=z_0+1 \quad \cdots\cdots(＊)'$$

の x 切片，y 切片がすべて 0 以上となる条件を求めることにより得られる.

また，後者㋑についても，切り口の形状の変化は，(＊)' の各直線の x 切片，y 切片の大小関係を調べればわかる．たとえば，$z_0+1 \leqq 3-z_0 \leqq 4-2z_0$ となる z_0 の値の範囲が $0 \leqq z_0 \leqq 1$ であることから，立体の平面 $z=z_0$ $(0 \leqq z_0 \leqq 1)$ における切り口は図1のようになることがわかるのである.

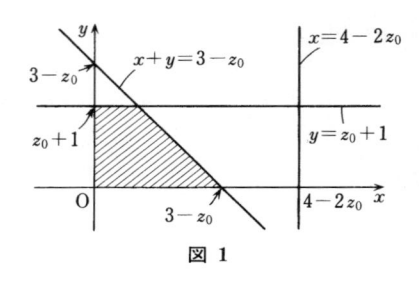

図 1

以上の㋐，㋑に対する考察はともに，(＊)' の各直線の x 切片，y 切片に着目していることから，「解答」の図2のようなグラフを考えて処理するとよい.

[解答] 与えられた立体を平面 $z=z_0$（一定）で切った切り口の xy 平面の正射影は，

$$x \geqq 0, \quad y \geqq 0, \quad x+y \leqq 3-z_0, \quad x \leqq 4-2z_0, \quad y \leqq z_0+1 \quad \cdots\cdots(＊)$$

によって表される領域である．ここで，$w=3-z_0$ ($3-z_0$ は直線 $x+y=3-z_0$ の x 切片，y 切片)，$w=4-2z_0$ ($4-2z_0$ は直線 $x=4-2z_0$ の x 切片)，$w=z_0+1$ (z_0+1 は直線 $y=z_0+1$ の y 切片) のグラフは図2のようになり，切り口が存在するための z_0 の条件は，$z_0 \geqq 0$ のもとに

$$3-z_0 \geqq 0 \text{ かつ } 4-2z_0 \geqq 0 \text{ かつ } z_0+1 \geqq 0$$

であるから，$z_0 \geqq 0$ と合わせて，

$$0 \leqq z_0 \leqq 2$$

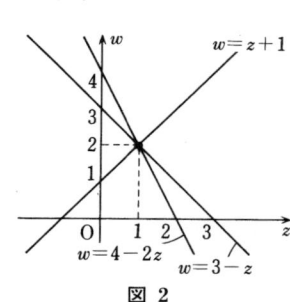

図 2

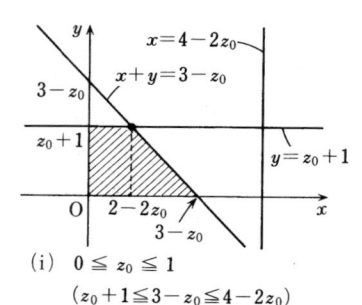

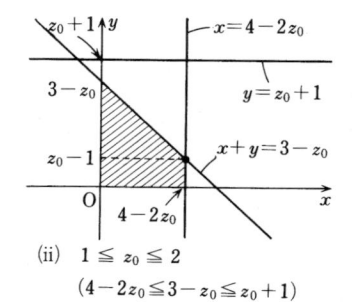

(i) $0 \leqq z_0 \leqq 1$
  ($z_0+1 \leqq 3-z_0 \leqq 4-2z_0$)

(ii) $1 \leqq z_0 \leqq 2$
  ($4-2z_0 \leqq 3-z_0 \leqq z_0+1$)

図 3

また，立体の切り口の形状は図2を参照して考察すると，$z_0=1$ を境として，図3(i), (ii) の各図の斜線部のように異なるものとなる．

(i) $0 \leq z_0 \leq 1$ のときには，切り口（台形）の面積 $S_1(z_0)$ は，

$$S_1(z_0) = \frac{1}{2}\{(2-2z_0)+(3-z_0)\}(z_0+1)$$

$$= \frac{1}{2}(-3z_0^2+2z_0+5)$$

(ii) $1 \leq z_0 \leq 2$ のときには，切り口の面積 $S_2(z_0)$ は，

$$S_2(z_0) = \frac{1}{2}\{(z_0-1)+(3-z_0)\}(4-2z_0)$$

$$= 4-2z_0$$

以上より，求める体積 V は，

$$V = \int_0^1 S_1(z)dz + \int_1^2 S_2(z)dz$$

$$= \frac{1}{2}\int_0^1(-3z^2+2z+5)dz + \int_1^2(4-2z)dz$$

$$= \frac{1}{2}\Big[-z^3+z^2+5z\Big]_0^1 + \Big[4z-z^2\Big]_1^2$$

$$= \frac{1}{2}(-1+1+5)+(4-3) = \frac{5}{2}+1$$

$$= \frac{7}{2} \quad \cdots\cdots(答)$$

【別解】 この問題に対しては，不等式で表される立体が実際にどのような立体であるかを考えてもよい．

まず，最初の4つの不等式によって表される図形は，図4の

4点 O, P(3, 0, 0), Q(0, 3, 0), R(0, 0, 3)

を頂点とする四面体で，その体積 V_0 は，

$$V_0 = \frac{1}{3} \times \triangle OPQ \times OR = \frac{9}{2}$$

さらに，$x+2z \leq 4$，$y-z \leq 1$ になる条件を考えると，求めるべき体積 V は，V_0 から2つの四面体 RSTU, QVWX の体積をひけばよい（図5）．

よって求める体積 V は，

$$V = V_0 - (四面体 S\text{-}RUT + 四面体 W\text{-}QVX)$$

$$= \frac{9}{2} - \left(\frac{1}{3}+\frac{2}{3}\right)$$

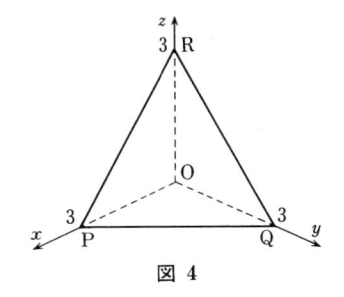

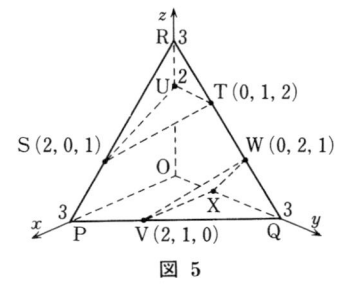

$$= \frac{7}{2} \quad \cdots\cdots(答)$$

図4

図5

156　第3章　場合分けの動機と基準

[例題 3・1・4]

　△ABC の辺 BC の中点を D，また B, C から対辺，またはその延長線上に下ろした垂線の足を E, F とする．△DEF が正三角形となるとき，∠A の大きさを求めよ．

発想法

　1つの問題を場合分けして議論する際，その場合分けによって，すべての場合がつくされている必要があることは，いまさらいうまでもないことである．しかし，自分ではすべての場合をつくしていると思っても，実際にはモレがあることもある．とくに幾何の問題においては，「図にごまかされて，場合分けの必然を見落としてしまうことがある．

　次に，本問に対する不完全な解答例を示そう．

(例)　∠BEC＝∠BFC＝90°

　だから，B, C, E, F は，線分 BC の中点 D を中心とする同一円周上の点である．　……(*)

　ここで，

$$\angle ABE = \frac{1}{2} \angle FDE \quad (\because \text{円周角と中心角の関係より})$$

であるが，△DEF が正三角形であることより ∠FDE＝60° だから，

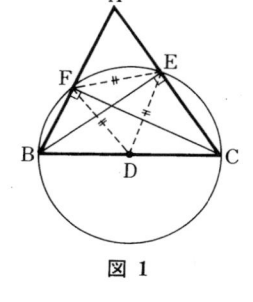

$$\angle ABE = \frac{1}{2} \times 60° = 30°$$

　また，

∠BEA＝90°

であるから，△ABE に着目して，

∠A＝180°－(∠ABE＋∠BEA)
　　＝180°－(30°＋90°)＝60°

　逆に，∠A＝60° のとき，△DEF は正三角形となる．

　この解答における「不完全な点」がすぐに見いだせるだろうか．問題文において「またはその延長線上に下ろした」とあるが，この解答では，E, F がともにそれぞれ辺 AC, AB 上にある場合しか扱っていない．

E, F がともにそれぞれ辺 AC, AB 上にある ⟺ ∠A は鋭角

であるから，結局，∠A が鋭角の場合しか扱っていないのであり，上の解答例の議論によって，"∠A が鈍角または直角である場合"が淘汰されているわけではない（∠A が鈍角のときは，E, F はともにそれぞれ辺 AC, 辺 AB の延長上に表れ，また E, F の一方のみが対辺の延長上にくることはあり得ない）．そこで，まず，(**解答例**) の議論が，

図 1

§1 必然による場合分け　157

∠A が鋭角の場合を扱っているとことわり，さらに ∠A が鈍角である場合についても調べ，また，∠A が直角となり得ない（∵ △DEF が存在しない）ことを述べておく必要がある．

[解答]　(例)の(*)までを述べ)以下，∠A が鋭角，直角，鈍角のときに分けて考える．

(場合 1)　∠A が鋭角のとき　((例)の(*)以降参照)．

(場合 2)　∠A＝90° のときには，A＝E＝F となり，△DEF は存在しないので，不適．

(場合 3)　∠A が鈍角のとき，

このときも，

$$\angle EBA = \frac{1}{2}\angle EDF \quad (中心角と円周角)$$
$$= 30° \quad (\because \angle EDF = 60°)$$

であり，

△ABE に着目すると，

$$\angle BAE = 180° - (90° + \angle EBA)$$
$$= 90° - \angle EBA$$
$$= 90° - 30° = 60°$$

$$\therefore \quad \angle BAC = 180° - \angle BAE = 120°$$

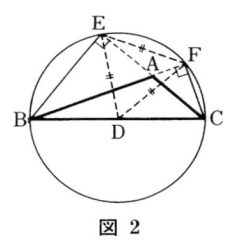

逆に，∠A＝120° のとき △DEF は正三角形となる．

以上より，　**∠A＝60° または 120°**　……(答)

図 2

〈練習 3・1・3〉

円周上に弧 $\stackrel{\frown}{PQ}$ をとり，この弧と弦 PQ で囲まれて得られる図形を K とする．弦の長さが $2a$，弧の長さが $2b$，また，弧の中点 M と弦の中点 N の距離を h とするとき，K の面積は $\dfrac{a^2}{2h}(b-a)+\dfrac{h}{2}(b+a)$ で表されることを証明せよ．

発想法

円の中心を O として図 1 を参考にすれば，
$$K=(\text{扇形 OPMQ})-\triangle OPQ$$
として計算すればよいように思えるかもしれない．しかし，$\stackrel{\frown}{PQ}$ が円の優弧となっている場合 (図 2) には，
$$K=(\text{扇形 OPMQ})+\triangle OPQ$$
となる．すなわち，O が K に含まれるか否かで，"$-\triangle OPQ$" となるか，"$+\triangle OPQ$" となるか変わる．

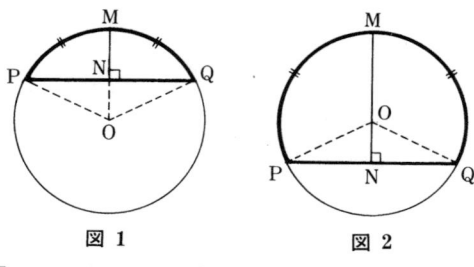

図 1   図 2

（$\stackrel{\frown}{PQ}$ が半円となる場合は，どちらで考えてもよい．）

解答 円の中心を O，半径を r とする．

（場合 1） $\stackrel{\frown}{PQ}$ が劣弧または半円のとき，

図 1 より，
$$K=(\text{扇形 OPMQ})-\triangle OPQ$$
$$=\frac{1}{2}\cdot OM\cdot \stackrel{\frown}{PQ}-\frac{1}{2}\cdot ON\cdot PQ$$
$$=rb-(r-h)a \qquad \cdots\cdots ①$$

$\triangle OPN$ に三平方の定理を用いて，
$$r^2=a^2+(r-h)^2$$
$$\therefore\quad r=\frac{a^2+h^2}{2h} \qquad \cdots\cdots ②$$

② を ① へ代入して，
$$K=\frac{(a^2+h^2)b}{2h}-\frac{(a^2-h^2)a}{2h}$$

$$= \frac{a^2}{2h}(b-a) + \frac{h}{2}(b+a)$$

(場合 2) $\overset{\frown}{PQ}$ が優弧のとき，

図 2 より，

$K =$ (扇形 OPMQ) $+ \triangle$OPQ

$ = rb + (h-r)a$

$ = rb - (r-h)a$ ……③

この式は ① と一致しており，また (場合 1) と同様にして $r = \frac{a^2+h^2}{2h}$ (② に一致) となるので，この場合も，

$$K = \frac{a^2}{2h}(b-a) + \frac{h}{2}(b+a)$$

となる．

[例題 3・1・5]

三角形 ABC の辺 BC の中点を D とし，A から BC に下ろした垂線の足を E とする．E が線分 BC 上にあって，∠BAD＝∠CAE ならば，三角形 ABC はどんな三角形か．

発想法

まず，不完全な解答例を以下に示そう．

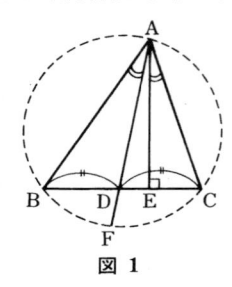

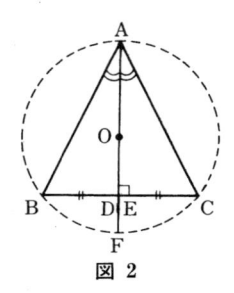

(例)

図 1　　　　　　　　　図 2

△ABC の外接円を O とする．AD を延長して円 O と交わる点を F とする (図 1) と，△ABF と △AEC について，

　　∠AFB＝∠ACE　（$\overarc{AB}$ に立つ円周角）

また，条件より，

　　∠BAF＝∠EAC

であるから，

　　△ABF∽△AEC

　∴　∠ABF＝∠AEC＝∠R

したがって，

　　AF は円 O の直径であり，円の中心 O は AF 上にある (図 2)．　……(＊)

一般に，円の中心 O と弦 BC の中点 D を結ぶと，OD⊥BC となるから，

　　AD⊥BC

したがって，D と E は一致するので，△ABC は AB＝AC なる二等辺三角形である．

逆に，AB＝AC なる二等辺三角形に対して，与えられた条件が成り立つことは明らかである．

よって，△ABC は，AB＝AC なる二等辺三角形である．

この解答中，「一般に，円の中心 O と弦 BC の中点 D を結ぶと OD⊥BC」となる事実をつかっている．「O と D を結ぶ」ことは，O≠D であるときに限り「可能」なこと

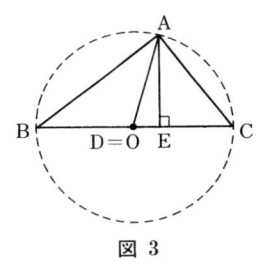

であるが，O=D である場合には，「不可能」なことである．点Oが作図のうえで表れた点であるから，O=D となることは十分ありうる．したがって，O=D の場合については，別に調べる必要がある．

解答 ── (例)の(∗)に続ける ──

(場合 1)　O≠D のとき；

　　弦 BC は線分 AF とは，点Dで交わっており，したがってOを通らないから，直径とはならない．一般に，円の中心Oと直径でない弦 BC の中点Dを結ぶと OD⊥BC となるから，　　AD⊥BC

　　したがって，DとEは一致するので，△ABC は AB=AC なる二等辺三角形である．

(場合 2)　O=D のとき；

　　弦 BC は D，すなわちOを通るので直径である．
　　よって，∠A=∠R なる直角三角形である (図 3)．

　　逆に，AB=AC なる二等辺三角形，または，∠A=∠R なる直角三角形に対し，題意の条件が成立する．

　　したがって，**AB=AC なる二等辺三角形，または，∠A=∠R なる直角三角形**　　……(答)

[コメント]　直角三角形に対する「逆」についての補足

　　図3において，

　　　　△ABC∽△EAC　　∴　∠ABC=∠EAC　……①

　　また，△OAB が OA=OB なる二等辺三角形であることから，

　　　　∠ABC=∠BAD　　　　　　　　　　……②

　　①，②より，　　∠BAD=∠EAC

図 3

§2 何を基準にして場合分けすると効果的かを考えよ

　身のまわりにはものを分離するための道具や機構がたくさんある．網，ざる，ふるいなどは小さなものを捨て大きいものだけを選び出す．コーヒーのフィルターはコーヒーの粉を液体から分離する．地下水がろ過されるのは地層がフィルターの役割りをしているからである．混合溶液を分類するために使われる遠心分離機は液体の密度の差を利用しているのである．

　与えられた集合の要素を分類するために，異なる基準を導入すれば異なる分類ができるのは当然である．すなわち，分類する際，思いつきで基準を導入するのではなく，**目的や用途にかなった分類基準**を導入することが肝要である．会社が新入社員を採用するとき，経理に向いた人を選ぶときと，セールスに向いた人を選ぶときと，コンピュータの技術者を選ぶときとでは，おのずと選定の基準が異なるはずである．まちがった尺度（基準）で選ぶ（分類する）と，とんでもない目にあうのである．数学でも，このことは同様で，分類するときは問題解決に最適な基準を導入するように心がけなければならない．

　メンデルが，かの有名な遺伝の法則をエンドウマメの分類によって発見したとき，その分類の基準はエンドウマメの大きさや質量ではなく，くびれや形に注目したことに起因した．前者の分類の基準は土壌の肥よくさや天候に多いに左右され，遺伝の法則を見抜くためには適したものではない．それにひきかえ，後者は目的達成のためにかなった基準であったと云える．

§2 何を基準にして場合分けすると効果的かを考えよ

[例題 3・2・1]
$S=\{1, 2, 3\}$ として,写像
$$f: S \to S$$
のうち,次の各条件をみたすものの個数をそれぞれ求めよ.
(1) $x \neq y$ である S のすべての要素 x, y に対して,$f(x) \neq f(y)$ となる.
(2) S のすべての要素 x に対して,$f(f(x))=x$ となる.
(3) S のすべての要素 x に対して,$f(f(x))=f(x)$ となる.

発想法

(2), (3) は,「排反な場合」に分けて,条件をみたす写像の個数を数えあげる.場合分けの際,各場合に対して本質的な相違を与える観点に着目し場合に分け,その結果,数えあげが容易になるようにしなければいけない.

(2) の $f(f(x))=x$ となるのには,次の2つのパターンがある.

(i) $f(x)=x$ となる場合
$$f(f(x))=f(x)=x$$
このような x を「不動点」とよぶ.

(ii) $f(x)=y, f(y)=x$ (ただし,$x \neq y$) となる場合
$$f(f(x))=f(y)=x$$

そこで,不動点の個数に着目して場合分けする.

解答 (1)

x	1	2	3
$f(x)$	☐	☐	☐

題意より,左の空欄に入る数字の組は,
「1, 2, 3 の順列」
であるから,
$$_3P_3 = 3! = \mathbf{6} \text{ (個)} \quad \cdots\cdots\text{(答)}$$

(2) 不動点の個数によって場合分けする.

(場合 1) 不動点が3個の場合
右の表より,1通り

(場合 2) 不動点が1個の場合
不動点以外の x, y ($x \neq y$) に対しては,
$$f(x)=y, f(y)=x$$
なる関係がある.
次ページの表より,3通り.
不動点が2個だったり,0個だったりということはありえない((注)参照)ので,

x	1	2	3
	↓	↓	↓
$f(x)$	1	2	3

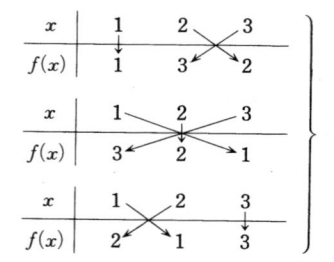

以上ですべての場合をつくした．
よって，求める写像の個数は，

$1+3=\mathbf{4}$(個) ……(答)

(3) $f(x)=y$ とおくと，
$$f(f(x))=f(x) \iff f(y)=y$$
$$\iff x \text{ の像 } y \text{ は不動点}$$

このことが，すべての $x\ (\in S)$ に対して成り立っている．すなわち，すべての x が，不動点(のうちの1つ)にうつされるわけである．したがって，不動点は少なくとも1つはなければならないことにもなる．

不動点の個数で場合分けすると，以下の3つの場合に分かれる．

(場合 1) 不動点3個

1通り

(場合 2) 不動点2個

たとえば，1と2が不動点なら，3は f によって，不動点である．1または2にうつらなければならない．したがって，不動点が2個であるような場合の数は，

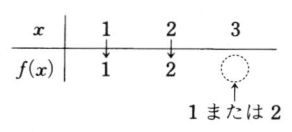

(2つの不動点の選び方)×(不動点でない点の行き先の選び方)=$_3C_2 \times 2$
$=6$(通り)

(場合 3) 不動点1個

たとえば，1が不動点の場合，2,3もともに，唯一の不動点である1にうつらざるをえない．したがって，この場合の「場合の数」は，

(1個の不動点の選び方)=3(通り)

不動点が0個ということはありえないので，以上ですべての場合がつくされており，求める写像の個数は，

$1+6+3=\mathbf{10}$(個) ……(答)

(**注**) (2)において，不動点でない点は，2個ずつ pair になって，$f(x)=y$, $f(y)=x$ ($x \ne y$) なる関係をみたし合うので，不動点でない点は，偶数個(0個または2個)でなければならない．したがって，不動点は3個または1個．

§2 何を基準にして場合分けすると効果的かを考えよ 165

〈練習 3・2・1〉

対数 $\log_a 9$ について、次の問いに答えよ。ただし、a は 2 以上の整数とする。

(1) 異なる a の値に対して $\log_a 9$ の整数部分が等しいとき、その小数部分は a の値の小さいほうが大きい。これを証明せよ。

(2) $\log_a 9$ の小数部分が最も大きいような a の値を求めよ。ただし、
$$\log_{10} 2 = 0.3010, \quad \log_{10} 3 = 0.4771$$
とする。

発想法

(2) は、$\log_a 9$ の整数部分が等しくなる a の値で分類すれば、(1) の結果によって各グループごとに小数部分を最大にする a を選ぶことができる。次に、選ばれた a の間で $\log_a 9$ の小数部分を比較する。

解答 (1) (証明)

$1 < a_1 < a_2$ のときに、
$$\log_{a_1} 9 > \log_{a_2} 9$$
であることを示せば十分である（そうすれば、整数部分が等しいときは、
$$(\log_{a_1} 9 \text{ の小数部分}) > (\log_{a_2} 9 \text{ の小数部分})$$
が自動的にいえることになる）。

$1 < a_1 < a_2$ の各辺の常用対数をとると、
$$0 < \log a_1 < \log a_2$$
だから、
$$\log_{a_1} 9 - \log_{a_2} 9 = \frac{\log 9}{\log a_1} - \frac{\log 9}{\log a_2}$$
$$\text{（底 }=10\text{ で底の変換）}$$
$$= \log 9 \cdot \left(\frac{1}{\log a_1} - \frac{1}{\log a_2} \right) > 0$$

よって、　　$\log_{a_1} 9 > \log_{a_2} 9$ 　（……①）

(2) $a = 3$ のときに、　$\log_a 9 = 2$

$a = 9$ のときに、　$\log_a 9 = 1$

となることと、① から、次のように「整数部分が等しくなるような場合分け」をして考えることができる。

なお、底の書かれていない対数は、常用対数とする。

(場合 1) $a = 2$ のとき、
$$\log_2 9 = \frac{2 \log 3}{\log 2} = \frac{0.9542}{0.3010}$$
$$\therefore \quad 3.17 < \log_2 9 < 3.18$$

(場合 2)　$a=3$ のとき
　　　$\log_3 9 = 2$　（小数部分は 0）
(場合 3)　$4 \leq a \leq 9$ のとき
　　(1) の ① までのことより，
　　　$1 = \log_9 9 \leq \log_a 9 < \log_3 9 = 2$
となり，$\log_a 9$ の整数部分は 1 である．したがって，その小数部分が最大となるのは，(1)の結果から，$a=4$ のときで，
　　　$\log_4 9 = \dfrac{2\log 3}{2\log 2} = \dfrac{0.4771}{0.3010}$　より，　　$1.58 < \log_4 9 < 1.59$
(場合 4)　$10 \leq a$ のとき，
　　$\log_a 9$ の整数部分は 0 で，小数部分が最大となるのは，(1)の結果より $a=10$ のときで，
　　　$\log_{10} 9 = 2\log 3$　より，　　$0.95 < \log_{10} 9 < 1$

　各場合の小数部分が最大となっているものどうしで比較すると，さらに整数 a ($a \geq 2$) 全体の中で，$\log_a 9$ の小数部分を最大とする a は，
　　　$a = 10$　　　……(答)
であることがわかる．

[例題 3・2・2]

aが2個，bが2個，cが2個，合計6個の文字がある．同じ文字が隣り合わないように1列に並べた順列を P とする．このとき，P の総数を求めよ．

発想法

P の初めの3文字（左側の3文字）は，
(i) 3個とも互いに異なる．
(ii) 両端のみ等しい．

のいずれかでなければならない．この2つの場合に分けて，それぞれ題意をみたす順列の個数を求める．

解答 （「発想法」に続ける）

(i) 初めの3文字が，互いに異なるとき，

初めの3個の文字が互いに異なれば，あとの3個の文字も互いに異なる．よって，求める P の個数は，異なる3個の文字を並べて得られる2つの順列を接続して得られる順列の全体（それらは，全部で $3!\times3!$ 通り）から，中央の2文字が一致する順列の全体（それらの個数を A とおく）を除いた個数である．すなわち，求める P の個数は，

$$3!\times3!-A$$

である．

そこで，次に A を求める．

中央の一致する2文字として何が入るかによって3通りの場合がえられる．

たとえば，中央の2文字がaのときに，初めの2文字としてb, cを入れる入れ方は2通り．終りの2文字としてb, cを入れる入れ方も2通りある（図1）．中央の2文字が，b, cのときも同様なので，

$$A=3\times2\times2=12$$

以上より，(i)のときの順列の個数は，

$$3!\times3!-A=36-12$$
$$=24 \text{[個]}$$

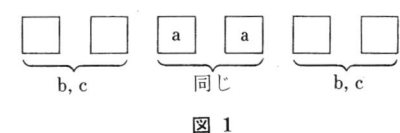

(ii) これをみたす順列は，

abacbc, acabcb, cacbab,
bcbaca, babcac, cbcaba

の6個である．

よって，P の総数は，

$$24+6=\mathbf{30}\text{[個]} \quad \cdots\cdots\text{(答)}$$

図1

〈練習 3・2・2〉

正方形のタイル n 枚 ($n \geq 2$) が 1 列に並べてある。l 色 ($l \geq 3$) の塗料のすべて，またはこのうちの何色かを用いて，この n 枚のタイルを塗るとき，

(i) 隣り合う 2 枚のタイルの色が異なるような塗り方を a_n 通り，

(ii) 隣り合う 2 枚のタイル，および両端の 2 枚のタイルの色が異なるような塗り方を b_n 通り

とする。このとき，a_n, b_n を求めよ。

発想法

$a_n = l(l-1)^{n-1}$ は容易に求めることができる。b_n については，(i) をみたす塗り方の中に，(ii) をみたす塗り方が含まれていることに着眼して $\{a_n\}$ と $\{b_n\}$ の関係を考える。

解答 a_n は，まず左端に塗る色として何を選ぶかによって，l 通りあり，左から 2 枚目のタイルは，左端のタイルと異なる $(l-1)$ 色の中から選ぶ。

以下，同様に，左から k 枚目のタイルを塗るときには，$(k-1)$ 枚目のタイルと異なる $(l-1)$ 色の中から選んで塗っていくことにより，

$$a_n = l(l-1)^{n-1} \quad \cdots\cdots(答)$$

$n \geq 3$ に対して，

$$a_n = b_n + \begin{pmatrix} n \text{ 枚のタイルの隣り合う 2 枚は異なる色だが，} \\ \text{両端の 2 枚が同色となる塗り方 (図 1) の個数} \end{pmatrix}$$

であり，右辺の第 2 項は，右端のタイルと右から 2 枚目 (左から $(n-1)$ 枚目) のタイルとが異なる色となるべきことから，左から $(n-1)$ 枚目までのタイルだけ見れば「両端が異なる色」となっているので，その総数は b_{n-1} である。

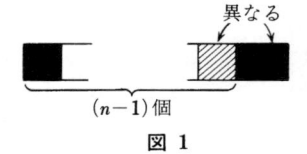

図 1

よって， $a_n = b_n + b_{n-1} \quad (n \geq 3)$

$a_n = l(l-1)^{n-1}$ より，

$$b_n + b_{n-1} = l(l-1)^{n-1}$$

両辺を $(l-1)^n$ で割り，$\dfrac{b_n}{(l-1)^n} = c_n$ とおくと，

$$c_n + \frac{c_{n-1}}{l-1} = \frac{l}{l-1} \quad (n \geq 3) \qquad \therefore \quad c_n = -\frac{1}{l-1}c_{n-1} + \frac{l}{l-1} \quad (n \geq 3)$$

$-\dfrac{1}{l-1} = p$ とおくと

$$c_n = pc_{n-1} + (1-p) \quad (n \geq 3)$$

$$\therefore \quad c_n - 1 = p(c_{n-1} - 1) = p^2(c_{n-2} - 1) = \cdots\cdots = p^{n-2}(c_2 - 1)$$

$b_2 = l(l-1)$ だから, $c_2 = \dfrac{b_2}{(l-1)^2} = \dfrac{l}{l-1}$

$\therefore\quad c_n = \left(-\dfrac{1}{l-1}\right)^{n-2}\left(\dfrac{l}{l-1}-1\right)+1 = (-1)^{n-2}\dfrac{1}{(l-1)^{n-1}}+1$

$\therefore\quad b_n = (-1)^{n-2}(l-1)+(l-1)^n \quad (n \geqq 3)$

この式の右辺は $n=2$ のとき, $l(l-1)$ となり, このときも正しいので,

$\boldsymbol{b_n = (-1)^{n-2}(l-1) + (l-1)^n \quad (n \geqq 2)}$ ……(答)

[コメント] b_n を求めるための漸化式をつくる際, 左から $(n-1)$ 枚目までのタイルの着色のしかたに着目して,

$b_n = (l-2)\underline{b_{n-1}} + (l-1)(\underline{a_{n-1} - b_{n-1}})$
$\qquad\qquad\ \uparrow \qquad\qquad\qquad \uparrow$
左端と左から $(n-1)$ 枚　左端と左から $(n-1)$ 枚
目のタイルの色が異なる　目のタイルの色が同じ

$\therefore\quad b_n = -b_{n+1} + (l-1)a_{n-1}$

$a_{n-1} = l(l-1)^{n-2}$ より, $\qquad b_n + b_{n-1} = l(l-1)^{n-1}$

としてもよい.

[例題 3・2・3] 平面上に，どの3点も同一直線上にはないように5点を配置するとき，それらの中のある4点を頂点とする凸四角形が必ず存在することを示せ．

[解答] 与えられた5点からなる集合の凸包を考える（平面上に n 本のくぎが打たれているとし，くぎの集合を T とする．外側から輪ゴムをはめてできる図形を T の**凸包**という）．

図1でいえば，T は○点の集合，T の凸包は破線で囲まれた領域である．

凸包の形は，三角形，四角形，五角形の3つの場合が考えられる．

$n=9$ の場合の凸包
図 1

(場合 1) 凸包が四角形のときは，その四角形によって題意はみたされる（図 2）．

(場合 2) 凸包が五角形のときは，5点のうちから任意に4点を選べば，凸四角形の4頂点になる．

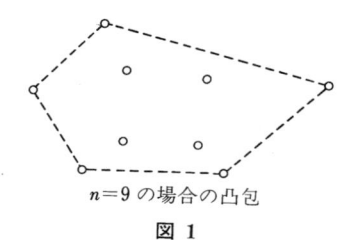

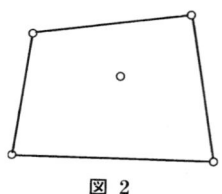

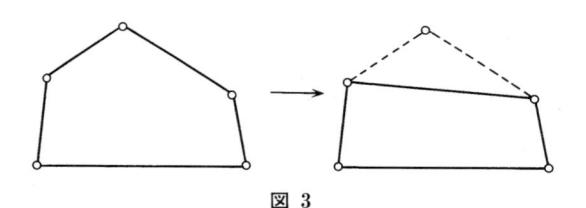

図 2

図 3

(場合 3) 凸包が三角形のとき，凸包の三角形の内部には残りの2点が含まれている．これら2点を結ぶ直線は，凸包の三角形の2つの辺と交わる．交わらなかった1辺の両端の2点と内部の2点は凸四角形の4頂点になる（図 4）．

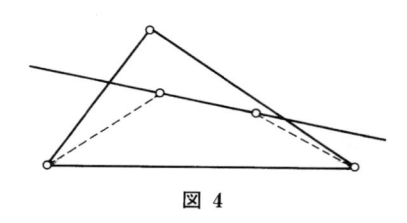

図 4

以上により，すべての場合について証明は完結した．

[コメント] この美しい定理は，1931年，ハンガリーの女流数学者のエステ・クラインによって発見された．

上述の例題において，5点を9点に変えれば凸五角形が必ず存在することが知られている．

[例題 3・2・4]

白紙に1辺の長さ3の正三角形を描き，1辺の長さ1の正三角形9個に区分けし，1から9までの番号をつける（図1）．9個の小正三角形の中から，無作為に3個を選んで赤く塗る．このとき，次の(a), (b)の確率についての問いに答えよ．

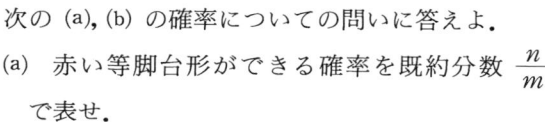

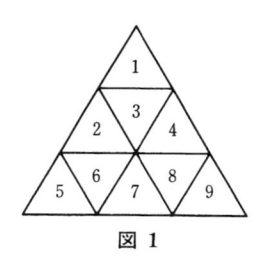

(a) 赤い等脚台形ができる確率を既約分数 $\dfrac{n}{m}$ で表せ．

(b) 赤い等脚台形も，ひし形もできない確率を既約分数 $\dfrac{q}{p}$ で表せ．

図1

発想法

確率の問題のうち，本問は，場合の数を実際に数えることに帰着させる問題であるから，排反な場合分けをして，各場合ごとに，適する等脚台形の個数を数えていくことになる．(a)では，等脚台形の"上底（△△）"となりうる辺をすべて太線で図に描き込んでいけばよい．

与えられた図1に対して，図3における各太線分は，たとえば，図2にみるように，「1本の太線分に対し，等脚台形がただ1つ，そして必ずきまる」ことを確認しながら描き込んだものである．また，異なる太線分に対しては，異なる等脚台形が対応することも確かめられるので，最終的に得られた図に，太線分が何本あるか数えればよい．

図2

[解答] (a) 9個の小正三角形から，3個選んで赤く塗る塗り方の数は $_9C_3 = 84$ 通り．このうち，等脚台形になるのは，図3の各太線分が，平行な2辺のうちの短いほう（△△）となる場合である．12本分のおのおのに対し，ただ1つの等脚台形が対応するので，計12個の等脚台形がつくられる．

これより求める確率は，$\dfrac{12}{84} = \dfrac{1}{7}$ ……(答)

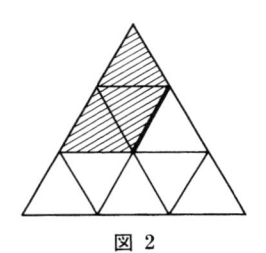

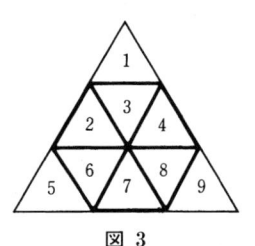

図3

(b) 赤い等脚台形も，ひし形もできない塗り方を直接数えていくよりは，9個から3個選んで塗る総数84から，"赤い等脚台形または，ひし形ができる塗り方の個数" N をひいたほうが楽である．このとき注意すべきことは，ひくものの個数(N)を，

　　(赤い等脚台形ができる塗り方の個数)
　　＋(赤いひし形ができる塗り方の個数)……(＊)

としては，いけないことである．赤い等脚台形は，必ずひし形を含んでいる（▱）ので，ひし形ができる塗り方において，等脚台形ができる塗り方を重複して数えてしまうことになるからである(注)．したがって，

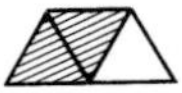

　　$N＝$(赤い等脚台形の塗り方の個数)
　　＋(赤いひし形ができ，かつ，等脚台形とならない塗り方の個数) ……(＊＊)

としなければならない．(＊＊)において，前者は，(1)において12個とわかっている．そこで，後者の場合の数を数えていこう．

ひし形をどこにとるかで，2つの場合に分ける．

(場合1) 1, 3 ; 5, 6 ; 9, 8 のいずれかによって，ひし形が構成される場合．

　まず，1, 3 の場合を考えよう(図5)．このとき，もう1つの小正三角形として，赤く塗れる位置は，5, 6, 7, 8, 9 のいずれかであり，計5通り．5, 6 ; 9, 8 によってひし形をつくったときもまったく同様に5通りずつあり，全体として，5×3＝15 (通り) の塗り方がある．

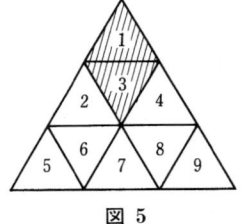

(場合2) 2, 3 ; 4, 3 ; 2, 6 ; 7, 6 ; 4, 8 ; 7, 8 のいずれかによってひし形が構成されている場合．

　まず，2, 3 の場合(図6)には，もう1つの小正三角形として赤く塗れるのは 5, 7, 8, 9 の4通り．他の場合も同様にして，4通りずつで計 4×6＝24 (通り)．

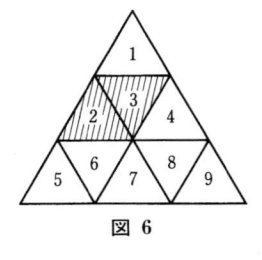

以上すべての塗り方の中には，重複して数えられているものはないので，結局，(場合1)，(場合2)によって"赤いひし形ができ，かつ，等脚台形とならない塗り方の個数"は，15＋24＝39 (通り) ある．したがって，

　　$N＝12＋39＝51$

よって，求める確率は，

$$1-\frac{51}{84}=\frac{33}{84}=\mathbf{\frac{11}{28}}$$
　　　　　　　　……(答)

(**注**) 逆に，この事実に着眼して，
  $N = ($赤いひし形ができる塗り方の個数$)$
として求めることも可能である．ただし，このときにも注意が必要である．すなわち，N を，

$$\begin{pmatrix} 赤いひし形として塗る2つの小正 \\ 三角形の選び方の個数 \end{pmatrix} \times \begin{pmatrix} 残りの1つの小正三角形 \\ の選び方の個数 \end{pmatrix} \quad \cdots\cdots(*)'$$

としてはいけないことである．この数え方では，たとえば，2，3，4 からなる赤い等脚台形(図7)は，
  赤いひし形として 2, 3 を選んだ場合(図8)
と，
  赤いひし形として 3, 4 を選んだ場合(図9)
とで重複して数えられてしまうからである．そこで，この重複分を差し引かなければならないが，$(*)'$ において，各等脚台形が2回ずつダブって数えられていることに着目して，$(*)'$ から，各等脚台形のできる塗り方を1回分ずつ差し引くことを考えて，

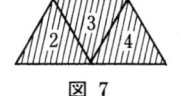

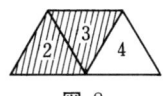

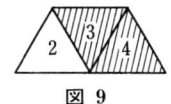

  $N = (*)' - ($赤い等脚台形のできる塗り方の個数$(=12))$

によって求めればよい．$(*)'$ の (赤いひし形として塗る2つの小正三角形の選び方の個数) を数える際に，やはり「対応づけ」によってうまく数えることを考える．

ひし形の長さ1の対角線(図10の太線分)となりうる辺は，図11の太線分の本数，つまり9本あり，このおのおのに対し，ひし形がただ1つ，必ず定まるので，ひし形のつくり方は9通り．ひし形の選び方のおのおのに対して，もう1つの小正三角形を赤く塗る塗り方は7通りである．

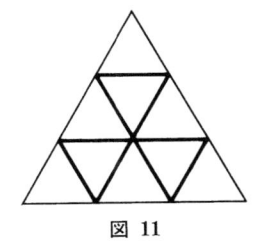

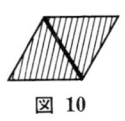

よって，
  $(*)' = 9 \times 7 = 63$
したがって，
  $N = 63 - 12 = 51$
よって，求める確率は，
  $1 - \dfrac{51}{84} = \dfrac{33}{84} = \dfrac{\mathbf{11}}{\mathbf{28}}$ ……(答)

〈練習 3・2・3〉

正三角形の3辺の n 等分点を辺に平行な線分で結んでできる右のような図形において，正三角形は大小合わせて計いくつあるか．n が奇数の場合について求めよ．

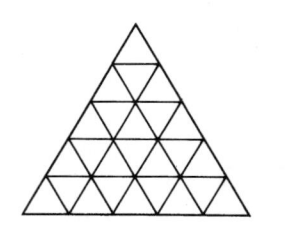

発想法

たとえば，$n=5$ の場合について考えてみよう．このときまず，1辺の長さ m の"安定（△型）"正三角形の個数（$△_m$ とおく）を数えることを考えよう．各正三角形に対し，「上側の頂点（図1(a), (b) の・印など）」を対応させて，「上側の頂点」となりうる点に・印を記入していったものが図2(a), (b) である．

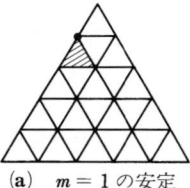

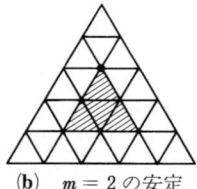

(a) $m=1$ の安定三角形の1つ
(b) $m=2$ の安定三角形の1つ
(a) $m=1$ の安定三角形の「上側の頂点」となりうる点
(b) $m=2$ の安定三角形の「上側の頂点」となりうる点

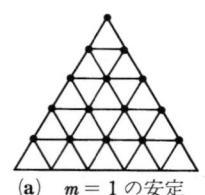

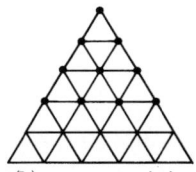

図1　　　　　　　　　図2

各 m ($1 \leq m \leq 5$) に対し，1辺の長さ m の安定三角形の一つひとつと，・印の一つひとつが1対1に対応することを考えると，

$△_1 =$（図2(a) の・の個数）$= 1+2+3+4+5$
$△_2 =$（図2(b) の・の個数）$= 1+2+3+4$

となる．また，1辺の長さ m の"不安定（▽型）"正三角形は，$m=1, 2$ なるもののみ存在して（図を描けばわかる．一般には，$1 \leq m \leq \dfrac{n-1}{2}$），その個数 $▽_m$ は，図4を参照して，

$▽_1 =$（図4(a) の・の個数）$= 1+2+3+4$
$▽_2 =$（図4(b) の・の個数）$= 1+2$

となる．

以上の式を参考にして，一般の m, n についての式が得られる．

図 3 (a) $m=1$ (b) $m=2$

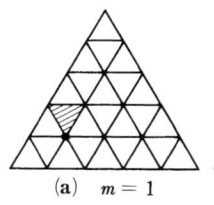

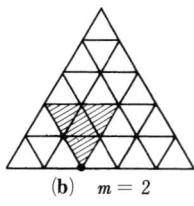

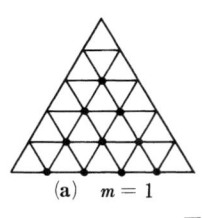

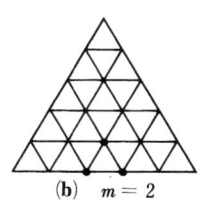

図 4 (a) $m=1$ (b) $m=2$

[解答] $\triangle, \nabla, \triangle_m, \nabla_m$ をそれぞれ,

$\triangle$; 安定($\triangle$型)正三角形の総数

∇; 不安定(∇型)正三角形の総数

$\triangle_m$; 1辺の長さ m の安定正三角形の総数

∇_m; 1辺の長さ m の不安定正三角形の総数

とおく．求める総数 T は,

$$T=\triangle+\nabla=\sum_{m=1}^{n}\triangle_m+\sum_{m=1}^{\frac{n-1}{2}}\nabla_m \quad \cdots\cdots ①$$

である．

$\triangle_m=1+2+\cdots\cdots+(n-m+1)$

$\quad =\dfrac{1}{2}(n-m+1)(n-m+2)$

$\nabla_m=1+2+\cdots\cdots+(n-2m+1)$

$\quad =\dfrac{1}{2}(n-2m+1)(n-2m+2)$

であるから,

$\triangle=\sum_{m=1}^{n}\triangle_m$

$\quad =\dfrac{1}{2}\sum_{m=1}^{n}(n-m+1)(n-m+2)$

$\quad =\dfrac{1}{2}\sum_{k=1}^{n}k(k+1)\quad (n-m+1=k$ とおいた$)$

$\quad =\cdots\cdots$

$\quad =\dfrac{1}{6}n(n+1)(n+2)$

$\nabla=\sum_{m=1}^{\frac{n-1}{2}}\nabla_m$

$\quad =\dfrac{1}{2}\sum_{m=1}^{\frac{n-1}{2}}(n-2m+1)(n-2m+2)$

$\quad =\sum_{k=1}^{N}k(2k+1)\quad \left(\begin{array}{l}n-2m+1=2k, \dfrac{n-1}{2}=N \text{ とおいた．このとき, } 2k=n-1, \\ n-3, \cdots\cdots, 4, 2 \text{ となり, } k=1, 2, \cdots\cdots N-1, N \text{ である}\end{array}\right)$

$\quad =\cdots\cdots\cdots\cdots$

$$= \frac{1}{6}N(N+1)(4N+5)$$
$$= \cdots\cdots$$
$$= \frac{1}{24}(n-1)(n+1)(2n+3)$$

以上より,

$$J = \triangle + \triangledown = \cdots\cdots = \frac{1}{8}(n+1)(2n^2+3n-1) \qquad \cdots\cdots \text{(答)}$$

($n=1, 3$ で確かめてみよ.)

第4章　上手な場合分けのしかた

　上手な分類・場合分けがいかに重要であるかを無機定性分析の話題から一例をひろって紹介しましょう．

　与えられた混合溶液の中に，どんな金属イオンが含まれているのか調べたり，それら各種イオンを分離したいときがある（水道水や下水の水質調査など）．このための方法の1つとして，以下の無機定性分析法がある．

　問題の試料に含まれている可能性のある金属イオンが，Ag^+, Cu^{2+}, Cd^{2+} など，計17種類であるとする．これらのイオンを第1属から第6属まで6つの属に分類しよう．そのためには，次ページの表1, 2のような操作で分ける．

　たとえば，試料（混合溶液）に塩酸 HCl を加えて，白色沈殿が生じたとすれば，もとの試料には第1属（Ag^+）が含まれていることがわかり，さらにろ過後のろ液には第1属のイオンは含まれていない．次に，このろ液に H_2S を吹き込む．沈殿が生じなかったら，第2属（Cu^{2+}, Cd^{2+}）は含まれていなかったことになる．

　このように，性質の類似した金属イオンをまとめていくつかのグループとして大別し，さらに分離検出する操作を行うのが普通である．グループに大別する操作を分属という．分属をする理由は2つある．1には，多くの金属元素が共存する場合には互いに検出確認を妨害することがあることがあげられる．

　また，ここでは簡単のため，分析の対象とする陽イオンを17種類としたが，一般に天然物で工業製品に含まれる金属元素は約30種類，特殊なものも含めれば約60種類もある．いちいち60回もの操作を行っていてはたいへんな労力と試薬を必要とするし，試料も多量に用意しておかなければならない．試料によっては，少量しか入手できないこともある．これが2つ目の理由である．

　この例により，上手にグループ分けしながら定性分析を行わなければならないことが理解できたことでしょう．数学の問題を解くときにも事情はまったく同じです．本章では上手な場合分けについて掘り下げて勉強することにしましょう．

178　第4章　上手な場合分けのしかた

表1

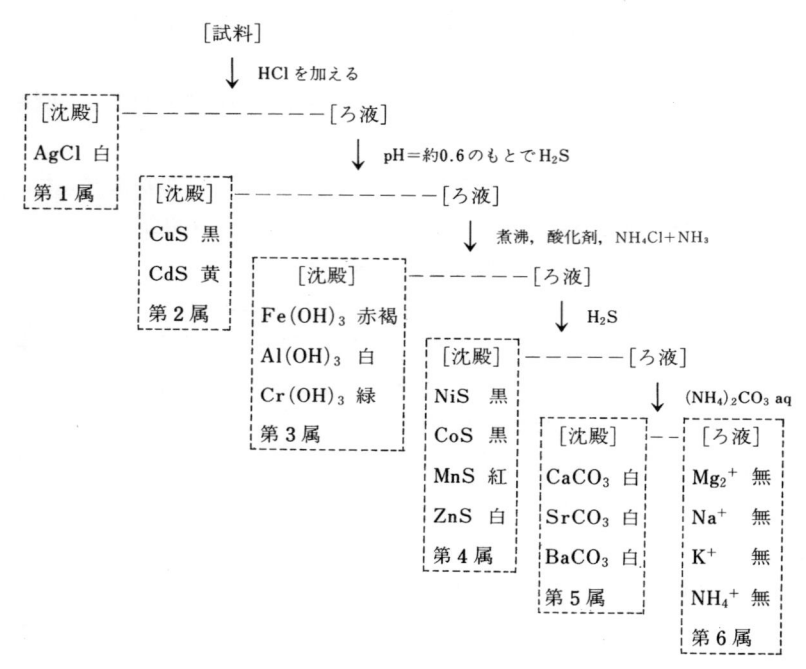

```
                      [試料]
                        ↓ HClを加える
  ┌─────┐
  │[沈殿]│─ ─ ─ ─ ─ ─ ─ [ろ液]
  │AgCl 白│              ↓ pH=約0.6のもとでH₂S
  │第1属 │  ┌─────┐
  └─────┘  │[沈殿] │─ ─ ─ ─ ─ ─ [ろ液]
            │CuS 黒│              ↓ 煮沸, 酸化剤, NH₄Cl+NH₃
            │CdS 黄│  ┌─────────┐
            │第2属 │  │[沈殿]     │─ ─ ─ ─ [ろ液]
            └─────┘  │Fe(OH)₃ 赤褐│          ↓ H₂S
                      │Al(OH)₃ 白 │  ┌─────┐
                      │Cr(OH)₃ 緑 │  │[沈殿]│─ ─ ─ ─ [ろ液]
                      │第3属      │  │NiS 黒│          ↓ (NH₄)₂CO₃ aq
                      └─────────┘  │CoS 黒│  ┌──────┐
                                    │MnS 紅│  │[沈殿]  │─ ─ [ろ液]
                                    │ZnS 白│  │CaCO₃ 白│   Mg²⁺ 無
                                    │第4属 │  │SrCO₃ 白│   Na⁺  無
                                    └─────┘  │BaCO₃ 白│   K⁺   無
                                              │第5属   │   NH₄⁺ 無
                                              └──────┘   第6属
```

表2

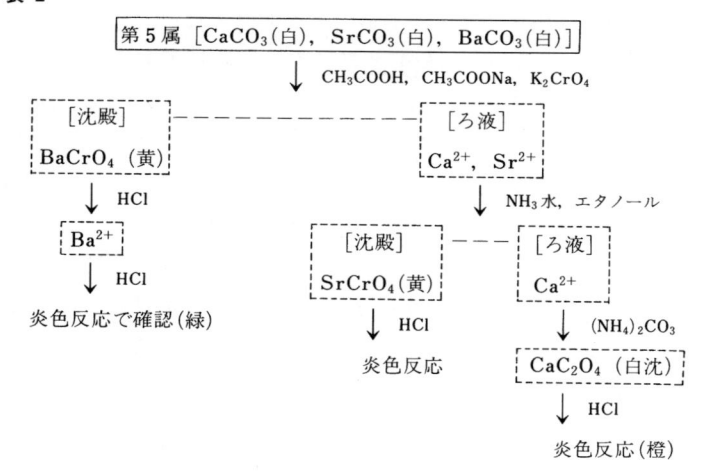

```
          第5属 [CaCO₃(白), SrCO₃(白), BaCO₃(白)]
                         ↓ CH₃COOH, CH₃COONa, K₂CrO₄
  ┌─────────┐
  │[沈殿]     │─ ─ ─ ─ ─ ─ ─ ─ ─ [ろ液]
  │BaCrO₄ (黄)│                    Ca²⁺, Sr²⁺
  └─────────┘                         ↓ HCl                    ↓ NH₃水, エタノール
      ↓ HCl                    ┌─────────┐       
    Ba²⁺                       │[沈殿]     │─ ─ ─ [ろ液]
      ↓ HCl                    │SrCrO₄(黄) │       Ca²⁺
  炎色反応で確認(緑)              └─────────┘         ↓ (NH₄)₂CO₃
                                    ↓ HCl         CaC₂O₄ (白沈)
                                  炎色反応             ↓ HCl
                                                   炎色反応(橙)
```

§1 やさしい場合から証明を始め，すでに証明済みの結果を利用せよ（山登り法）

　場合分けの効用については章序文ですでに述べたが，それを要約すると，1つの難問をいくつかの部分に分割してみると，各部分の本質に焦点が自然と合わせられ，結果的に難問を容易に解決することができることであった．では，どのようにすればそのような効果が期待できる場合分けを行うことが可能になるのかについて本節で解説する．

　"全称命題を証明せよ"と要求されている難問に挑戦するときは，いっきにそれを解決しようなどと試みないで特別なやさしい場合から手始めに証明を開始するとよい．やさしい場合だけできれば部分点がもらえるなんて"せこい"ことをいっているのではない．やさしい場合だけでも次々と処理していけば，残った場合がその問題の根幹であることになる．すなわち，枝葉の生い茂った樹木でたとえるなら，枝葉をすべて苅り取ってしまえば重要な幹が目前に見えてくるということである．その結果，何をなせばよいかがおのずと判断できるようになり，全面解決に至るのである．私は，この場合分けを**"やさしい場合から手っとり早く片付ける方法"**とよんでいる．この場合分けを開始したときに，つねに念頭においておかなければならないことがある．それは，"すでに証明済みの場合の結果を次の場合に利用できないか"ということである．すなわち，場合1の結果を利用して場合2を証明し，場合2の結果を利用して場合3を証明し，……というふうに証明を階層的につくりあげることができることがしばしばあるからである．

　このような階層的な場合分けは，**"山登り法"**とよばれている．この方法による解答は，一般に極めてエレガントなものになる．というのは，やさしい場合だけ証明し，残りの一見難しそうな場合はすべてやさしい場合に帰着させてしまうので，実質的には何ら難しい部分の処理はしないですむことになるからである．この"山登り法"がつかいこなせるようになれば，君は場合分けのエキスパートである．

[例題 4・1・1]

有理数で定義された実数値関数 $f(x)$ が,すべての有理数 x, y に対して,
$$f(x+y)=f(x)+f(y) \quad \cdots\cdots(*)$$
をみたしているとする.このときすべての有理数 x に対して,
$$f(x)=f(1)\cdot x \quad \cdots\cdots(\star)$$
であることを証明せよ.

発想法

有理数というのは,$\dfrac{m}{n}$ (m, n は適当な整数,$n \neq 0$) なる形で表せる数のことである.このような問題が与えられたときは,$(*)$ の x, y に具体的な値を代入することによって,$(*)$ なる条件をどのように活かせば $(\star)$ が示せるか,という証明の方針を見いだすことを試みるべきである.具体的な値としては,まず,有理数の中でもとくに簡単なもの,すなわち,われわれの日常生活に最も関係のある自然数を代入してみよう.「やさしい場合から解決する」というのがこの章のスローガンであり,また,問題解決の基本的姿勢である.山登り法による証明が書ける人は,その裏で「やさしい場合から試して」いるのである.自然数の中でも,小さい数のほうが,さらに扱いやすい.考えうる式変形が限られてくるからである.

$(*)$ において,$x=y=1$ とすれば,$f(1+1)=f(1)+f(1)$,すなわち,$f(2)=f(1)\cdot 2$ となり,確かに $(\star)$ は成り立つ.$x=1, y=2$ とすれば,$(f(3)=) f(1+2)=f(1)+f(2)$

ここで,すでに調べた $f(2)=f(1)\cdot 2$ ($f(1)$ が 2 個) を用いれば,$f(3)=f(1)+f(1)\cdot 2=f(1)\cdot 3$ ($f(1)$ が 3 個) が示せる.どうやら,自然数に関しては,数学的帰納法をつかって $(\star)$ が示せそうであるが,この考察をさらに一般化して,
$$f(x_1+x_2+\cdots\cdots+x_n)=f(x_1)+f(x_2)+\cdots\cdots+f(x_n) \quad \cdots\cdots(**)$$
を帰納法で示してしまっておくと後々も都合がよい(帰納法の第 1 段階,$n=1$ の場合については,$(*)$ をつかうまでもなく,$(**)$ の $f(x_1)=f(x_1)$ は真である).しかし山登り法を知らないと自然数の場合しか示せないで終わってしまう.

【証明】 まず,条件 $(*)$ はさらに,
$$\underbrace{f(x_1+x_2+\cdots\cdots+x_n)}_{n\text{個}} = \underbrace{f(x_1)+f(x_2)+\cdots\cdots+f(x_n)}_{n\text{個}} \quad \cdots\cdots(**)$$
と表すことができることを,n に関する帰納法で示しておく.

$n=1$ の場合は,明らかである.

$n=k$ (k は自然数)のときに $(**)$ が成立すると仮定すると,$n=k+1$ のときも,
$$f(x_1+x_2+\cdots\cdots+x_k+x_{k+1})$$

§1 やさしい場合から証明を始め，すでに証明済みの結果を利用せよ（山登り法）

$$= f(x_1 + x_2 + \cdots\cdots + (x_k + x_{k+1}))$$
$$= \underbrace{f(x_1) + f(x_2) + \cdots\cdots + f(x_k + x_{k+1})}_{k\text{ 個}} \quad \text{（帰納法の仮定より）}$$
$$= f(x_1) + f(x_2) + \cdots\cdots + f(x_k) + f(x_{k+1}) \quad ((*)\text{ より})$$

となり，(∗∗) が成り立つ．(∗) および (∗∗) を用いて，与えられた命題を次のように場合分けして解く．

(場合 1) x が自然数のとき，

$$x = \underbrace{1 + 1 + \cdots\cdots + 1}_{x\text{ 個}} \text{ であるから，(∗∗) により，}$$

$$f(x) = f(1 + 1 + 1 + \cdots\cdots + 1) = \underbrace{f(1) + f(1) + \cdots\cdots + f(1)}_{x\text{ 個}}$$
$$= f(1) \cdot x$$

したがって，x が自然数である場合に，(☆) が示された．

(場合 2) $x = 0$ のとき，

示すべきことは，

$f(0) = f(1) \cdot 0$ すなわち，$f(0) = 0$ である．

(∗) に $x = y = 0$ を代入して，

$f(0+0) = f(0) + f(0)$
$f(0) = 2 \cdot f(0)$
$(2-1)f(0) = 0 \quad \therefore \quad f(0) = 0$

よって，$x = 0$ についても，(☆) が成立する．

(場合 3) x が負の整数のとき，

各 x を，$-n$（n は自然数）の形で表す．

$0 = n + (-n)$

であるから，(∗) により，

$f(0) = f(n + (-n)) = f(n) + f(-n)$

(場合 1), (場合 2) の結果を用いると，

$0 = f(1) \cdot n + f(-n)$
$\therefore \quad f(-n) = -f(1) \cdot n$
$\therefore \quad f(-n) = f(1) \cdot (-n)$

したがって，この場合にも，(☆) が示された（以上より，すべての整数 x に対して，(☆) は成り立つことが示された）．

(場合 4) x が自然数の逆数，すなわち，$x = \dfrac{1}{n}$（n は自然数）と表せるとき，

$$1=\underbrace{\frac{1}{n}+\frac{1}{n}+\cdots\cdots+\frac{1}{n}}_{n\text{個}}$$

であるから，(**)により，

$$f(1)=f\left(\frac{1}{n}+\frac{1}{n}+\cdots\cdots+\frac{1}{n}\right)=\underbrace{f\left(\frac{1}{n}\right)+f\left(\frac{1}{n}\right)+\cdots\cdots+f\left(\frac{1}{n}\right)}_{n\text{個}}=f\left(\frac{1}{n}\right)\cdot n$$

$$\therefore\quad f\left(\frac{1}{n}\right)=f(1)\cdot\frac{1}{n}$$

(場合 5)　$x=-\dfrac{1}{n}$ （n は自然数）と表せるとき，

$$0=\frac{1}{n}+\left(-\frac{1}{n}\right)$$

であるから，(*)により，

$$f(0)=f\left(\frac{1}{n}+\left(-\frac{1}{n}\right)\right)=f\left(\frac{1}{n}\right)+f\left(-\frac{1}{n}\right)$$

(場合 2), (場合 4) の結果を用いると，

$$0=f(1)\cdot\frac{1}{n}+f\left(-\frac{1}{n}\right)\quad\therefore\quad f\left(-\frac{1}{n}\right)=-f(1)\cdot\frac{1}{n}$$

$$\therefore\quad f\left(-\frac{1}{n}\right)=f(1)\cdot\left(-\frac{1}{n}\right)$$

(場合 6)　$x=\dfrac{m}{n}$ （m, n は整数，$n\neq 0$）の場合

$x>0$ のときには，$m, n>0$，また，$x<0$ のときには，$m>0, n<0$ として考えてよい．このとき，

$$\frac{m}{n}=\underbrace{\frac{1}{n}+\frac{1}{n}+\cdots\cdots+\frac{1}{n}}_{m\text{個}}$$

であるから，(**)によって，

$$f\left(\frac{m}{n}\right)=f\underbrace{\left(\frac{1}{n}+\frac{1}{n}+\cdots\cdots+\frac{1}{n}\right)}_{m\text{個}}=f\left(\frac{1}{n}\right)\cdot m$$

さらに，(場合 4) ($n>0$ のとき), (場合 5) ($n<0$ のとき) の結果を用いて，

$$f\left(\frac{1}{n}\right)\cdot m=\left(f(1)\cdot\frac{1}{n}\right)\cdot m=f(1)\cdot\frac{m}{n}$$

以上より，すべての有理数 x に対して，$f(x)=f(1)\cdot x$ であることが示せた．

[コメント]　$f(1)=m$ とおけば，$y=f(x)=mx$ （y は x に正比例）となる．さらに $f(x)$ の連続性が仮定されれば，$y=f(x)$ のグラフは原点を通る直線であるが，厳密な証明は割愛する．

─〈練習 4・1・1〉─

p を素数とする．このとき，すべての整数 a に対して，$a^p - a$ は p でわりきれることを証明せよ．

発想法

まず，$a = 0, 1$ のときは，$a^p - a = 0$ だから，「やさしい場合」である．次に，a を正の整数に限ってしまえば，a に関する帰納法が考えられるから，この場合も，「やさしい場合」といえる．残るは，$a < 0$ の場合であるが，$a > 0$ の場合についての結果を利用することができる．

【証明】 以下の証明中で見やすくするために記号 $|$ は，
$$a \mid b \iff a \text{ は } b \text{ の約数}$$
の意味としてつかい，また p は任意の素数とする．

(場合 1) $a \geq 0$ のとき，

まず，$a = 0, 1$ の場合には，
$$a^p - a = 0$$
であり，0 は p でわりきれるから，命題は成り立つ．

次に，すべての正整数に対しても命題が成り立っていることを，帰納法で示す．

$a = 1$ の場合は，上で示したとおりである．次に，ある正整数 a に対して，命題が真であると仮定して，これを利用し，$a + 1$ の場合にも真であることを示す．すなわち，
$$p \mid a^p - a \quad \cdots\cdots (*)$$
と仮定して，
$$p \mid (a+1)^p - (a+1)$$
を示す．帰納法の仮定 (*) を考慮すれば，
$$p \mid \{(a+1)^p - (a+1)\} - (a^p - a) \quad \cdots\cdots ①$$
$$\therefore \quad p \mid (a+1)^p - a^p - 1 \quad \cdots\cdots ①'$$
を示せば十分．

二項定理より，
$$(a+1)^p = {}_pC_0 a^p + {}_pC_1 a^{p-1} + {}_pC_2 a^{p-2} + \cdots\cdots + {}_pC_{p-1} a + {}_pC_p$$
${}_pC_0 = {}_pC_p = 1$ だから，
$$(a+1)^p = a^p + {}_pC_1 a^{p-1} + {}_pC_2 a^{p-2} + \cdots\cdots + {}_pC_{p-1} a + 1$$
$$\therefore \quad (a+1)^p - a^p - 1 = {}_pC_1 a^{p-1} + {}_pC_2 a^{p-2} + \cdots\cdots + {}_pC_{p-1} a \quad \cdots\cdots ②$$
したがって，この式の右辺が p でわりきれることを示せばよい．

ここで，$1 \leq k \leq p-1$ なる任意の整数 k に対して，
$${}_pC_k = \frac{p(p-1)(p-2)\cdots\cdots(p-k+1)}{k!}$$

すなわち， $\ _pC_k \cdot k! = p(p-1)(p-2)\cdots(p-k+1)$ ……③

を考える．③の右辺は，p でわりきれる．したがって，左辺も p でわりきれなければならない．k が p より小さいことと，p が素数であることから，p は $k!$ の約数とは，なりえないので，$\ _pC_k$ の部分が p でわりきれる．すなわち，

$p \mid \ _pC_k$

これが，$1 \leq k \leq p-1$ なる任意の整数 k に対して成り立っているので，②の右辺のどの項も p でわりきれ，したがって，②の左辺も p でわりきれる．よって，①' の成立が示せた．

以上より，0 および正の整数に対して，命題が真であることが示せた．

(場合 2) $a<0$ のとき，

素数 p が 2 の場合には，

$a^p - a = a^2 - a = a(a-1)$

a と $a-1$ は，連続する 2 整数なので，少なくとも一方は偶数である．したがって，

$2 \mid a(a-1) \Longleftrightarrow 2 \mid a^2-a$

素数 p は，$p \neq 2$ ならば奇数であり，この場合には，任意の負の整数 a を，$-a'$ (a' は正の整数) と書くことにより，

$a^p - a = (-a')^p - (-a)$
$\quad = -a'^p + a'$
$\quad = -(a'^p - a')$

a' は正の整数だから，(場合 1) の結果により，

$p \mid a'^p - a' \Longleftrightarrow p \mid -(a'^p - a')$
$\qquad\qquad \Longleftrightarrow p \mid a^p - a$

以上より，すべての整数 a に対して，命題が真であることが示された．

(**注**) 実は，①'すなわち①の成立を示すことにより，

$p \mid a^p - a \quad\Longrightarrow\quad p \mid (a+1)^p - a^p - 1$ ……④
$p \mid (a+1)^p - (a+1) \quad\Longrightarrow\quad p \mid a^p - a$ ……⑤

の両方がいえている．以下の議論をわかりやすくするために⑤については a の代わりに，$a-1$ と書いた

$p \mid a^p - a \quad\Longrightarrow\quad p \mid (a-1)^p - (a-1)$ ……⑤'

を考えよう．$a \geq 1$ なる a に対しては，$a=1$ の場合の成立より，④により帰納法によって命題が示せるのは解答のとおりである．さらに，$a \leq 0$ なる a に対しても，実は，$a=0$ での成立より，⑤' によって，$a=0 \longrightarrow a=-1 \longrightarrow a=-2 \longrightarrow \cdots$ の順に，やはり帰納的に示せることになる．

§1 やさしい場合から証明を始め，すでに証明済みの結果を利用せよ（山登り法）　185

[例題 4・1・2]

(1) 6人の人が集まれば，その中には必ず互いに知り合いである3人がいるか，あるいは，互いに知り合いでない3人がいるかのいずれか，少なくとも一方が成り立つことを証明せよ．

ただし，「3人が互いに知り合いである」とは，その中でどの2人も互いに知り合いであることを意味する．

(2) (1)の結果が利用できるように場合分けをして，次のことを証明せよ．

9人の人が集まれば，その中には必ず互いに知り合いである4人がいるか，あるいは，互いに知り合いでない3人がいるかのいずれか，少なくとも一方が成り立つ．

ただし，「4人が互いに知り合いである」とは，その中のどの2人も互いに知り合いであることを意味する．

発想法

(2)を(1)の結果をうまく利用して解く，となるとまず，9人のうちの「ある6人」に着目することを考える．

(1),(2)とも知り合い関係を視覚的にとらえることができるよう，6人(9人)の人を6個(9個)の点で表し，互いに知り合いである2人に該当する2点を実線で，互いに知り合いでない2人に該当する2点を破線で結ぶことにより，得られるグラフを利用する．このとき示すべき事実は，次のようにいい換えられる．

(1)′ 円周上に6点を配置し，各点どうしを実線または破線で任意に結んだとき（すなわち，「任意の知り合い関係に対して」），実線からなる三角形（その3つの頂点が「互いに知り合いである3人」）が存在するか，あるいは，破線からなる三角形（3つの頂点が「互いに知り合いでない3人」）が存在するかの少なくとも一方が成り立つ（図1）．

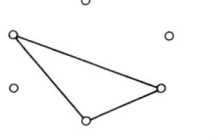

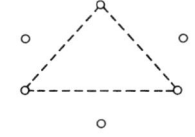

図 1

(2)′ 円周上に9点を配置し，各点どうしを実線または破線で，任意に結んだとき，実線からなる，対角線をもつ四角形が存在するか，破線からなる三角形が存在するかの，少なくとも一方が成り立つ（図2）．

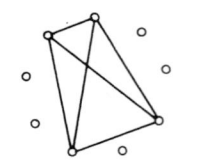

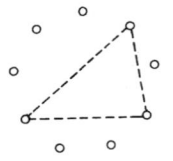

図 2

では，(2) でまず着目すべき 6 点 (6 人) をどのように選べばよいかを考えてみよう．(1) の事実より，いかなる 6 点に着目しても，それらを結ぶ線分による実線からなる三角形が存在するか，破線からなる三角形が存在するのであるが，後者の場合には題意が示せていることになる．前者の場合，実線（図 3 では太線部分）からなる三角形の 3 頂点のすべてと，実線（図 3 では細実線）で結ばれている点が存在すれば ((1) を考慮すれば，そのような点を ⌬ の外に期待すべきである) よいのであるが，⌬ 内のどの 3 点が「実線三角形の 3 頂点」となるかは，わからないので，⌬ 内のどの 6 点とも実線で結ばれている点が存在すれば十分である．否，正しくは，実線分が 6 本出ている点が存在するとき，その線分の行き先である 6 点に着目するのである．そして，「どの点からも実線は 5 本以下しか出ていない場合」が残された場合となるが，この場合についても，さらに，「簡単な場合」から処理する．

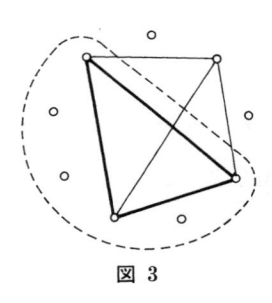

図 3

解答 （「発想法」のグラフを用いると）

(1) 6 点のうちの任意の 1 点 (A とする) に着目したとき，その点から出ている (実，破) 線分は全部で 5 本あり，そのうち実線分または破線分の少なくとも一方は，3 本以上出ている．一般性を失うことなく，実線分が 3 本以上出ているものとし (注)，そのうちの 3 本の A 以外の端点である 3 点 (B, C, D とする) に着目する (図 4)．

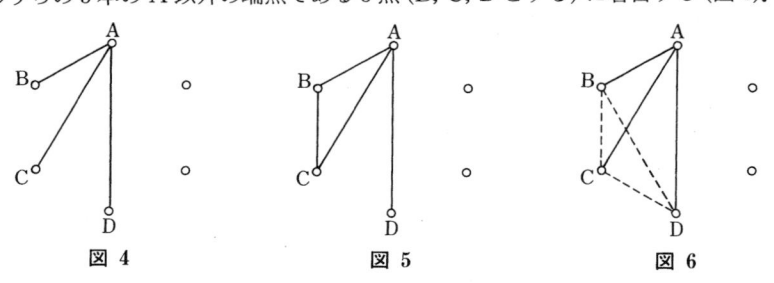

図 4　　　　図 5　　　　図 6

BC, CD, BD のうち，少なくとも 1 本，たとえば，BC が実線分であるとすると，実線からなる三角形 ABC が存在する (図 5)．また，BC, CD, BD のすべてが破線ならば，破線からなる三角形 BCD が存在する (図 6)．よって，証明は完結した．

(2) （場合 1）ある点から実線が 6 本以上出ているとき，

§1 やさしい場合から証明を始め，すでに証明済みの結果を利用せよ（山登り法）　187

　6本（以上）の実線分が出ている点（複数個あったらそのうちの1点）をA，また，Aから出ている実線分のうちの6本の，A以外の端点である6点をB, C, D, E, F, Gとする（図7）．6点 B, C, D, E, F, Gに着目したとき，(1)の結果より，

　(ア) 6点のうちの3点を頂点とする破線からなる三角形が存在する

　または，

　(イ) 実線からなる三角形が存在する

のいずれかが成り立っており，(ア)の場合には題意がみたされている（図8）．(イ)の場合には，実線の三角形を形成する3本の実線分，およびその三角形の3頂点とAを結ぶ，3本の実線分によって，対角線をもつ四角形が形成される（図9）．

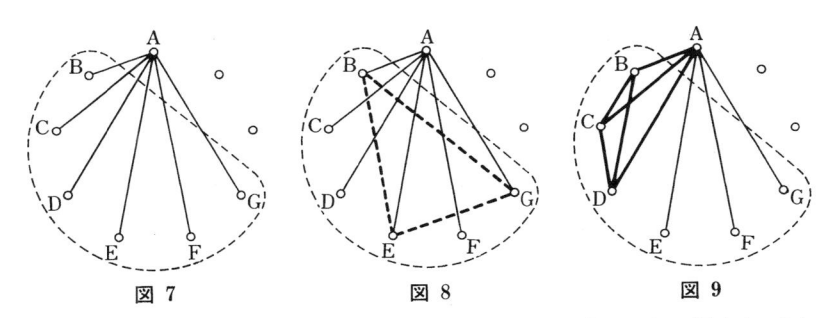

図 7　　　　図 8　　　　図 9

　残されている場合，「どの点からも実線は5本以下しか出ていない場合」，すなわち，「どの点からも破線が3本以上出ている場合」について，さらに，2つの場合に分ける．

（場合 2）　ある点から破線が4本以上出ているとき，

　4本（以上）の破線分が出ている点（複数個あったら，そのうちの1点）をA，また，Aから出ている破線分のうちの4本の行き先をB, C, D, Eとする（図10）．この4点を結ぶ線分のうち，1本でも破線分があれば，その破線分および，その破線分の両端のそれぞれとAを結ぶ2つの破線分とで三角形を形成する（図11）．

　B, C, D, Eを結ぶ線分がすべて実線分ならば，実線分からなる対角線をもつ四角形が存在する（図12）．

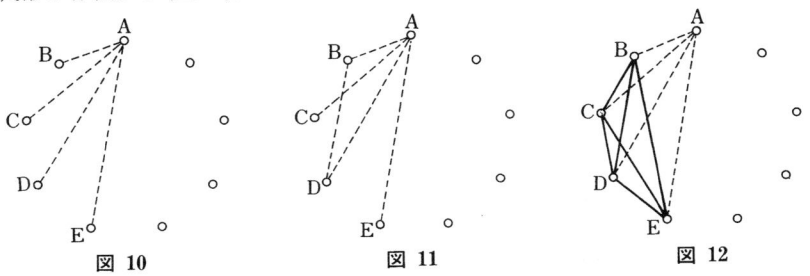

図 10　　　　図 11　　　　図 12

（場合 3）　どの点からも破線が3本（したがって実線が5本）出ているとき，

第4章 上手な場合分けのしかた

このようなことが，ありえないことが以下のようにして示せる．
9つの点を A, B, ……, I とする．
 (A から出ている破線分の本数)+(B から出ている破線分の本数)
 +……+(I から出ている破線分の本数)
=2×(破線分の総数)

右辺に2をかけてあるのは，たとえば，線分 AB が破線分のときに，左辺において，線分 AB が2回数えられている (「A から」と「B から」) ためである．右辺は偶数であるから左辺も偶数とならなければならない．

ところが，どの点からも破線が3本出ているとすると，左辺 =3×9=27 となり，奇数となってしまい矛盾する．

よって，(場合3)のようなことはありえない． 以上により証明は完結した．

[コメント] たとえば，5人の人が集まったとしても，「互いに知り合いである3人がいる」と，「互いに知り合いでない3人がいる」のいずれもみたされていないことがある．知り合い関係が，図13のようになるときである．また，8人の人が集まったとしても，(2)のようなことがいえるとは限らない．その例は，図が煩雑なのでここでは割愛する．

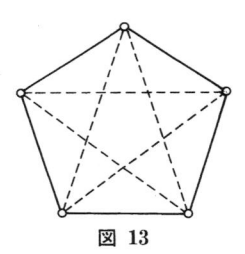

図 13

(注) 破線が3本以上出ている場合には，以後の議論において，「実線」を「破線」に，「破線」を「実線」にそれぞれ書き換えることにより，まったく同様に題意が示されるという，"議論の対称性(IIの**第2章§3**)"に基づいている．

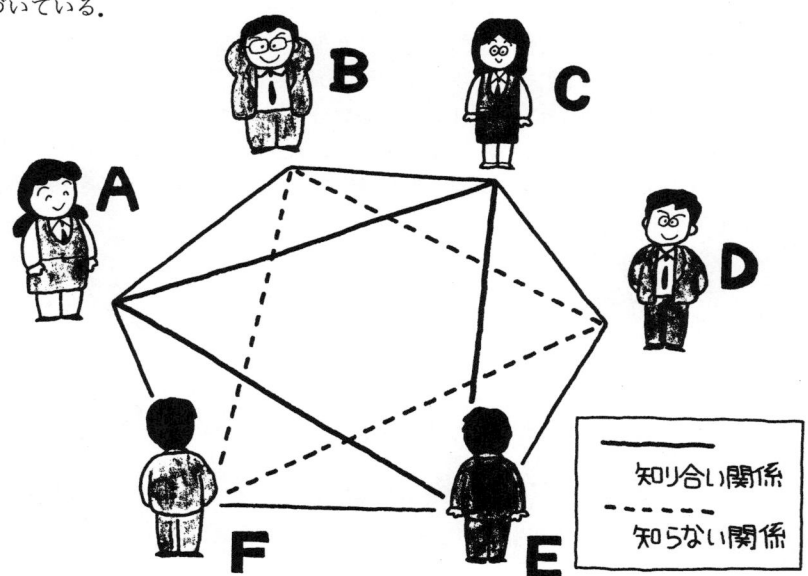

§1 やさしい場合から証明を始め，すでに証明済みの結果を利用せよ（山登り法）

〈練習 4・1・2〉

実数からなる数列 $\{a_n\}$ は，$n \geq 1$ なるすべての n に対して，
$$(2 - a_n)a_{n+1} = 1 \quad \cdots\cdots(*)$$
をみたしている．次の各問いに答えよ．

(1) $\{a_n\}$ が無限数列となるためには，a_1 が $\dfrac{m+1}{m}$ $(m = 1, 2, \cdots\cdots)$ の形でないことが必要である．このことを示せ．

(2) a_1 が $\dfrac{m+1}{m}$ $(m = 1, 2, \cdots\cdots)$ の形でないとき，ある k に対して $0 < a_k \leq 1$ となることを示せ．

発想法

(2) $a_1 \neq \dfrac{m+1}{m}$ $(m = 1, 2, \cdots\cdots)$ であることが(1)で示されれば，
$$\dfrac{m+2}{m+1} < a_1 < \dfrac{m+1}{m} \quad \cdots\cdots(\text{ア})$$
であるか，または $a_1 \leq 1 \cdots\cdots(\text{イ})$，または $2 < a_1 \cdots\cdots(\text{ウ})$ である $\left(\dfrac{m+1}{m} = 1 + \dfrac{1}{m} > 1 + \dfrac{1}{m+1} = \dfrac{m+2}{m+1}\right.$ であることと，$\left.1 < 1 + \dfrac{1}{m} \leq 2\right.$ であることによる $\left.\right)$ から，a_1 がどの区間に属しているかで場合分けすることが考えられる．

(ア)のように表される区間は無数にあるが，(1)において「$a_i \neq \dfrac{m+1}{m} \Rightarrow a_{i+1} \neq \dfrac{m}{m-1}$」が示されているので，「$\dfrac{m+2}{m+1} < a_i < \dfrac{m+1}{m} \Longrightarrow \dfrac{m+1}{m} < a_{i+1} < \dfrac{m}{m-1}$」となる，すなわち，$a_{i+1}$ は a_i の属する区間の隣の区間に移動していく（図1）ことが予想される．このことに基づいて，本質的な場合分けの個数を減らすことを考える．なお，(イ)の $a_1 \leq 1$ の場合のうち $0 < a_1 \leq 1$ の場合については，$k = 1$ とすればよいので，$a_1 \leq 0 \cdots\cdots(\text{イ})'$ の場合について調べることになる．

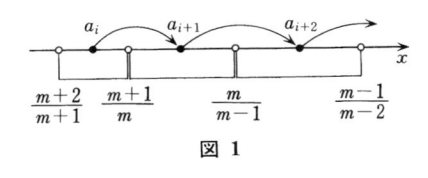

図 1

[解答] (1) a_n が無限数列である．すなわち，$a_{n+1} = \dfrac{1}{2 - a_n}$ がすべての自然数 n に対して意味をもつためには，$a_n = 2$ となる n が存在しないことが必要である．

そこで，$a_1 = \dfrac{m+1}{m}$ の形のときに，ある n に対して $a_n = 2$ となることを示せばよい．

$a_1 = \dfrac{m+1}{m}$ のとき，$a_2 = \dfrac{1}{2-a_1} = \dfrac{1}{2-\dfrac{m+1}{m}} = \dfrac{m}{m-1}$ ……①

すなわち，分母・分子が1ずつ減るので，このことに着眼すれば，以下，

$a_3 = \dfrac{m-1}{m-2}$ (①の分母・分子を1ずつ減らした．以下の計算も同様)

$a_4 = \dfrac{m-2}{m-3}$, ……, $a_m = \dfrac{2}{1} = 2$

よって，$a_1 \neq \dfrac{m+1}{m}$ $(m=1, 2, ……)$ であることが必要である．

(2) $0 < a_1 \leq 1$ の場合には，$k=1$ とすればよい．以下，残された場合について $a_1 \neq \dfrac{m+1}{m}$ $(m=1, 2, ……)$ に着眼して，3つの場合に分けて示す．

(場合 1) $a_1 \leq 0$ のとき ((イ)′)，

$a_2 = \dfrac{1}{2-a_1}$ より，$0 < a_2 \leq \dfrac{1}{2} \; (\leq 1)$

よって，$k=2$ とすればよい．

(場合 2) $a_1 > 2$ のとき ((ウ))，

$a_2 = \dfrac{1}{2-a_1} < 0$

であるから，(場合 1)に帰着され，$k=3$ にとればよいことがわかる．

(場合 3) $\dfrac{m+2}{m+1} < a_1 < \dfrac{m+1}{m}$ (m は整数) とかけるとき ((ア))，

開区間 $\left(\dfrac{m+2}{m+1}, \dfrac{m+1}{m} \right) = I_m$ とかくことにすると，$a_1 \in I_m$ の場合である．このとき，$a_2 = \dfrac{1}{2-a_1}$ より，

$\dfrac{1}{2-\dfrac{m+2}{m+1}} < a_2 < \dfrac{1}{2-\dfrac{m+1}{m}}$

$\therefore \; \dfrac{m+1}{m} < a_2 < \dfrac{m}{m-1}$ ……②

すなわち，$a_2 \in I_{m-1}$

以下同様にして，

$a_3 \in I_{m-2}$, ……, $a_m \in I_1 = \left(\dfrac{3}{2}, 2 \right)$

このとき，$\dfrac{1}{2-\dfrac{3}{2}} < a_{m+1}$

$\therefore \; 2 < a_{m+1}$

となり(場合 2)に帰着され，結局 $0 < a_{m+3} \leq 1$ となることがわかる．

§1 やさしい場合から証明を始め，すでに証明済みの結果を利用せよ（山登り法）　191

[コメント]　実際には，(場合 3) において，$\frac{3}{2}<a_1<2$ ($m=1$) の場合には，②の最右辺は意味をもたなくなるのであるが，結果として得られる $2<a_{m+1}$ において，$m=1$ となっているだけのことであるので，煩雑になるのを避けるために，解答ではとくに断らないことにした．なお，(2)を示す際の場合分けの基準となっている区間を図示すると，図 2 のとおりである．

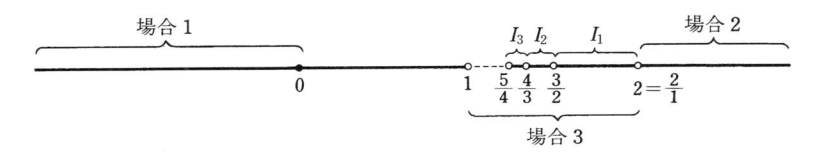

図 2

[例題 4・1・3]

n 個の任意の自然数からなる数列 $a_1, a_2, \ldots, a_n$ に対して，その中の何項かの和（1 項以上の和）は，n でわりきれることを示せ．

発想法

たとえば，8 個の自然数からなる数列 $a_1, a_2, \ldots, a_8$ が与えられたとき，「その中の何項かの和」といっても，いろいろな形の和が考えられる．$a_3 + a_5 + a_6$ とか，$a_2 + a_3 + a_6 + a_8$ とか，a_2（自身）などすべて，「その中の何項かの和」であり，全部で $(2^8 - 1)$ 個もの和のつくり方がある（ただし，この中には，和の値としては同じ値となるような組み合わせ方はありうる）．

一般の n に対しても，$(2^n - 1)$ 個の和のつくり方がある．これだけ多くの和のつくり方の中から，題意をみたす，すなわち，n でわりきれるような和のつくり方を見つけるには，何から始めたらよいのだろうか．とりあえず，「われわれが最も "扱いやすい" 形をした和」に絞って題意をみたす和がつくれないか考えてみよう．

「数列の和」の最も基本的なものとしてまず思い浮かぶのは，

$$S_k = a_1 + a_2 + a_3 + \cdots + a_k$$

である．しかし，このような形をした和の中に，題意をみたすものが必ずしも存在するとは限らない．そのようなとき，すぐにあきらめてはいけない．「$a_1 + a_2 + \cdots + a_k$ の形をした和がすべて n でわりきれ$\dot{な}$$\dot{い}$」場合に絞れたのだから，この場合分けの条件を反映させた議論を展開していこう，という positive な気持ちをもつべきである．ただし，$a_1 + a_2 + \cdots + a_k$ という形でだめなのだから，$a_2 + a_3 + a_5$ とか，$a_3 + a_7$ といった "不規則な" 形の和を考えよ，というわけではない．これでは，場合分けの条件が反映されているとはいえない．有限な事物を扱った存在命題（n でわりきれる和が$\dot{存}$$\dot{在}$$\dot{す}$$\dot{る}$）において，帰着させるべき定理（原理）——鳩の巣原理（§2・2 参照）をつかった次の解答が，「場合分けの条件を反映させた」解答である．

解答 $S_k = a_1 + a_2 + \cdots + a_k \; (= \sum_{m=1}^{k} a_m)$ とおく．

(場合 1) $S_1, S_2, \ldots, S_n$ の中の少なくとも 1 つが n でわりきれるとき；S_k が n でわりきれるとする．このことは，「何項かの和」として，$a_1 + a_2 + \cdots + a_n$ とすれば，これが n でわりきれるということを意味しているので，命題は成り立つ．

(場合 2) $S_1, S_2, \ldots, S_n$（n 個）のいずれも n でわりきれないとき；各 S_i（$i = 1, 2, 3, \ldots, n$）を n でわった余りは，$1, 2, \ldots, n-1$（$(n-1)$ 通り）のいずれかである．したがって，鳩の巣原理より，少なくともある 2 つの S_i, S_j（$i < j$）は n でわった余りが等しい．この共通している余りを r とすると，適当な非負整数 m, l を用いて，

$$S_i = n \cdot m + r$$

$$S_j = n \cdot l + r$$

と書ける．このとき，

$$S_j - S_i = a_{i+1} + a_{i+2} + \cdots\cdots + a_j = n(l-m)$$

は，n の倍数である．すなわち，「何項かの和」として，$a_{i+1} + a_{i+2} + \cdots\cdots + a_j$ とすればよい．

以上 2 つの場合で，すべての場合を網羅しているので題意は示せた．

(注) たとえば，$n=8$ のとき，$a_3+a_5+a_6$ とか，$a_2+a_3+a_6+a_8$ といった，〝不規則な〟和であっても，それが 8 でわりきれることは，十分ありうる．しかし，ここでは〝扱いやすい〟形の和，およびそれらの差を考えただけで，題意が示せてしまったのである．

[例題 4・1・4]

すべての実数 a, b に対して，次の不等式が成り立つことを示せ．

$$|a+b|^p \leq |a|^p + |b|^p \quad (0 \leq p \leq 1) \quad \cdots\cdots(*)$$

発想法

簡単な場合として，まず，$a=0$（または $b=0$）のとき，a と b が異符号のとき，$p=0$ のとき，$p=1$ のときなどがあげられ，これらの場合に命題が成立することは容易に示せる．残される場合は，a と b が同符号で，かつ $0<p<1$ である場合であるが，少し考察すれば，「a と b がともに正で かつ $0<p<1$」の場合について調べればよいことがわかる．この問題は，すでに示された「場合」についての結果をつかう，という「山登り法」ではないが，それでもあらかじめ特殊な場合について調べてしまっておいたお陰で，枝葉が削れて，微分を用いると簡単に処理できるようになっている．

解答 a または b の少なくとも1方が 0 のとき，一般性を失うことなく $a=0$ とすると，左辺 $=|b|^p=$ 右辺（……①）となり，$(*)$ は成立している．

また，a と b が異符号のときには，$|a+b|<|a|$ または $|a+b|<|b|$ であり，一般性を失うことなく，$|a|<|b|$ とすると，

$$|a+b|^p < |b|^p < |a|^p + |b|^p$$

となり，$(*)$ は成立している．

p についても，

$p=0$ ならば，$\quad |a+b|^0=1<|a|^0+|b|^0=2 \quad \cdots\cdots$②

となり成立しており，

$p=1$ ならば，$\quad |a+b| \leq |a|+|b|$

となり，これは，三角不等式にほかならないので，$(*)$ は成立している．

よって，残された場合である「a と b が同符号で，かつ $0<p<1$ のときに，$(*)$ が成立することを示せばよい．さらに，a, b が，ともに負のときは，$a=-a', b=-b'$ $(a', b'>0)$ と書くことができ，このとき，

$$|a+b|^p \leq |a|^p+|b|^p \iff |-(a'+b')|^p \leq |-a'|^p+|-b'|^p$$
$$\iff |a'+b'|^p \leq |a'|^p+|b'|^p$$

となるので，結局，「a と b がともに正で，かつ $0<p<1$」のときに，$(*)$ が成立することを示せばよい．

a, b がともに正で，かつ，$0<p<1$ のとき，

$$(*) \iff (a+b)^p \leq a^p+b^p$$
$$\iff \left(1+\frac{b}{a}\right)^p \leq 1+\left(\frac{b}{a}\right)^p \quad (両辺を a^p でわった)$$

であるから，$\dfrac{b}{a}=x\ (>0)$ とし，$x>0$ において $(1+x)^p \leq 1+x^p$ を示せばよい．

$1+x^p-(1+x)^p=f(x) \quad$ とおくと，

§1 やさしい場合から証明を始め，すでに証明済みの結果を利用せよ（山登り法）

$f(0)=0$ かつ $f'(x)=px^{p-1}-p(1+x)^{p-1}$

場合分けにおける p の条件より，$0<p$，$p-1<0$ であり，このとき，一般に $0<x<y$ ならば，$py^{p-1}<px^{p-1}$ となることを考えると，$f'(x)>0$ $(x>0)$ であるから，$x>0$ において，

$f(x)>f(0)=0$

よって，証明は完結した．

[コメント] 題意の不等式は，証明中にも出てきた

「三角不等式：$|a+b|\leqq|a|+|b|$」

を拡張したものであるが，$p>1$ ならば，不等号が逆になる．なお，0^0 の"値"については定義されていないので，議論の途中，たとえば ① では $p\neq0$ の場合，また ② では $a,b\neq0$ の場合だけ意味をもつことになる．ただし，解答ではとくに触れないことにした．

─〈練習 4・1・3〉─

関数 $f(x)$ が，

$$f(x)=\begin{cases} \displaystyle\lim_{t\to\infty}\dfrac{\sin x+t\cos^2 x\sin^2\pi x}{2+t\sin^2\pi x} & (x\leqq 0) \\ \displaystyle\lim_{t\to\infty} t\left\{(e^{\frac{1}{t}}-1)\sin x+\log\left(\dfrac{1}{t}+1\right)\cos x\right\} & (x>0) \end{cases}$$

で与えられているとき，$-\pi\leqq x\leqq\pi$ の範囲で，$y=f(x)$ のグラフをかけ．

発想法

$x\leqq 0$ のときの

$$f(x)=\lim_{t\to\infty}\dfrac{\sin x+t\cos^2 x\sin^2\pi x}{2+t\sin^2\pi x} \quad\cdots\cdots(*)$$

は，$\sin\pi x\neq 0$ のとき $\dfrac{\infty}{\infty}$ の不定形となってしまうので，なんらかの式変形を考えなければならない．しかし，$\sin\pi x=0$ のとき（すなわち，x が整数のとき）には，

$$(*)=\lim_{t\to\infty}\dfrac{\sin x}{2}=\dfrac{\sin x}{2}$$

となり，簡単である．したがって，この「簡単な場合」から処理して枝葉を削っておく．

解答 (1) $x\leqq 0$ のとき，

$$f(x)=\lim_{t\to\infty}\dfrac{\sin x+t\cos^2 x\sin^2\pi x}{2+t\sin^2\pi x}\quad\cdots\cdots(*)$$

をさらに x が整数か否かで分ける．

(1)-1 x が $x\leqq 0$ なる整数のとき，

$\sin\pi x=0$ であるから，

$$(*)=\lim_{t\to\infty}\dfrac{\sin x}{2}=\dfrac{\sin x}{2}$$

(1)-2 x が $x\leqq 0$ で，整数でないとき，

$$(*)=\lim_{t\to\infty}\dfrac{\dfrac{\sin x}{t}+\cos^2 x\sin^2\pi x}{\dfrac{2}{t}+\sin^2\pi x}$$

$$=\dfrac{\cos^2 x\sin^2\pi x}{\sin^2\pi x}$$

$$=\cos^2 x$$

$$\left(=\dfrac{1+\cos 2x}{2}\ \text{としておいたほうが，グラフを描きやすい}\right)$$

§1 やさしい場合から証明を始め，すでに証明済みの結果を利用せよ

(2) $x>0$ のとき，

$$\lim_{t\to\infty} t(e^{\frac{1}{t}}-1) = \lim_{t\to\infty} \frac{e^{\frac{1}{t}}-1}{\frac{1}{t}}$$

$$= \lim_{h\to 0} \frac{e^h-1}{h} = \lim_{h\to 0} \frac{e^h-e^0}{h} = 1 \quad \cdots\cdots ①$$

$$\lim_{t\to\infty} t\log\left(\frac{1}{t}+1\right) = \lim_{t\to\infty} \frac{\log\left(\frac{1}{t}+1\right)}{\frac{1}{t}}$$

$$= \lim_{h\to 0} \frac{\log(h+1)}{h} = \lim_{h\to 0} \frac{\log(h+1)-\log 1}{h} = 1 \quad \cdots\cdots ②$$

①, ② を用いて，$f(x)$ を計算すると，

$$f(x) = \lim_{t\to\infty} t\left\{(e^{\frac{1}{t}}-1)\sin x + \log\left(\frac{1}{t}+1\right)\cos x\right\}$$

$$= \lim_{t\to\infty} t(e^{\frac{1}{t}}-1)\sin x + \lim_{t\to\infty} t\log\left(\frac{1}{t}+1\right)\cos x$$

$$= \sin x + \cos x$$

$$= \sqrt{2}\sin\left(x+\frac{\pi}{4}\right)$$

以上より，$f(x)$ は，

$$f(x) = \begin{cases} \dfrac{1+\cos 2x}{2} & (x\leq 0 \text{ で，} x \text{ が整数でない}) \\ \dfrac{\sin x}{2} & (x\leq 0 \text{ で，} x \text{ が整数}) \\ \sqrt{2}\sin\left(x+\dfrac{\pi}{4}\right) & (x>0) \end{cases}$$

したがって，$-\pi \leq x \leq \pi$ における $f(x)$ のグラフは，次のようになる.

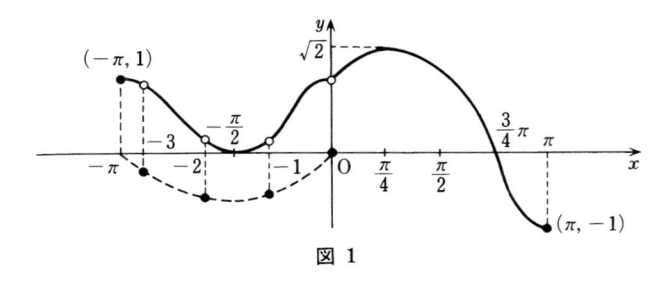

図 1

§2 樹形図を利用して場合分けせよ

われわれは日常しばしば日程表をつくる．一日の間におこりうる状況の変化に応じて，即座に，その後の最適な行動をとるためには，さまざまな状況の変化に対応できる日程表が要求される．たとえば，明日鉄道のストライキが決行されれば学校は休みであるが，ストライキが回避されれば学校へ行く．後者の場合，さらに晴れていれば，遠足に出かけるために9時に学校に集合だが，雨ならば授業なので8時20分に学校に着くよう家を出る，……というように日程表を作らなければならない．おこりうる場合が複雑に絡み合ってくるほど，すべての場合にモレのない日程表を作るのは大変になる．コンピュータで数値解析などをする場合には，計算の過程でおこりうるすべての場合を尽すために，フローチャートという図を最初に描く．おこりうるすべての場合を**モレなく**（また，とくにおこりうる場合の数を数える際にはさらに，**ダブリなく**）網羅するために，樹形図を描くことによって視覚に訴えながら場合分けする方法を本節では学習する．

樹形図を描く際には，強い"制約"を優先させて枝分かれさせていく（分類する）とよい．"制約"とは，たとえば「0, 1, 2, 3 の4つの数字を重複することなくつかって3桁の偶数をつくるつくり方」において，まず「(ｱ) 3桁の数が得られるために百の位は0とはならない」，次に「(ｲ) 得られる3桁の数が偶数であるために一の位は0または2」といったものである．ここでは，これらの制約を優先させて，百の位，一の位，十の位の順に枝分かれさせていくとよい（図A）．このことは大分類から小分類の順に移っていくと考えてもよい．この順に従えば，032, 231 などの数えてはいけないものを回避できて能率的である．

なお，［例題 4・2・3］，〈練習 4・2・3〉では，樹形図の親戚である「ネット」を紹介する．どのようなときネットが有効になるのかも含めて本節では学習する．

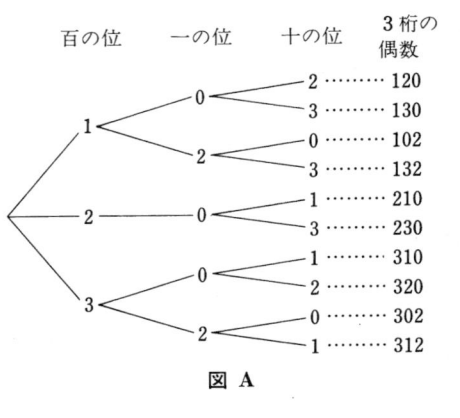

図 A

§2 樹形図を利用して場合分けせよ

[例題 4・2・1]

A君の箱には赤球2個と白球1個が入っており，B君の箱には赤球2個と白球2個が入っている．いま，Aから始めて，AとBが交互に自分の箱から1個ずつ球を取り，先に白球を取り出した者を勝ちとする．ただし，一度取り出した球は箱へ戻さない．

(1) AとBのどちらの勝つ確率が大きいか．
(2) 勝負がついたとき，両方の箱に残っている球の個数の和の期待値を求めよ．

(琉球大 理系)

発想法

A, B双方の箱の中の状態がわかるように，勝負がつくまでの状態の推移を時間の流れに沿って，樹形図にかいていく．$\begin{pmatrix} a & c \\ b & d \end{pmatrix}$ によって，Aの箱の中に赤球 a 個，白球 b 個，Bの箱の中に赤球 c 個，白球 d 個が残っている状態を表し，A, Bの取り出した球が，赤球であるか，白球であるかで，枝分かれをさせていく．問題を解こう，という強い意志をもって ……．その意志によって，「僕（わたし）はA君だ」と思い込めば，もうこっちのものだ．僕はゲームの主人公だ．

最初は，$\begin{pmatrix} 2 & 2 \\ 1 & 2 \end{pmatrix}$ という状態である．さあ，まず僕の番だ．球を取り出す．『白だ！やったぜベイビー』といいながら，右上へ伸びる枝と $\begin{pmatrix} 2 & 2 \\ 0 & 2 \end{pmatrix}$ を書き加える（図1 (a)）．「でも，こんなふうに喜べるのは，確率 $\frac{1}{3}$ なんだなぁ，$\frac{2}{3}$ の確率で，『赤だぜ畜生！』となるのか ……．」などと，ぶつぶついいながら，図1(b)まで書く．

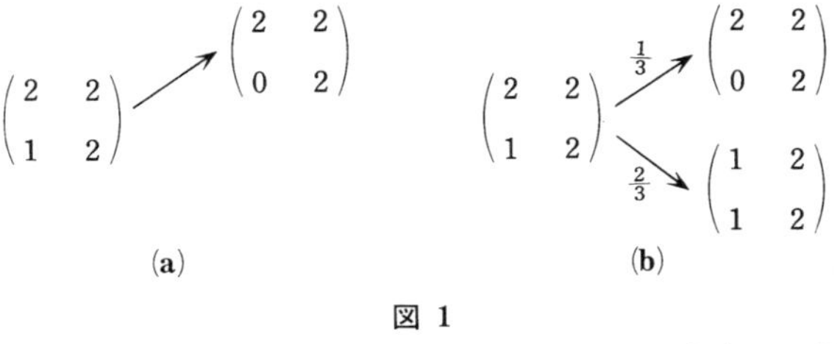

(a)　(b)

図 1

次はBが取り出す番だ．僕はことの成り行きを見守る．今度は，僕は，Bが赤球を取り出す $\frac{2}{4}\left(=\frac{1}{2}\right)$ の確率で「ホッ」とでき，$\frac{2}{4}\left(=\frac{1}{2}\right)$ の確率で，「ア〜ア負けたか（Bが白球を取り出しちゃった）．」となる．

樹形図をSystematicにかいていけるように，僕が「やったぜ」と思える展開（A君

が白球を取り出すとき，および，B 君が赤球を取り出すとき）となったときには，右上に枝を伸ばして，「畜生！」と思った展開となったときには，右下へ枝を伸ばしていく，ときめておくとよい．

Systematic な樹形図づくりを支えるのは，「やったぜ」とか，「畜生！」といった感情なのである!?

解答 $\begin{pmatrix} a & c \\ b & d \end{pmatrix}$ によって，A 君の箱の中に赤球 a 個，白球 b 個，B 君の箱の中に，赤球 c 個，白球 d 個が，残っている状態を表して，おこりうる状態の推移を樹形図に表すと，図 2 を得る．

ただし，各矢印の上に書いてある数は，その矢印の方向への推移がおこる確率である（たとえば，「A が赤球を取り出す確率」といっても $\begin{pmatrix} 2 & 2 \\ 1 & 2 \end{pmatrix}$ の状態から A が赤球を取り出すか，$\begin{pmatrix} 1 & 1 \\ 1 & 2 \end{pmatrix}$ の状態から A が赤球を取り出すかによって，それらの確率はそれぞれ，$\frac{2}{2+1}=\frac{2}{3}$，$\frac{1}{1+1}=\frac{1}{2}$ となり，異なった値となる．したがって，1 回 1 回の枝分かれをかくごとに，矢印の上に，確率を書き込んでいったほうが能率的である）．さらに，各矢印の下には，"最初の状態 $\begin{pmatrix} 2 & 2 \\ 1 & 2 \end{pmatrix}$ から，その矢印の先に書かれた状態まで推移する"確率を書き込んである．

たとえば，図 2 において 〰〰 を施してある数 $\frac{1}{6}$ は，次のようにして求めたものである．

$\dfrac{1}{3}$		$\dfrac{1}{2}$		$\dfrac{1}{6}$
$\begin{pmatrix} 2 & 2 \\ 1 & 2 \end{pmatrix}$ の状態から $\begin{pmatrix} 1 & 1 \\ 1 & 2 \end{pmatrix}$ の状態になり (その確率は $\begin{pmatrix} 1 & 1 \\ 1 & 2 \end{pmatrix}$ の直前の矢印の下側に記されている)	かつ	$\begin{pmatrix} 1 & 1 \\ 1 & 2 \end{pmatrix}$ の状態から A が白球を取り出し $\begin{pmatrix} 1 & 1 \\ 0 & 2 \end{pmatrix}$ の状態になる (その確率は $\begin{pmatrix} 1 & 1 \\ 0 & 2 \end{pmatrix}$ の直前の矢印の上側に記されている)	=	$\begin{pmatrix} 2 & 2 \\ 1 & 2 \end{pmatrix}$ の状態から $\begin{pmatrix} 1 & 1 \\ 0 & 2 \end{pmatrix}$ の状態になる． (その確率を $\begin{pmatrix} 1 & 1 \\ 0 & 2 \end{pmatrix}$ の直前の矢印の下側に記す)

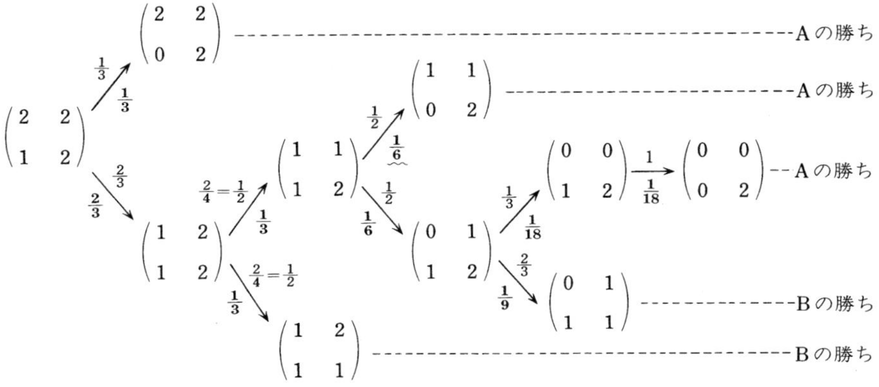

§2 樹形図を利用して場合分けせよ

図 2

(1) A の勝つ確率は，A が勝ったを状態を意味する $\begin{pmatrix} 2 & 2 \\ 0 & 2 \end{pmatrix}, \begin{pmatrix} 1 & 1 \\ 0 & 2 \end{pmatrix}, \begin{pmatrix} 0 & 0 \\ 0 & 2 \end{pmatrix}$ の直前の矢印の下に書かれている数を足し合わせて，

(A の勝つ確率) $= \dfrac{1}{3} + \dfrac{1}{6} + \dfrac{1}{18} = \dfrac{10}{18} = \dfrac{5}{9} > \dfrac{1}{2}$

よって，**A の勝つ確率のほうが大きい．** ……(答)

(2) 図 2 より，勝負がついた状態を意味する $\begin{pmatrix} 2 & 2 \\ 0 & 2 \end{pmatrix}, \begin{pmatrix} 1 & 1 \\ 0 & 2 \end{pmatrix}, \begin{pmatrix} 0 & 0 \\ 0 & 2 \end{pmatrix}, \begin{pmatrix} 0 & 1 \\ 1 & 1 \end{pmatrix}, \begin{pmatrix} 1 & 2 \\ 1 & 1 \end{pmatrix}$ において，両方の箱に残っている球の個数の和は，それぞれ，6, 4, 2, 3, 5 であるから，(求める期待値) $= 6 \times \dfrac{1}{3} + 4 \times \dfrac{1}{6} + 2 \times \dfrac{1}{18} + 3 \times \dfrac{1}{9} + 5 \times \dfrac{1}{3}$

$= 2 + \dfrac{2}{3} + \dfrac{1}{9} + \dfrac{1}{3} + \dfrac{5}{3}$

$= \dfrac{43}{9}$ (個)　　……(答)

〈練習 4・2・1〉

次のような硬貨投げの試行を考える．初めに3枚の硬貨を投げて，1回目とし，そのとき表のものがあれば，表のでた硬貨のみを投げて，2回目とする．そのとき表のものがあれば，それらを投げる．ある回で裏のみが出た場合，この試行は終了する．

このとき，次の( )の中にあてはまる値を求めよ．

(1) 1回目でこの試行が終了しない確率は( )である．

(2) 2回目でこの試行が終了する確率は $\dfrac{(\ )}{2^6}$ である．

(3) 2回投げてもこの試行が終了しない確率は $\dfrac{(\ )}{2^6}$ である．

(4) 2回目で表が1枚出る確率は $\dfrac{(\ )}{2^6}$ である．

(南山大 経済)

発想法

[例題 4・2・1]と同様，各試行の結果としておこりうる状態を樹形図を用いて表現していく．この問題では，2回目の試行の結果までわかれば十分であり，樹形図は図1のようになる．

また，[例題 4・2・1]においては，最高5回までの状態の推移のそれぞれの確率を求める必要があるため，各状態ごとに，最初の状態からその状態まで推移する確率を計算し，直前の矢印の下側に書き込んでいったほうが能率的であった．しかし，この問題では，たかだか2回までの試行の結果がわかれば十分であるから，最初の状態から推移してくる確率は書き込んでいかなくても必要に応じて計算したほうが図がスッキリしていてよいだろう (図1では，1回ごとの推移のおこる確率を記入した)．

樹形図は，情報を自分でわかりやすいように整理して書き込んでいくためのものであり，要は「樹形図を描くことによって自分が考えやすくなる」ことである．

なお，(4)は，「1回目で試行が終了せず，かつ2回目で表が1枚出る」と解釈する．

解答

$\begin{pmatrix} a \\ b \end{pmatrix}$ によって表が a 枚，裏が b 枚出たことを表す．このとき，この試行の結果の推移を表す樹形図は，図1のようになる．

ただし，3回目以降に続く場合も，2回目までの推移の様子までしか書いていないが，この問題ではさしつかえない．

図1

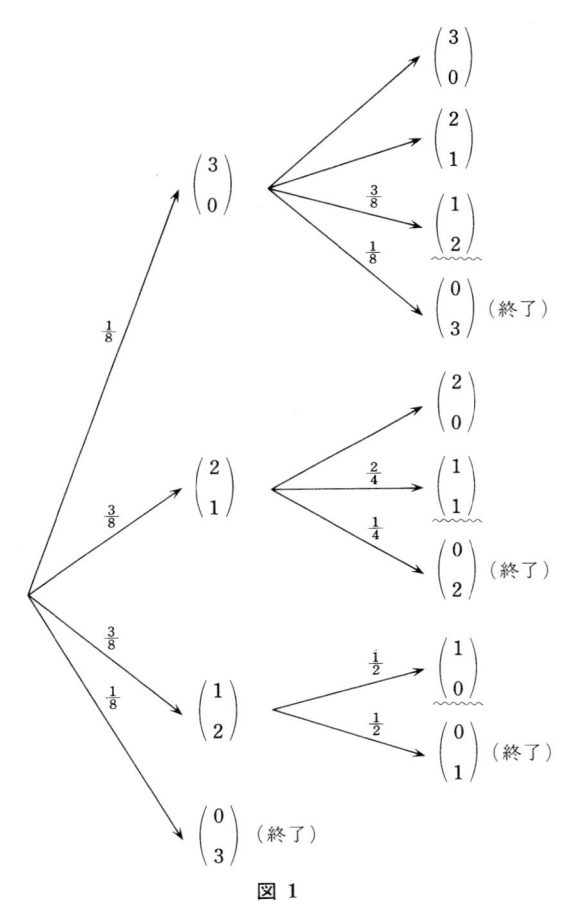

(1) 1回目でこの試行が終了する確率は $\dfrac{1}{8}$ であるから，求める確率は，

$$1-\dfrac{1}{8}=\boldsymbol{\dfrac{7}{8}} \quad \cdots\cdots\text{(答)}$$

(2) 樹形図を参考にして，求める確率は，

$$\left(\dfrac{1}{8}\right)^2+\dfrac{3}{8}\cdot\dfrac{1}{4}+\dfrac{3}{8}\cdot\dfrac{1}{2}=\dfrac{1}{64}+\dfrac{3}{32}+\dfrac{3}{16}=\dfrac{19}{64}=\boldsymbol{\dfrac{19}{2^6}} \quad \cdots\cdots\text{(答)}$$

(3) (1回目でこの試行が終了する確率)$=\dfrac{1}{8}$

(1回目ではこの試行が終了せず，2回目で終了する確率)$=\dfrac{19}{64}$ 　　((2)より)

であり，また，1回目で終了するという事象と，2回目で終了するという事象は排反であるから，確率の加法定理より，

(1回目または2回目でこの試行が終了する確率) $= \dfrac{1}{8} + \dfrac{19}{64} = \dfrac{27}{64}$

さらに〝2回投げてもこの試行が終了しない〟という事象は，〝1回目または2回目でこの試行が終了する〟という事象の余事象であるから，求める確率は，

$1 - \dfrac{27}{64} = \dfrac{37}{64} = \dfrac{\mathbf{37}}{\mathbf{2^6}}$ ……(答)

【別解】 「2回目でこの試行が終了する」事象と，「2回投げてもこの試行が終了しない」事象とは排反であるから，

$\begin{bmatrix} \text{1回目でこの試行が} \\ \text{終了しない確率}\left(\dfrac{7}{8}\right) \end{bmatrix} = \begin{bmatrix} \text{2回目でこの試行が} \\ \text{終了する確率}\left(\dfrac{19}{64}\right) \end{bmatrix} + \begin{bmatrix} \text{2回投げてもこの試行} \\ \text{が終了しない確率}(p) \end{bmatrix}$

が成り立つ((1), (2)の結果を利用).

これより，求める確率 p は，

$p = \dfrac{7}{8} - \dfrac{19}{64} = \dfrac{\mathbf{37}}{\mathbf{2^6}}$ ……(答)

(4) 2回目で表が1枚出ている状態は，樹形図1において，〰〰を施して表した状態である．その状態に推移する確率は，

$\dfrac{1}{8} \cdot \dfrac{3}{8} + \dfrac{3}{8} \cdot \dfrac{2}{4} + \dfrac{3}{8} \cdot \dfrac{1}{2} = \dfrac{1}{64}(3 + 12 + 12) = \dfrac{\mathbf{27}}{\mathbf{2^6}}$ ……(答)

§2 樹形図を利用して場合分けせよ　205

[例題 4・2・2]

　13日間の取り組みで，甲力士は13勝0敗，乙力士は12勝1敗，丙力士は11勝2敗，それ以外の力士は，3敗以上している．残りの2日間は甲乙および甲丙の取り組みはあるが，乙丙の取り組みはすでに済んでいる．3力士の優勝の確率をそれぞれ求めよ．なお，甲，乙，丙の力士は，お互いに互角の力をもっており，他の力士に対しては，8割の率で勝つ力をもっている．ただし，引分けは考えない．15日間の終了で，最多勝ち星の力士が複数になった場合は，優勝決定戦を行うものとする．　　　　　（日本医大）

発想法

　まず，1つの大事なポイントをおさえておく．甲，乙，丙以外の力士（以下，そのおのおのをすべて「他」とよぶ）は，13日目の時点ですでに3敗以上しており，また甲は，今後2敗しても13勝2敗であるから，「他」には優勝の可能性はない．よって，今後の取り組みで着眼すべきものは，甲，乙，丙の3人の各2つずつの取り組み，すなわち甲乙，甲丙，乙他，丙他の取り組みとなる．これらの取り組みの結果としておこりうる場合は，各取り組みの結果により枝分かれさせていった樹形図によって網羅できる．

　先の4つの取り組み〝甲乙，甲丙，乙他，丙他〟は，実際にはあらかじめきめられている取り組みの順番に従って勝負がついていくのであるが，樹形図をかいていく際の枝分かれは必ずしも，その順番どおりである必要はない．重要なのは，この4つの取り組みまで終えた時点での，甲，乙，丙のおのおのの勝ち星の個数であり，したがって，各力士が，各取り組みで勝ったか負けたかであり，各力士がどんな順番で勝ったり，負けたりしたのかは，どうでもよい．たとえば，甲乙の取り組みが何番目の取り組みになるのかは，われわれには知らされていないが，もしこの取り組みで甲が勝った場合には，甲は最低14勝，乙，丙は最高13勝であるから，残りの3つの取り組みの結果を調べるまでもなく，「甲が優勝」と結論づけてよい（注）．したがって，甲乙の取り組みの結果によって，樹形図のいちばん最初の枝分かれをつくれば，一方の枝（甲が勝ったことを表す枝）に関しては，そこから先の枝分かれをかく必要はなくなってしまうわけである．このセクションの冒頭で考察した「0, 1, 2, 3のうち異なる3個の数字を用いて3桁の偶数をつくるとき，何通りのつくり方があるか」という問いに対しては，032とか231のような，書いてはいけないものを書かないくふうとして，「0とはなりえない百の位」，「0または2としかなりえない一の位」といった制約が加わる位にくる数字からきめていった．ここでは，〝書かなくてもよいものを書かないくふう〟として，優勝力士がだれになるか，あるいは，だれとだれに絞られるのかを左右する取り組みをその都度優先させながら，その結果によって枝分かれさせ

[解答] 甲, 乙, 丙以外の力士のおのおのをすべて「他」とよぶことにする.

"甲, 乙, 丙以外はすでに3敗以上しており, 甲は今後2敗しても13勝2敗だから, 「他」が優勝できる可能性はないので優勝の機会は甲, 乙, 丙の3人だけにしぼられる"

ので, 甲, 乙, 丙の3人の勝敗だけを考えていけば十分であり, そのために, 甲乙, 甲丙, 乙他, 乙丙の取り組みだけ考えればよい.

次の樹形図において, 各矢印の上に記されている情報, たとえば, 甲＜丙 $:\dfrac{1}{2};\dfrac{1}{4}$ は, その矢印で, 丙が甲に勝つことを意味しており, さらにその確率が $\dfrac{1}{2}$ であり, 13日目を終えた時点での $\begin{pmatrix} 13 & 13 & 11 \\ 0 & 1 & 2 \end{pmatrix}$ の状態から, その矢印の先の $\begin{pmatrix} 13 & 13 & 12 \\ 2 & 1 & 2 \end{pmatrix}$ の状態に推移するまでの確率が $\dfrac{1}{4}$ であることを表している. 甲＜丙 などと書き入れていくことにより, だれとだれの取り組みの結果について, すでに枝分かれをさせたのかも一目瞭然である.

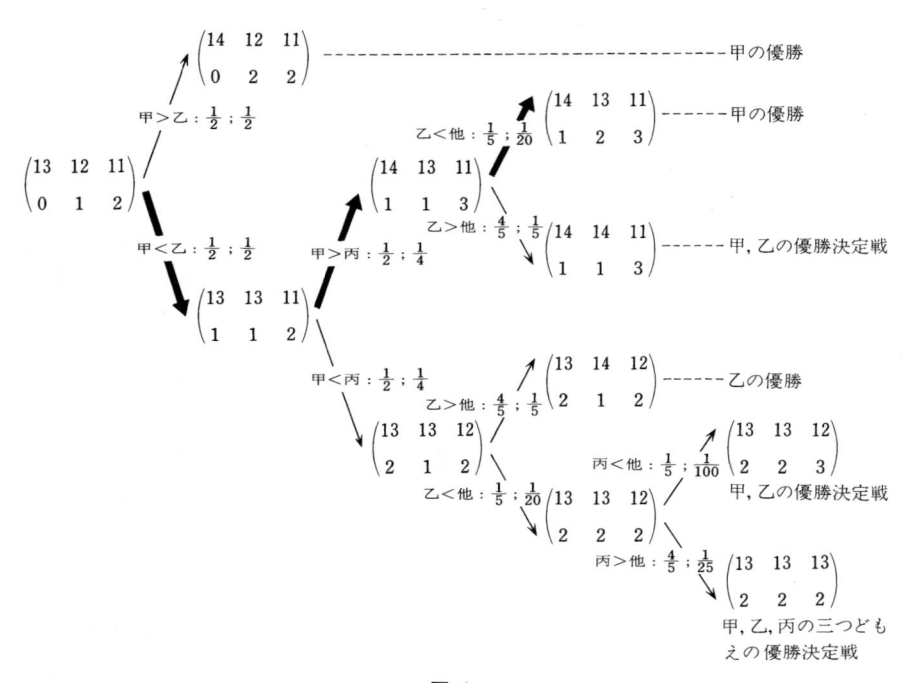

図 1

また，$\begin{pmatrix} a & c & e \\ b & d & f \end{pmatrix}$ によって，この樹形図の枝分かれの順に取り組みが行われたと仮定（このように仮定してもよい）したうえで，各時点において甲が a 勝 b 敗，乙が c 勝 d 敗，丙が e 勝 f 敗であることを表している．

$$\left.\begin{array}{l}\text{甲，乙の優勝決定戦にもつれこんだとき，甲，乙がそれぞれ優勝}\\\text{する確率はともに，}\dfrac{1}{2}\text{である．また，甲，乙，丙の三つどもえの優}\\\text{勝決定戦にもつれこんだとき，甲，乙，丙がそれぞれ優勝する確率}\\\text{は対称性を考慮すれば，}\dfrac{1}{3}\text{ずつである．}\end{array}\right\}\cdots\cdots(*)$$

したがって，甲，乙，丙が優勝する確率をそれぞれ $p(甲)$, $p(乙)$, $p(丙)$ としたとき，樹形図，および $(*)$ より，

$$p(乙)=\dfrac{1}{5}\cdot\dfrac{1}{2}+\dfrac{1}{5}+\dfrac{1}{100}\cdot\dfrac{1}{2}+\dfrac{1}{25}\cdot\dfrac{1}{3}=\dfrac{1}{10}+\dfrac{1}{5}+\dfrac{1}{200}+\dfrac{1}{75}$$
$$=\dfrac{191}{600}$$

$$p(丙)=\dfrac{1}{25}\cdot\dfrac{1}{3}=\dfrac{1}{75}$$

同様な計算で $p(甲)$ も求めることができるが，甲，乙，丙以外には優勝する可能性がないことを考えると，

$$p(甲)=1-\{p(乙)+p(丙)\}=1-\left(\dfrac{191}{600}+\dfrac{1}{75}\right)=\dfrac{401}{600}$$

したがって，甲，乙，丙の優勝する確率はそれぞれ，

$$\dfrac{401}{600}, \dfrac{191}{600}, \dfrac{1}{75} \quad \cdots\cdots(答)$$

である．

(注) 実際の取り組みの順序および結果の推移が，たとえば，

$$乙<他 \Longrightarrow 甲>丙 \Longrightarrow 甲>乙 \quad\cdots\cdots(☆)$$

$$\begin{pmatrix} 13 & 12 & 11 \\ 0 & 2 & 2 \end{pmatrix} \begin{pmatrix} 14 & 12 & 11 \\ 0 & 2 & 3 \end{pmatrix} \begin{pmatrix} 15 & 12 & 11 \\ 0 & 3 & 3 \end{pmatrix}$$

となっている場合には，甲の優勝が決定づけられるのは，(☆) の2番目の取り組みが終了した時点 $\begin{pmatrix} 14 & 12 & 11 \\ 0 & 2 & 3 \end{pmatrix}$ である．しかし，(☆) の3番目の取り組みにおいて 甲>乙 でありさえすれば，たとえそれ以前に実際に優勝がきまっていたにせよ，そうでなかったにせよ，とにかく甲の優勝なのである．(☆) においては，3番目の 甲>乙 が，甲<乙 であったとしても甲はすでに優勝がきまっているのであるが，そのような場合に相当するのが，図1における太線でかかれた枝分かれである．

〈練習 4・2・2〉

東北地方の地図の概形は右図のとおりである．6つの県を色で塗り分ける．ただし，隣り合う県は異なる色で塗り分ける．

このとき，次の (1), (2) に答えよ．
(1) 3色を用いるとき，何通りの塗り方があるか．
(2) 4色を用いるとき，何通りの塗り方があるか．

(東北学院大 工)

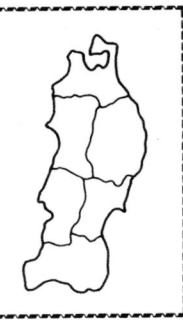

発想法

この問題では，この節の冒頭で引き合いに出した「0, 1, 2, 3 のうち，異なる3個の数字を用いて3桁の偶数をつくるとき，百の位は0にはなれなく，一の位は0または2である」というような，"あらかじめ与えられている制約"はないので，どこの県から色をきめていってもよい（解答では，青森県から着色を始める）．しかし，「隣り合う県は異なる色」という条件によって，色付けをしていくうちに，色付けに制約が生じてくるのであるが，色付けに対して最も制約をうけている県の色から優先的にきめていってしまえば，不要な労力を避けられる．生じた制約を見落とさないで着色を進められるよう，地図（または，隣接関係を保ちながら整えた図（図1参照）の上に樹形図を描いていってしまうとよいだろう．

解答

各県に ①〜⑥ のラベルを付けておく（図1参照）．

(1) 3つの色を C_1, C_2, C_3 として，① から塗り始める．

① は C_1, C_2, C_3 のいずれで塗ってもよいので，まず C_1 で塗った場合に対して，その先の枝をかいていく．この着色によって制約をうける県は②，③であるが，ここではまず②から着色しよう．② は①と隣り合っているので，C_1 と異なる色 C_2 または C_3 で塗る．② を C_2 で塗った場合に，先の①を C_1 で塗ったことと合わせて，色付けた最も強い制約をうけている県 ③ を C_3 で塗る．③ の色付けは一意的にきめられる．以下，同様にして「うける制約の強さ」を考慮して，⑤，④，⑥ の順に塗るべき色が一意的にきめられていく（図1）．

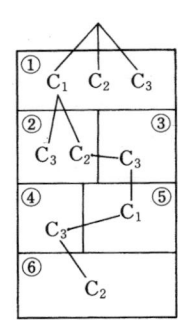

図 1

② を C_3 で塗った場合にも同様にして，③，⑤，④，⑥ の順に色が一意的にきまっていく．したがって，① を C_1 で塗った場合には，題意をみたす塗り方は2通りある．さらに，① を C_2, C_3 で塗った場合にも，題意をみたす塗り方はそれぞれ2通りずつあるから，結局合計 **6通り**． ……(答)

(2) 4つの色を C_1, C_2, C_3, C_4 とし，(1)と同様に考えていく．

今度は，(1)の場合と異なり，塗られる色が一意的にきまる県が出てくることはないが，やはり着色を進めるごとに，色付けにある程度の制約をうける県が逐次きまっていく．

したがって，(1)と同様に，その制約の強さを評価しながら着色を進めていくことになる．図2を参考にして，題意をみたす塗り方は，

$$4 \times 3 \times 2 \times 2 \times 2 \times 2$$
$$= 192 \text{（通り）} \quad \cdots\cdots \text{（答）}$$

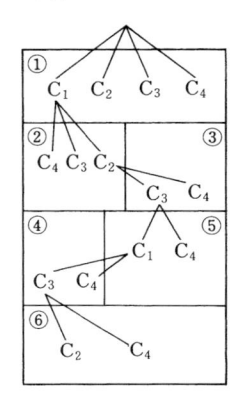

（注）(1)において，①，②の色付けを解答と同様にそれぞれ C_1, C_2 ときめた後，色付けの制約の強さを無視して④，⑥，⑤，③の順に枝を伸ばしていったらどうなるだろうか．図3は，この順に枝を伸ばしていった際に得られる図の一つである．この図から，ただちに，

「積の法則により，題意をみたす塗り方は，
　　$3 \times 2 \times 2 \times 2 \times 1 \times 1 = 24$（通り）　……（☆）」
としたら，誤りである．

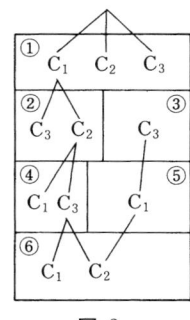

もしも，(☆)を認めるならば，たとえば⑥の C_1 からも⑤，③へと伸びていく枝をかいていくことができなくてはならないが，実際には，⑥から⑤へは枝を伸ばすことはできないことがわかる．したがって，「⑥を C_2 で塗った場合と同様に⑤，③へと枝が伸びていく」と判断して積の法則を適用したのは誤りである．また，④を C_1 で塗った場合に対しても，「④を C_3 で塗った場合と同様に枝分かれなどがおこる」と判断したこともまちがいである．

答案では，安易な気持ちで「積の法則より」という語句を用いることは避けて，本当に同様な枝分かれなどが続いていくのかを確認しなければならない．「制約を強くうけているところへ枝を伸ばしていく」という方法によって，このチェックは安易なものとなる．

図 2

図 3

[例題 4・2・3]

動点 P が正五角形 ABCDE の頂点から出発して正五角形の周上を動くものとする．P がある頂点にいるとき，1 秒後にはその頂点に隣接する 2 頂点のいずれかにそれぞれ確率 $\frac{1}{2}$ で移っているものとする．このとき，次の確率をそれぞれ求めよ．

(1) P が A から出発して 3 秒後に E にいる確率
(2) P が A から出発して 4 秒後に B にいる確率
(3) P が A から出発して 6 秒後に E にいる確率
(4) P が A から出発して 8 秒後に A または B にいる確率

(60 共通 1 次 数 II 改)

発想法

この問題を，まったく図に頼ることなく解こうとしたら，極めて困難であり，まちがいをおかしやすいのは容易にわかるだろう．そこでまず，動点 P の位置の推移を表す樹形図を描いてみよう．

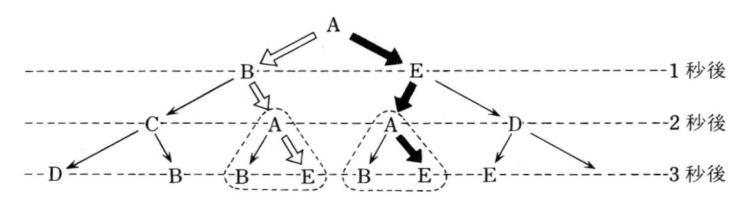

図 1　3 秒後までの点 P の位置の推移

図 1 は，3 秒後までの点 P の位置の推移のしかたを表現した樹形図であり，この樹形図をさらに 8 秒後まで続けて描いていけば，(4) までのすべての問題に対する解答は，単に「数える」という作業によって得ることができる（これが樹形図の強み）．

たとえば，(1) は次のようになる．

3 秒間での推移のしかたの総数は，図 1 において，"3 秒後" の行に並んでいる文字の総数の 8 (通り) である（1 秒ごとに，隣接する 2 頂点のいずれに進むかで枝分かれしていくので，3 秒間では $2^3 = 8$ (通り) の異なる推移のしかたがある，と考えてもよい）．そのうち，3 秒後に点 P が E にいる推移のしかたは，"3 秒後" の行に並んでいる E の個数，3 (通り) である．

よって，求める確率は $\dfrac{3}{8}$

しかし，この調子で樹形図を描き続けたら，"8 秒後" の行には，総数 $2^8 = 256$ (個) もの文字が並ぶことになってしまう．

§2 樹形図を利用して場合分けせよ　　211

点 P の位置の推移を表現するだけなら図 2 の "ネット" が簡単で見やすい．
　ネットも樹形図同様，自然な発想から得られる図であるが，樹形図 1 における 2 つの を 1 つにまとめて (図 2 の) 表していった図と考えることができる．

　図 1，図 2 において，A ⇒ B ⇒ A ⇒ E，A → E → A → E は，それぞれ同じ推移を表している．

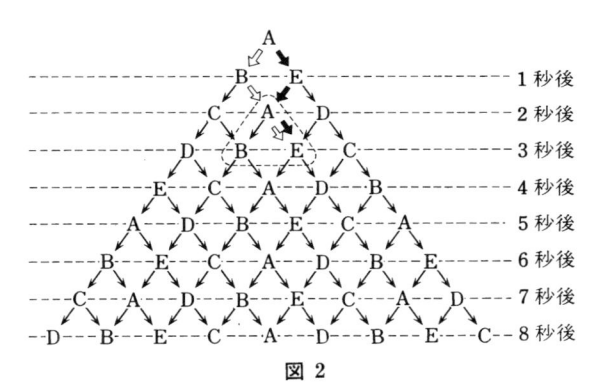

```
                    A
                  ↙ ↘↘
              B - - - E  - - - - - - - - 1 秒後
             ↙↘ ↙↘↘
           C - - A - - D  - - - - - - - - 2 秒後
          ↙↘ ↙↘ ↙↘
         D - B - E - C  - - - - - - - - - 3 秒後
            ...                           4 秒後
            ...                           5 秒後
            ...                           6 秒後
            ...                           7 秒後
            ...                           8 秒後
```
図 2

　ただし，「書きやすさ」，「見やすさ」を考慮して，同じ時刻の行に同一の文字が 2 回以上現れているもの (5 秒後の行の A など) もあるので，注意を要する ((3), (4))．
　また，ネットのままでは与えられた問題に対する解答は，直ちには得られない．すなわち，(1) を解くのに樹形図を用いた解法と同様に，

$$\frac{\text{"3 秒後" の行の E の個数}}{\text{"3 秒後" の行の文字の総数}} = \frac{1}{4}$$

としたら誤りとなってしまう．図 1 においては，"3 秒後" の行の各 E に対し，3 秒間で E に至る推移が 1 対 1 に対応していたが，図 2 では，"3 秒後" の行の E (1 つ) が，3 秒間で E に至る推移すべて (3 通り) の "終点" として統合されてしまっているからである．そこで図を少しくふうして，図 3 のように，ネットの各 "交差点" などに，

　　"A から出発して，その時刻にその点に至る推移のしかたの総数"

を書き込んでいくとよい．
　たとえば，「6 秒後に C にいる推移のしかたの総数」⑮ は，
　　「5 秒後に D にいる推移のしかたの総数 ⑤」+「5 秒後に B にいる推移のしかたの総数 ⑩」
より得られる (図 4)．このようにして書き込んでいき，ネットにしだいに命が宿していくのである．そして，ネットの息吹を感じられるようになったとき，われわれはすべての問題に対する解答が得られる．

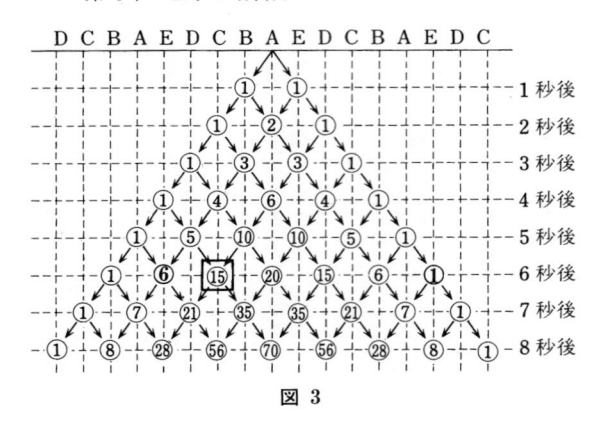

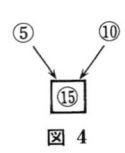

212　第4章　上手な場合分けのしかた

```
      D C B A E D C B A E D C B A E D C
      ┊ ┊ ┊ ┊ ┊ ┊ ┊ ┊ ① ① ┊ ┊ ┊ ┊ ┊ ┊ ┊    1秒後
      ┊ ┊ ┊ ┊ ┊ ┊ ┊ ① ② ① ┊ ┊ ┊ ┊ ┊ ┊ ┊   2秒後
      ┊ ┊ ┊ ┊ ┊ ┊ ① ③ ③ ① ┊ ┊ ┊ ┊ ┊ ┊    3秒後
      ┊ ┊ ┊ ┊ ┊ ① ④ ⑥ ④ ① ┊ ┊ ┊ ┊ ┊      4秒後
      ┊ ┊ ┊ ┊ ① ⑤ ⑩ ⑩ ⑤ ① ┊ ┊ ┊ ┊       5秒後
      ┊ ┊ ┊ ① ⑥ ⑮ ⑳ ⑮ ⑥ ① ┊ ┊ ┊        6秒後
      ┊ ┊ ① ⑦ ㉑ ㉟ ㉟ ㉑ ⑦ ① ┊ ┊         7秒後
      ┊ ① ⑧ ㉘ ㊱ ㊰ ㊱ ㉘ ⑧ ① ┊           8秒後
                 図3
```

図4： ⑤ ⑩ → ⑮

解答　動点Pの位置の，時間の経過に伴う推移を図に表すと，図3となる．

(1) 3秒間の点Pの推移のしかたの総数は $2^3=8$（通り）（3秒後の行に現れている数の総和 $1+3+3+1$ に等しい）あり，そのうち，3秒後にEにいるような推移のしかたは図3より3通りである．したがって，求める確率は， $\dfrac{3}{8}$ ……（答）

(2) (1)と同様にして，求める確率は， $\dfrac{1}{2^4}=\dfrac{1}{16}$ ……（答）

(3) 6秒後にEにいるような推移のしかたは $\underset{\uparrow}{6+1}=7$（通り）あるので，
　　　　　　　　　　図3において太字で書かれた⑥と①

　　求める確率は， $\dfrac{7}{2^6}=\dfrac{7}{64}$ ……（答）

(4) 8秒後にAにいるような推移のしかたは70通り，
　　　Bにいるような推移のしかたは $8+28=36$（通り）
　　ある．よって，求める確率は，

$$\dfrac{70+36}{2^8}=\dfrac{106}{2^8}=\dfrac{53}{2^7}=\dfrac{53}{128}\quad\text{……（答）}$$

[コメント]　この問題のように，「ネット」は途中まで異なる推移のパターンを経ても，ひとたび同一の状態になれば，その後は同一の推移のパターンが現れてくる，というときに有効である．ネットもまた，樹形図同様，情報を整理して書き込むためのものとして活用する．また，この問題では，結局，正五角形上の点の推移を，図5のような，A, B, C, D, E が繰り返し現れる直線上の点の推移として考えている，と捉えることもできる．

```
…… D C B A E D C B A E D C B A E D C ……
                    図5
```

なお，共通 1 次の原題は，
 (3) P が A から出発して 4 秒後に A にいる確率
 (4) P が A から出発して 8 秒後に A にいる確率
となっている．実は，原題を解くためには，4 秒後の推移までを表しておけば十分である ((4) でさえも)．

原題 (3) は，図 3 より，直ちに， $\dfrac{6}{2^4}=\dfrac{3}{8}$

原題 (4) は，A から出発して 4 秒後に A, B, C, D, E にいる確率は，図 3 よりそれぞれ $\dfrac{6}{16}, \dfrac{1}{16}, \dfrac{4}{16}, \dfrac{4}{16}, \dfrac{1}{16}$ である．対称性を考慮すれば，4 秒後の時点で A, B, C, D, E にいる点がさらに 4 秒たった時点 (8 秒後) で A に戻る確率もそれぞれ， $\dfrac{6}{16}, \dfrac{1}{16}, \dfrac{4}{16}, \dfrac{4}{16}, \dfrac{1}{16}$ である (図 6)．

よって，求める確率は，
$$\left(\dfrac{6}{16}\right)^2+\left(\dfrac{1}{16}\right)^2+\left(\dfrac{4}{16}\right)^2+\left(\dfrac{4}{16}\right)^2+\left(\dfrac{1}{16}\right)^2$$
$$=\cdots\cdots=\dfrac{35}{128} \qquad \cdots\cdots(\text{答})$$

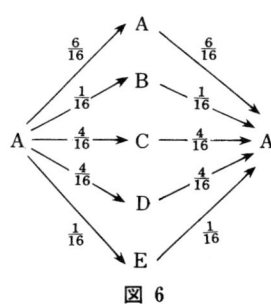

図 6

【別解】 (3) 頂点 A から B 方向に 1 頂点分移動するものを $+1$，頂点 A から E 方向に 1 頂点分移動するものを -1 とする．そして，$+$ の移動回数を x，$-$ の移動回数を y とすると，

 $x+y=6$ ……① $\qquad x-y\equiv -1 \pmod{5}$ ……②

② より，
 $x-y=-1+5$ または $x-y=-1-5$
これと ① より，
 $x=5, y=1$ または $x=0, y=6$
よって，求める確率は
$$\dfrac{{}_6C_1+1}{2^6}=\dfrac{7}{64} \qquad \cdots\cdots(\text{答})$$

─〈練習 4・2・3〉

A, B がゲームを繰り返し行い優勝を争う。1回のゲームで A, B が勝つ確率はそれぞれ $\frac{1}{3}$, $\frac{2}{3}$ であり、そのときの勝者、敗者の得点は、それぞれ1, 0 である。先に総得点3を得たものが優勝するものとする。A が優勝する確率を求めよ。　　　　　　　　　　　　　　　　　　　　　　　　（東京電機大 理工）

発想法

$\begin{pmatrix} a \\ b \end{pmatrix}$ によって、A の得点が a, B の得点が b であることを表すことにしよう。

たとえば、3回目の勝負をした時点で、両者の得点が $\begin{pmatrix} 2 \\ 1 \end{pmatrix}$ で表されたとしよう。このとき3回目までの勝敗のパターンは何通りかあり (3通り)、しかもそこまでの推移のしかたによらず、一たび $\begin{pmatrix} 2 \\ 1 \end{pmatrix}$ という状態になれば、A が優勝するまでのその後の勝敗パターンは、図1のようにしてまとめることができる。そこで、2回目以降の"同一の勝敗パターン"を一まとめにしていって、A が優勝するまでの両者の得点の推移をネットでコンパクトにまとめていくことを考える。

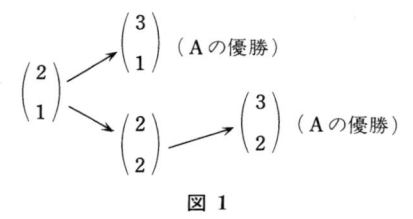

$\begin{pmatrix} 2 \\ 1 \end{pmatrix} \begin{array}{c} \nearrow \begin{pmatrix} 3 \\ 1 \end{pmatrix} \text{（Aの優勝）} \\ \searrow \begin{pmatrix} 2 \\ 2 \end{pmatrix} \rightarrow \begin{pmatrix} 3 \\ 2 \end{pmatrix} \text{（Aの優勝）} \end{array}$

図 1

解答

1回目　2回目　3回目　4回目　5回目

図 2

（図2：$\begin{pmatrix} 0 \\ 0 \end{pmatrix}$ から推移し、$\begin{pmatrix} 3 \\ 0 \end{pmatrix}$, $\begin{pmatrix} 3 \\ 1 \end{pmatrix}$, $\begin{pmatrix} 3 \\ 2 \end{pmatrix}$ でそれぞれAの優勝となるネット図）

$\begin{pmatrix} a \\ b \end{pmatrix}$ によって，A の得点が a，B の得点が b であることを表すと，A の優勝がきまるまでの両者の得点の推移を表すネットは，図 2 のようになる（↗ 向きの推移は A が勝ったとき，↘ 向きは B が勝ったときを表すというように統一しておくこと！）．両者の得点 $\begin{pmatrix} a \\ b \end{pmatrix}$ のおのおのに対応する位置に，$\begin{pmatrix} 0 \\ 0 \end{pmatrix}$ の状態からそのような得点となる確率を書きこんだものが図 3 である（直接図 2 へ書き込んでもよい．このネットのつくり方は，図 3 の ⌒⌒⌒ 部分について説明すると図 4 のとおりである）．

図 3

図 4

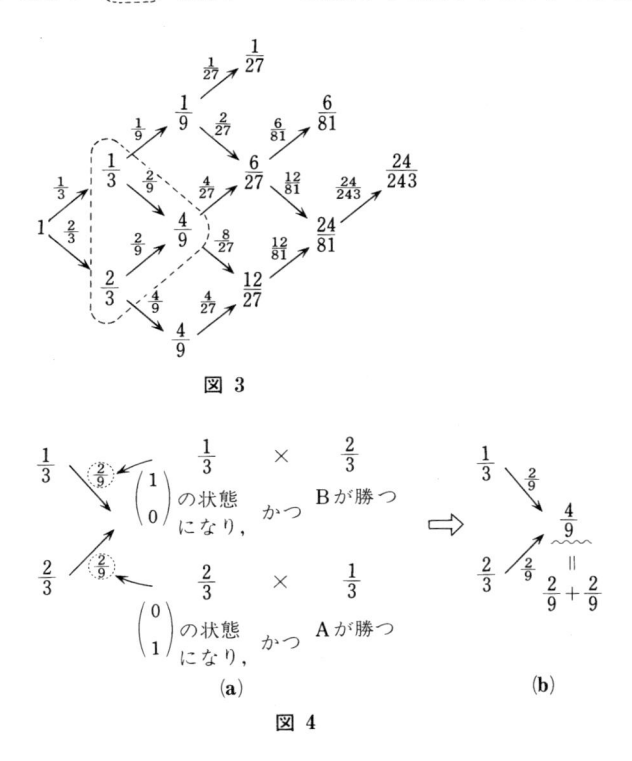

図 3 より，A が優勝する確率は，

$$\frac{1}{27} + \frac{6}{81} + \frac{24}{243} = \frac{3}{81} + \frac{6}{81} + \frac{8}{81} = \mathbf{\frac{17}{81}} \qquad \cdots\cdots(答)$$

[コメント] 図 3 において，矢印の上に書き込む数は，約分できても約分しておかないほうがよい．図 4 (b) に相当する「和」の計算において分母がそろっているため，和が容易に計算できることが多いからである．最終的な計算の段階で必要に応じて約分すればよい．

[例題 4・2・4]

右の図に示す座標空間内の 22 個の格子点(○印)からなる集合を L とする．L の各点に色 C_1, C_2, C_3(たとえば，赤，青，黄)のいずれかの色をどのように塗ろうとも，

　　座標軸に平行なある直線 l とある 2 色 C_i, C_j ($i \neq j$, $1 \leq i \leq j \leq 3$) が存在して，l 上の色 C_i をもつ点の個数と色 C_j をもつ点の個数の差が 2 以上となる．……(*)

ことを示せ．

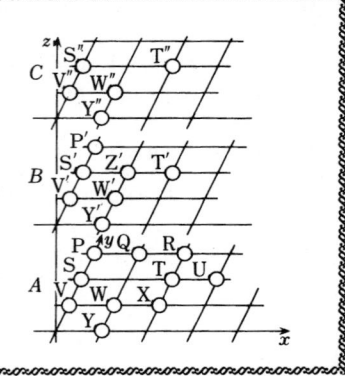

発想法

この問題に対しては，着色のしかたを実際に樹形図に表していく，という方法をとるわけではないが，頭の中で樹形図を描きながら，モレなくすべての場合について調べていく．議論をすすめるにあたって，まず A 面の点の着色から考えていく．というのは，A 面は最も多くの点を含む面であり，(*)なる条件をみたす着色がかなり限定され，したがって，B, C 面の着色を考える前の段階における枝分かれを少ない枝分かれですますことができるからである．A 面についてたとえば，

　　Pが C_1, Qが C_2 の場合には，Rを C_1 で塗っても，C_2 で塗っても，直線 PR 上において(*)がみたされている

ことになるので，

　　Rが C_3 で塗られている場合について，残りの点の着色を考えていけば十分

である．このように，「その後の議論の展開が必要とされる方向へだけ樹形図の枝を伸ばす」という方針ですすめていく．気持ちとしては，「(*)をみたさないように，みたさないように」と考えながら着色をすすめていくのである．このとき，

　　L の点が 3 つのっている直線上においては，その 3 点がすべて異なる色で塗られている場合について考えていけば十分である　……(☆)

図 1

ことに注意せよ．すると，まず直線 PR 上の L の 3 点の着色について，P, Q, R がそれぞれ，「C_1, C_2, C_3」，「C_1, C_3, C_2」，……，「C_3, C_2, C_1」の $3! = 6$(通り) の場合に絞られるが，議論の対称性(IIの第2章§3参照)を考慮すれば，「C_1, C_2, C_3」の場合についてだけ調べれば十分である．なぜなら，たとえば「C_1, C_3, C_2」の場合には，「C_1, C_2, C_3」の場合の議論において，「C_2」と「C_3」をすべて入れ換えることによって，題意が示されることになるからである．

§2 樹形図を利用して場合分けせよ　217

解答　(☆)より, P, Q, R がそれぞれ, C_1, C_2, C_3 で塗られている場合を考えれば十分である. 次に直線 PV に着目すると, S, V がそれぞれ, 「C_2, C_3」で着色されている場合と, 「C_3, C_2」で着色されている場合について調べれば十分である (図 2).

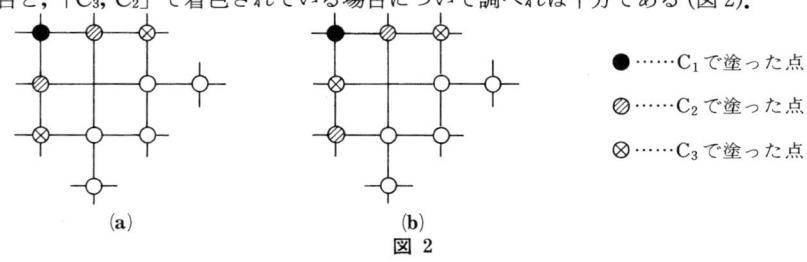

● ……C_1 で塗った点
◎ ……C_2 で塗った点
⊗ ……C_3 で塗った点

(a)　(b)
図 2

(i) S, V をそれぞれ C_2, C_3 で着色するとき (図 2(a));
「直線 VX, QY に着目すると (☆) より, W を C_1 で着色する場合について考えれば十分である」(以後「　」内のような議論を, "W; C_1〔直線 VX, QY〕" などと略記する). このとき, さらに X; C_2〔直線 VX〕, Y; C_3〔直線 QY〕, さらに, T; C_1〔直線 RX〕, U; C_3〔直線 SU〕と, 順次調べるべき着色のしかたが絞られていく (図 3(a)).

(ii) S, V をそれぞれ C_3, C_2 で着色するとき (図 2(b));
まず, X; C_1〔直線 RX, VX〕である. さらに, (i)と同様にして図 3(b) の場合について調べれば十分であることがわかる.

次に(i), (ii)のおのおのの場合について, B 面, C 面の着色を考えていく.

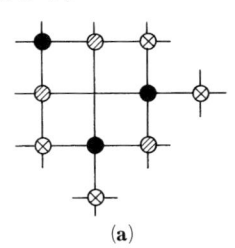

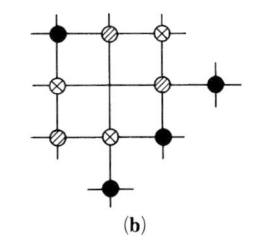

(i)-(1)　V' が C_1 のとき,
V''; C_2〔直線 VV''〕, S'; C_3〔直線 P'V', 直線 SS''〕, S''; C_1〔直線 SS'〕, P'; C_2〔直線 P'V'〕, W''; C_3〔直線 V''W'', WW''〕, W'; C_2〔直線 WW''〕, T'; C_2〔直線 S'T', TT''〕, Z'; C_1〔直線 S'T'〕, T''; C_3〔直線 TT''〕と, 順次調べるべき着色のしかたが絞られる(図4). 次に直線 Y'Z' に着目すると, Y' が C_3 で着色されている場合を調べれば十分であるが, このとき直線 YY'' 上において C_3 で塗られた点が 2 点 (Y, Y') あり, Y'' の着色のしかたによらず, (*) が成立する.

(a)　(b)
図 3

以下, (i) − (2) V' が C_2 のとき, (ii) − (1) V' が C_1 のとき, (ii)-(2) V' が C_3 のときについても同様にして命題が示される (各自試みよ).

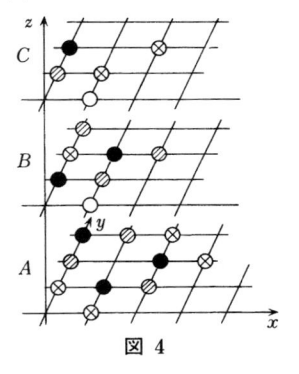

図 4

第5章　上手な議論の進め方

　米国では4年ごとに大統領選挙が行われる．各候補者は各地で施政方針の遊説を行い，全米にわたる選挙ラリーで勝ち残った者1人が各党から指名を受ける．その後，共和党の候補者と民主党の候補者が最終的に争うことになる．その2人が大統領選終盤で何回か Debate (テレビ討論会のようなもの) を行う．Debate は全米にテレビで中継され，Debate での各候補者に対する印象は大きく支持率を左右する．Debate では，経済，貿易，外交，軍事などの重要なテーマについて激しい議論が交わされる．時にはプライバシーを侵すスキャンダルまで飛び出し，個人攻撃が行われるほどである．

　Debate で相手を打ち負かすには，政策や人間性はもとより，議論の進め方がポイントになる．そのポイントを分析すると次のようなものになるであろう：

　(i)　終始一貫した論理性
　(ii)　相手の議論の矛盾を突く反撃のしかた
　(iii)　最大多数の支持を得る意見の出し方

　(i) のためには，論点の絞り方，三段論法や必要性，十分性を上手に操った議論の展開が必要である．(ii) のためには，相手を意図的に誘導して罠にはめるという誘導尋問も必要となろう．また，(iii) は数学でいう最適化問題にほかならない．すなわち，視聴者の中にはいろいろな人がいて，当然各人によって利害の対立があるわけだから，全体の最大公約数的意見をつねに主張しつづけねばならない．

　議論の進め方の重要性は何も米国の大統領選に限ったわけではなく，私達が日常の生活を営むうえで欠かせないものなのである．人間生活における議論は，上の大統領選の Debate にみられるように，人によって利害が対立することは当然ある．その結果，ある事柄に関してその真偽 (または正否) が異なる可能性もある．しかし，数学で扱われる議論 (命題) では，そのような曖昧性は排除され，真実は真実であるとして誰もが認めざるを得ない客観性をもたなければならない．このように，人間社会における議論と自然科学における議論はいささかその趣きを異にするが，議論の展開の方法はいずれも論理的に推し進めなくてはならないという点ではまったく同じなのである．本章では，問題を首尾よく解決するための上手な議論の展開のしかたの3つの典型的手法について解説することにしよう．

§1　特別な場合の考察により解の候補を絞り込め

　君が，秋葉原にヘッドホーンステレオを買いに行ったとする．日本を代表する電気街である．どの店にも数十種類もの様々なヘッドホーンステレオが並べられている．君は，各機械に付けられている価格表や機能説明などを読んでいく．しかし，見れば見るほどあちこちに目移りするばかりで，何が何だかしまいにはわからなくなってくるかもしれない．立ちつくしている君を見て店員が近づいてくる．商売を心得ている店員ならば，高いものを売りつけようなどとゴリ押しはしない．「御予算は？」，「機能的に，――と，――と，――といったものがありますが？」，「メーカーは特に？」，「形や色は…？」と的確に君の必要条件を聞き出した後に，それらに見合う（君の必要条件をみたす）機械を3, 4体選び出してくれる．あとは，君が，それらの中から気に入ったもの（十分条件もみたすもの）を選び出せばよいのだ．ひょっとすると気に入ったもの（すなわち，答）が1つもないかもしれない．

　このように，たくさんあるものの中から，ある条件（☆）をみたすもの（必要十分条件（☆）をみたすもの）を選び出す際に，いっぺんにこれを求めることが難しいとき（たとえば，『{ 1, 2, 3, ……, 100 } の中から3の倍数を求めよ』という条件をみたすものなら，いっぺんに必要十分条件をみたすものを求められる）には，まず，必要条件をみたすものを求めて，候補となるべきものを絞り込んだ後に，それらの候補者に対し十分性を吟味して求めるのが有効な手段なのである．

　特に，数学の問題の中には，

　　　"すべての（任意の）〜に対して，……が成り立つような――を求めよ"

という全称命題を条件に含むものがある．このような問題は，いっきに必要十分条件をみたすものを求めようとすれば，すべての〜を扱うことになり，話が難しくなる．よって，全称命題を条件に含む問題は，上述のように，まず，必要条件により，答となりうる候補を絞った後に，十分性のチェックを行って，必要十分条件をみたす答を求めるのがよいのである．高校野球やミス・ワールドなどでも，地方大会や各地区などで候補者を絞り，審査の手間を大幅に減少させた後に，全国大会やチャンピオン大会で実力十分な野球チームや，美女を選び出すのである．

[例題 5・1・1]

行列 $A = \begin{pmatrix} a & b \\ c & d \end{pmatrix}$ が表す xy 平面の 1 次変換 f が，次の条件 (i), (ii) をみたすとする．

(i) f は，任意の三角形をそれと相似な三角形にうつす．

(ii) f は，点 $(1, \sqrt{3})$ を点 $(-2, 2\sqrt{3})$ にうつす．

このような行列 A をすべて求めよ．

発想法

『"任意の三角形をそれと相似な三角形にうつす ……(☆)" だから，任意の $\triangle P_1P_2P_3$, $P_i(x_i, y_i)$, $(i=1, 2, 3)$ とおく．$f(P_i) = P_i'$, $P_i'(x_i', y_i')$ とするとき，$x_i' = ax_i + by_i$, $y_i' = cx_i + dy_i$ ……』

などとして求めようとしたら，気が遠くなるほどたいへんになる．そこで，条件 (i) が "任意の三角形" に関する命題，すなわち，全称命題であることに着眼して，自分に最も都合のよい (扱いやすい) 三角形，たとえば正三角形という特別な場合について条件 (i) が成立するための条件をまず求めて，それを突破口とするのがよい．では，具体的にどんな三角形について調べるのがよいだろうか．原点 O が任意の 1 次変換によって不動点であることを考えると，その中でも 1 頂点を原点とする正三角形，さらに条件 (ii) を考えると，特に，O, $P(1, \sqrt{3})$ を 2 頂点とする正三角形について考えてみるのがよさそうである．

また，線分 OP と x 軸の正方向とのなす角が $\dfrac{\pi}{3}$ であることから，

　　点 O, P, Q(2, 0) を頂点とする正三角形

について考えてみるのがよい (考えやすい) ことがわかる．

よって，

『条件 (i) より，$\triangle$OP'Q' も正三角形になることが必要である』

として，この事実 (必要条件) により，求める 1 次変換の形を絞り込む．実際，この問題では以下の「**解答**」で示すようなたった 2 つの行列だけに絞れる．

ところで，ここまでは必要性で推してきただけであるから，当然これら 2 つの行列が十分である (すなわち，"任意の三角形をそれと相似な三角形にうつしている") という保証はまったくない．よって，必要条件により求まった解となりうる 2 つの行列おのおのについて，最後に十分性のチェックをしなければならない．

解答 まず，3点 O(0, 0), P(1, $\sqrt{3}$), Q(2, 0) を頂点とする図1のような正三角形について考える．ここで，条件(i)より，

「△OPQ が f によってうつされた図形 △OP'Q' も正三角形であることが必要」 ……(☆)

また，条件(ii)より，点 P は f によって

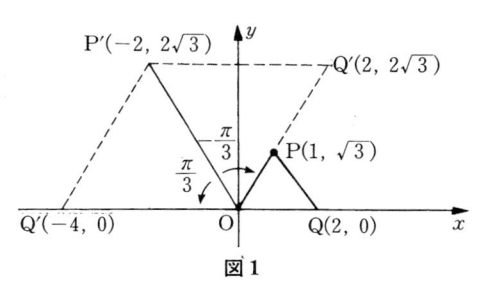

P'(-2, $2\sqrt{3}$)

にうつされ，点 Q が f によってうつされる点を Q' とすると，条件(☆)をみたすためには，点 Q' の座標が次の2つの場合のどちらかでなければならない（図1）．

① $\overrightarrow{OP'}$ を $+\dfrac{\pi}{3}$ 回転したもの ∴ Q'(-4, 0)

② $\overrightarrow{OP'}$ を $-\dfrac{\pi}{3}$ 回転したもの ∴ Q'(2, $2\sqrt{3}$)

よって，求める行列を A とすると，

①の場合：$A\begin{pmatrix} 1 & 2 \\ \sqrt{3} & 0 \end{pmatrix} = \begin{pmatrix} -2 & -4 \\ 2\sqrt{3} & 0 \end{pmatrix}$ より $A = \begin{pmatrix} -2 & 0 \\ 0 & 2 \end{pmatrix}$ ……(イ)

②の場合：$A\begin{pmatrix} 1 & 2 \\ \sqrt{3} & 0 \end{pmatrix} = \begin{pmatrix} -2 & 2 \\ 2\sqrt{3} & 2\sqrt{3} \end{pmatrix}$ より $A = \begin{pmatrix} 1 & -\sqrt{3} \\ \sqrt{3} & 1 \end{pmatrix}$ ……(ロ)

以下，十分性のチェックを行うと，

(イ) $A = 2\begin{pmatrix} -1 & 0 \\ 0 & 1 \end{pmatrix}$ y 軸対称と2倍の相似拡大の合成

(ロ) $A = 2\begin{pmatrix} \dfrac{1}{2} & -\dfrac{\sqrt{3}}{2} \\ \dfrac{\sqrt{3}}{2} & \dfrac{1}{2} \end{pmatrix}$ 60°回転と2倍の相似拡大の合成

よって，どちらも条件(i), (ii)をみたすので十分であることが示せた．したがって

$A = 2\begin{pmatrix} -1 & 0 \\ 0 & 1 \end{pmatrix}$ または $A = 2\begin{pmatrix} \dfrac{1}{2} & -\dfrac{\sqrt{3}}{2} \\ \dfrac{\sqrt{3}}{2} & \dfrac{1}{2} \end{pmatrix}$ ……(答)

(注) この解答では，正三角形を選んだことが本質的であるということに気づいただろうか？ 条件(i)は "任意の三角形をそれと相似な三角形にうつす" というだけで，"相似な2つの三角形のそれぞれ対応する点が，像と原像の関係にある" …(*) とはいっていない．たとえば，図2(a)のように △OPQ を直角三角形にとった場合，

点線の $\triangle \mathrm{OP'Q'}$ のようになるという保証はどこにもなく，図2(b)の点線のようになる可能性も否定できないのである．

もちろん条件(i)から(∗)を導くのにたいした努力はいらないが，正三角形を選ばない場合には，(∗)の証明も付け加える必要がある．したがって，以下のような誤った解答を書けば，大幅減点はまぬがれないだろう．

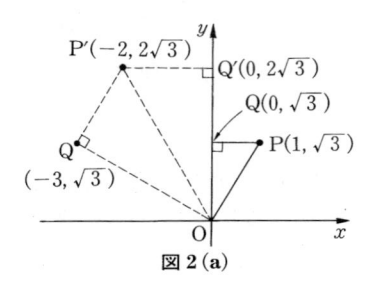

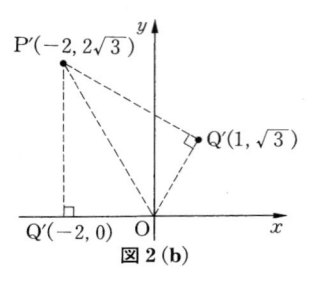

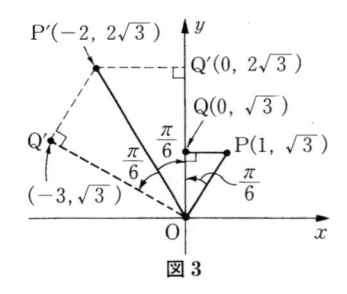

図2(a)

図2(b)

【誤答】 3点 $\mathrm{O}(0,\ 0)$，$\mathrm{P}(1,\ \sqrt{3})$，$\mathrm{Q}(0,\ \sqrt{3})$ を頂点とする図3のような直角三角形 OPQ について考える．すると，前述の「**解答**」と同様に(☆)が必要条件であること，および，点 $\mathrm{P}(1,\ \sqrt{3})$ が $\mathrm{P'}(-2,\ 2\sqrt{3})$ にうつることから，点 Q が f によってうつされる点 Q' の座標は，次の2通りのどちらかでなければならない(どちらかであることが必要である)．

図3

① $\overrightarrow{\mathrm{OP'}}$ を $+\dfrac{\pi}{6}$ 回転し，$\mathrm{OP'} \cdot \dfrac{\mathrm{OQ}}{\mathrm{OP}}$ の長さの位置にある点 $\mathrm{Q'}(-3,\ \sqrt{3})$

② $\overrightarrow{\mathrm{OP'}}$ を $-\dfrac{\pi}{6}$ 回転し，$\mathrm{OP'} \cdot \dfrac{\mathrm{OQ}}{\mathrm{OP}}$ の長さの位置にある点 $\mathrm{Q'}(0,\ 2\sqrt{3})$

よって，求める行列を A とすると，

①の場合： $A\begin{pmatrix} 1 & 0 \\ \sqrt{3} & \sqrt{3} \end{pmatrix} = \begin{pmatrix} -2 & -3 \\ 2\sqrt{3} & \sqrt{3} \end{pmatrix}$ より，$A = \begin{pmatrix} 1 & -\sqrt{3} \\ \sqrt{3} & 1 \end{pmatrix}$

②の場合： $A\begin{pmatrix} 1 & 0 \\ \sqrt{3} & \sqrt{3} \end{pmatrix} = \begin{pmatrix} -2 & 0 \\ 2\sqrt{3} & 2\sqrt{3} \end{pmatrix}$ より，$A = \begin{pmatrix} -2 & 0 \\ 0 & 2 \end{pmatrix}$

以下，「**解答**」と同様に，十分性のチェックを行うことにより，

$$A = 2\begin{pmatrix} \dfrac{1}{2} & -\dfrac{\sqrt{3}}{2} \\ \dfrac{\sqrt{3}}{2} & \dfrac{1}{2} \end{pmatrix} \quad \text{または} \quad A = 2\begin{pmatrix} -1 & 0 \\ 0 & 1 \end{pmatrix} \quad \cdots\cdots \text{(答)}$$

§1 特別な場合の考察により解の候補を絞り込め   223

──〈練習 5・1・1・(a)〉──
　任意の2行2列の行列 X に対して，$AX = XA$ となる行列 A の形を決定せよ．

発想法
　任意の行列 X に対して，$AX = XA$ であることから，X として特定の（扱いやすい）行列を選び，$AX = XA$ に代入し，まずは A の必要条件を求め，それを手がかりとして，解答するのがよい．

解答　$A = \begin{pmatrix} a & b \\ c & d \end{pmatrix}$ とおく．問題文より，行列 A は任意の行列と積の順序が交換可能であるから，$\begin{pmatrix} 1 & 0 \\ 0 & 0 \end{pmatrix}, \begin{pmatrix} 0 & 0 \\ 1 & 0 \end{pmatrix}$ とも交換可能であることが必要である．よって，

　　$X = \begin{pmatrix} 1 & 0 \\ 0 & 0 \end{pmatrix}$ のとき，$\begin{pmatrix} a & b \\ c & d \end{pmatrix}\begin{pmatrix} 1 & 0 \\ 0 & 0 \end{pmatrix} = \begin{pmatrix} 1 & 0 \\ 0 & 0 \end{pmatrix}\begin{pmatrix} a & b \\ c & d \end{pmatrix}$

　　∴ $b = c = 0$ であることが必要．

　　$X = \begin{pmatrix} 0 & 0 \\ 1 & 0 \end{pmatrix}$ のとき，$\begin{pmatrix} a & b \\ c & d \end{pmatrix}\begin{pmatrix} 0 & 0 \\ 1 & 0 \end{pmatrix} = \begin{pmatrix} 0 & 0 \\ 1 & 0 \end{pmatrix}\begin{pmatrix} a & b \\ c & d \end{pmatrix}$

　　∴ $a = d$，$b = 0$ であることが必要．

　したがって，$\begin{pmatrix} 1 & 0 \\ 0 & 0 \end{pmatrix}, \begin{pmatrix} 0 & 0 \\ 1 & 0 \end{pmatrix}$ と交換可能であるためには，"$A = kE$"であることが必要である．

　逆に，$A = kE$ のとき，任意の行列 X について，
　　$AX = (kE)X = X(kE) = XA$
が成り立つ．

　よって，"$A = kE$"ならば，任意の2×2行列と，積の順序が交換可能であり，十分でもあることが示せた．

　以上のことから　　**$A = kE$**　（**k** は任意の実数）　　……（答）

〈練習 5・1・1・(b)〉

行列 $A = \begin{pmatrix} a & b \\ c & d \end{pmatrix}$ の表す1次変換 f がある．この1次変換 f による点 P, Q の像をそれぞれ P′, Q′ とし，O は原点とする．任意の点 P, Q に対し，∠POQ = ∠P′OQ′ が成り立つとき，a, b, c, d の間に成り立つ関係式を求めよ．

発想法

任意の角度を f は保存することから，

"(扱いやすい角度)∠POQ $= \dfrac{\pi}{2}$ のときにも成り立つことが必要"

として，まずは必要条件を求め，これを突破口としよう．

解答 まず，$A = \begin{pmatrix} 0 & 0 \\ 0 & 0 \end{pmatrix}$ ならば，題意は成り立つ．そこで，以下，$A \neq \begin{pmatrix} 0 & 0 \\ 0 & 0 \end{pmatrix}$ について調べる．

行列 A の表す1次変換 f は任意の角度を一定に保つことから，直交するベクトルの組

$\begin{pmatrix} \cos\theta \\ \sin\theta \end{pmatrix}, \begin{pmatrix} -\sin\theta \\ \cos\theta \end{pmatrix}$ の像

$\begin{pmatrix} a\cos\theta + b\sin\theta \\ c\cos\theta + d\sin\theta \end{pmatrix}, \begin{pmatrix} -a\sin\theta + b\cos\theta \\ -c\sin\theta + d\cos\theta \end{pmatrix}$

は任意の θ で直交しなければならない（直交することが，題意を成立させるための必要条件である）．したがって，

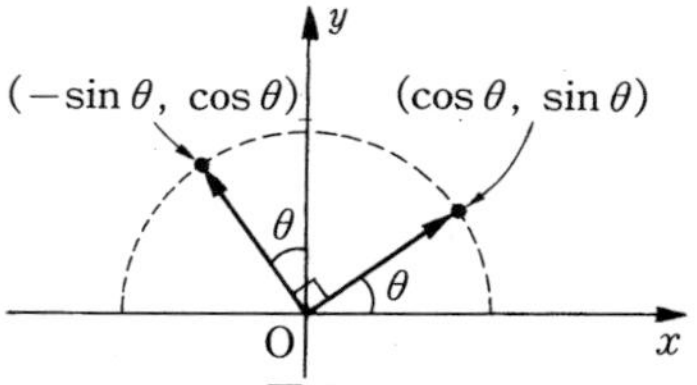

図1

$(a\cos\theta + b\sin\theta)\cdot(-a\sin\theta + b\cos\theta) + (c\cos\theta + d\sin\theta)\cdot(-c\sin\theta + d\cos\theta) = 0$

∴ $\dfrac{1}{2}(b^2 + d^2 - a^2 - c^2)\sin 2\theta + (ab + cd)\cos 2\theta = 0$ ……①

① が任意の θ で成り立つことが必要であるから，

$b^2 + d^2 = a^2 + c^2$ かつ $ab + cd = 0$ ……②

であることが必要である．

逆に，行列 A の成分が②をみたすとする（これから，十分性のチェックを行うのである）．いま，

$b^2 + d^2 = a^2 + c^2 = k^2 \ (\neq 0)$

とおくと，任意のベクトル $\vec{u} = \begin{pmatrix} x \\ y \end{pmatrix}, \vec{v} = \begin{pmatrix} u \\ v \end{pmatrix}$ に関して

$|A\vec{u}|^2 = (ax + by)^2 + (cx + dy)^2 = k^2(x^2 + y^2)$ （∵ $ab + cd = 0$）

§1 特別な場合の考察により解の候補を絞り込め 225

$|A\vec{v}|^2 = (au+bv)^2+(cu+dv)^2 = k^2(u^2+v^2)$　　$(\because \ ab+cd=0)$
$A\vec{u} \cdot A\vec{v} = (ax+by)(au+bv)+(cx+dy)(cu+dv)$
$\qquad = k^2(xu+yv)$

より，$\vec{u}$, $\vec{v}$ のなす角を θ，$A\vec{u}$, $A\vec{v}$ のなす角を θ' とすると

$$\cos\theta' = \frac{A\vec{u} \cdot A\vec{v}}{|A\vec{u}||A\vec{v}|} = \frac{k^2(xu+yv)}{k^2\sqrt{x^2+y^2}\sqrt{u^2+v^2}}$$

$$= \frac{xu+yv}{\sqrt{x^2+y^2} \cdot \sqrt{u^2+v^2}}$$

$$= \frac{\vec{u} \cdot \vec{v}}{|\vec{u}| \cdot |\vec{v}|} = \cos\theta$$

したがって，②をみたせば，行列 A の表す1次変換は角度を保つ（すなわち，②は十分である）．

以上より，$A = \begin{pmatrix} 0 & 0 \\ 0 & 0 \end{pmatrix}$ の場合も含めて，

$\pmb{a^2+c^2 = b^2+d^2}$　かつ　$\pmb{ab+cd=0}$　　……(答)

また，次のように，$\angle \mathrm{POQ} = \dfrac{\pi}{2}$ をみたす点を $\mathrm{P}(1, 0)$, $\mathrm{Q}(0, 1)$ ととって，必要条件を求めてもよい．上述の「**解答**」よりも，かえってスッキリとして，もっと見通しよい解答といえるかもしれない．

【別解】 任意の点 P, Q に関して題意が成り立つことから，点 P, 点 Q として考えやすい $\mathrm{P}(1, 0)$, $\mathrm{Q}(0, 1)$ をとり，

　"$\mathrm{P}(1, 0)$, $\mathrm{Q}(0, 1)$, $\angle\mathrm{POQ} = \dfrac{\pi}{2}$ に対して，

　$\mathrm{P}'(a, c)$, $\mathrm{Q}'(b, d)$, $\angle\mathrm{P}'\mathrm{OQ}' = \dfrac{\pi}{2}$ であることが必要"

$\iff$ "$\begin{pmatrix} a \\ c \end{pmatrix} \perp \begin{pmatrix} b \\ d \end{pmatrix}$ ……① であることが必要"

である．また，

　"$\mathrm{P}(1, 1)$, $\mathrm{Q}(1, -1)$, $\angle\mathrm{POQ} = \dfrac{\pi}{2}$ に対して，

　$\mathrm{P}'(a+b, c+d)$, $\mathrm{Q}'(a-b, c-d)$, $\angle\mathrm{P}'\mathrm{OQ}' = \dfrac{\pi}{2}$ であることが必要"

$\iff \overrightarrow{\mathrm{OP}'} \cdot \overrightarrow{\mathrm{OQ}'} = 0 \iff (a+b)(a-b)+(c+d)(c-d) = 0$

$\iff$ "$a^2+c^2 = b^2+d^2$ ……②

　　であることが必要"

①，②より，

　"$(b, d) = (-c, a)$ ……(☆)

または
$(b, d) = (c, -a)$ ……(☆☆)　であることが必要"
である.

逆に, (☆) が成り立つとすると,
$$A = \begin{pmatrix} a & -c \\ c & a \end{pmatrix} = \sqrt{a^2+c^2} \underbrace{\begin{pmatrix} \cos\theta & -\sin\theta \\ \sin\theta & \cos\theta \end{pmatrix}}_{\text{回転を表す行列}}$$

$\left(\text{ここで, } \cos\theta = \dfrac{a}{\sqrt{a^2+c^2}}, \ \sin\theta = \dfrac{c}{\sqrt{a^2+c^2}} \text{ とした}\right)$

よって, 行列 A によって表される1次変換 f は, $\sqrt{a^2+c^2}$ 倍の相似拡大と θ 回転の合成であるので, f は任意の角度を保存する.

また, (☆☆) が成り立つとすると,
$$A = \begin{pmatrix} a & c \\ c & -a \end{pmatrix} = \sqrt{a^2+c^2} \underbrace{\begin{pmatrix} \cos\theta & \sin\theta \\ \sin\theta & -\cos\theta \end{pmatrix}}_{\text{折り返しを表す行列}}$$

$\left(\text{ここで, } \cos\theta = \dfrac{a}{\sqrt{a^2+c^2}}, \ \sin\theta = \dfrac{c}{\sqrt{a^2+c^2}} \text{ とした}\right)$

よって, 行列 A によって表される1次変換 f は, $\sqrt{a^2+c^2}$ 倍の相似拡大と直線
$$y = \frac{1-\cos\theta}{\sin\theta} \cdot x = \frac{\sqrt{a^2+c^2}-a}{c} \cdot x$$
に関する折り返しの合成であるので, f は任意の角度を保存する.

以上より,
$b = -c, \ d = a$ または $b = c, \ d = -a$
$\iff$　$a^2 + c^2 = b^2 + d^2$　かつ　$ab + cd = 0$　……(答)

[例題 5・1・2]

a, b, p, q はいずれも 0 と異なる実数の定数とする．

(1) すべての自然数 n に対して
$$ap^n + bq^n = 1$$
であるための a, b, p, q の条件を求めよ．

(2) すべての自然数 n に対して
$$ap^n + bq^n = n$$
が成り立つような定数 a, b, p, q の組は存在しないことを示せ．

発想法

条件文が"すべての自然数 n に対して……"という全称命題であることに注意して，扱いやすい小さな自然数を与式の n に代入しても，与式が成立することから，必要条件を求め，これを解決の糸口にしよう．

(2) に関しては，$n=1, 2, 3$ を与式 $ap^n + bq^n = n$ に代入してみても，(1) とはちがって定数項の値が異なってくるので処理しにくい．そこで，(1) との関連性を追求してみる．すなわち，"(1) の結果を利用しよう(IIIの**第4章 §4参照**)" という方針で調べてみると，すべての自然数 n に対して，$ap^n + bq^n = n$ より，
$$(ap^{n+1} + bq^{n+1}) - (ap^n + bq^n) = (n+1) - n$$
$$\iff \{a(p-1)\}p^n + \{b(q-1)\}q^n = 1$$
と変形でき，(1) で求めた結果がつかえる．

解答

(1) すべての自然数 n について
$$ap^n + bq^n = 1 \qquad \cdots\cdots ①$$
が成り立つとする．このとき，① に $n=1, 2, 3$ をそれぞれ代入した式，
$$\begin{cases} ap + bq = 1 & \cdots\cdots ② \\ ap^2 + bq^2 = 1 & \cdots\cdots ③ \\ ap^3 + bq^3 = 1 & \cdots\cdots ④ \end{cases}$$
が成り立つことが必要である．

ここで，$\{②, ③\}$ と $\{③, ④\}$ より
$$\begin{pmatrix} a & b \\ ap & bq \end{pmatrix} \begin{pmatrix} p \\ q \end{pmatrix} = \begin{pmatrix} 1 \\ 1 \end{pmatrix} \qquad \cdots\cdots ⑤$$
$$\begin{pmatrix} a & b \\ ap & bq \end{pmatrix} \begin{pmatrix} p^2 \\ q^2 \end{pmatrix} = \begin{pmatrix} 1 \\ 1 \end{pmatrix} \qquad \cdots\cdots ⑥$$

行列 $M = \begin{pmatrix} a & b \\ ap & bq \end{pmatrix}$ とおく．M が逆行列をもつか否かで，次の2つの場合に分けて考える(**第3章 §1参照**)．

(i) $\det M = ab(q-p) \neq 0$ のとき (M が逆行列をもつとき)：
　⑤, ⑥より
$$\begin{pmatrix} p \\ q \end{pmatrix} = \begin{pmatrix} p^2 \\ q^2 \end{pmatrix} = M^{-1} \begin{pmatrix} 1 \\ 1 \end{pmatrix}$$
　であることが必要である．よって，$p = p^2$, $q = q^2$ であり，
$$p(p-1) = 0, \quad q(q-1) = 0$$
　また，題意より，$p \neq 0$, $q \neq 0$ であるから，$p = q = 1$ であることが必要である．
　しかし，このとき，$p = q = 1$ の十分性のチェックを行うと，$\det M = 0$ となり，$\det M \neq 0$ に反する．よって，この場合は起こりえない．

(ii) $\det M = ab(q-p) = 0$ のとき (M が逆行列をもたないとき)：
　$ab \neq 0$ より， $p = q$
　このとき②, ③より，
$$p(a+b) = 1, \quad p \cdot p(a+b) = 1$$
　よって，
$$p(=q) = 1 \quad \text{かつ} \quad a + b = 1 \quad \cdots\cdots ⑦$$
　これより，すべての自然数 n について①が成り立つためには，⑦が必要である．
逆に⑦が成り立つとすると，$ap^n + bq^n = a + b = 1$ となり，十分でもある．
　よって，
$$\boldsymbol{p = q = 1 \quad \text{かつ} \quad a + b = 1} \qquad \cdots\cdots (答)$$

(2) すべての自然数 n について
$$ap^n + bq^n = n \qquad \cdots\cdots ⑧$$
であるとする．このとき，
$$ap^{n+1} + bq^{n+1} = n+1 \qquad \cdots\cdots ⑨$$
も成り立つ．⑨－⑧より，
$$a(p-1) \cdot p^n + b(q-1) \cdot q^n = 1 \qquad \cdots\cdots ⑩$$
が成り立つ．ここで，$a(p-1) = a'$, $b(q-1) = b'$ とおくと，
$$a'p^n + b'q^n = 1$$
　(1)より，これがすべての自然数 n に対して成り立つための必要条件は
$$p = q = 1 \quad \text{かつ} \quad a' + b' = 1$$
であるが，$p = q = 1$ のとき $a' = b' = 0$ となり，もう1つの必要条件 $a' + b' = 1$ をみたさないので，すべての自然数 n に対して⑩が成り立つような定数 a, b, p, q の組は存在せず，したがって，すべての自然数 n に対して⑧が成り立つような定数 a, b, p, q の組は存在しない．

(注) 本問は，必要条件を求めて，それを突破口として解決したこともさることながら，(1)の解答中で，必要条件より得られた連立方程式を行列の形に直してとらえ，行列が逆行列をもつか否かで場合分けして a, b, p, q を決定したところも，注目に値する．

―――〈練習 5・1・2〉――――――――――――――――――――
$f(x) = ax^3 + bx^2 + c$ とし,
「すべての整数 n に対して $f(n)$ の値が整数になる」……(☆)
とする.
$-5 \leqq a \leqq 5$, $-5 \leqq b \leqq 5$, $-5 \leqq c \leqq 5$
の範囲に適する (a, b, c) の組は全部で何組あるか.
――――――――――――――――――――――――――――――

発想法

まず,一番最初に注意すべきことは,"問題文の条件が全称命題"ということである.次に見抜かなければならないのは,"a, b, c のすべてが整数なら,任意の n に対して $f(n)$ が整数であることは明らかだが,すべての n に対して $f(n)$ が整数になるからといって,必ずしも a, b, c すべてが整数だとは,断定できない"ことである.「すべての整数 n に対して $f(n)$ は整数になる」と条件(☆)はいっているのだから,(☆)が成立するためには,特定の(計算が簡単になりそうな)n,たとえば,$n = 0, 1, -1$ に対して $f(n)$ が整数になることが必要である.この事実を突破口として求めよう.

解答 整数全体からなる集合を記号 $\boldsymbol{Z}$ で表すことにする.
$f(0) = c \in \boldsymbol{Z}$
$f(1) = a + b + c \in \boldsymbol{Z}$
$f(-1) = -a + b + c \in \boldsymbol{Z}$
これより,必要条件として,
$$\begin{cases} a + b \in \boldsymbol{Z} & \cdots\cdots ① \\ -a + b \in \boldsymbol{Z} & \cdots\cdots ② \\ c \in \boldsymbol{Z} & \cdots\cdots ③ \end{cases}$$
を得る.整数は,加法,減法,乗法に関して閉じているので
①-② より $2a = A \in \boldsymbol{Z}$ ……④
①+② より $2b = B \in \boldsymbol{Z}$ ……⑤
である.これらより,$a = \dfrac{A}{2}$, $b = \dfrac{B}{2}$ と書ける(つまり,a, b は整数でないとしても,$\dfrac{整数}{2}$ の形をしていなければならない).

①,② に ④,⑤ を代入すると,
$$a + b = \frac{A+B}{2}, \quad -a + b = \frac{B-A}{2}$$
ここで,①,② より,これらは,ともに整数でなければならない.よって,A と B の偶奇が一致していることが必要である.したがって,次の2つの条件が必要であるということになる:

(i) a, b はともに $\dfrac{奇数}{2}$ (すなわち, A, B はともに奇数) の形で, $c \in \mathbf{Z}$

(ii) $a, b, c \in \mathbf{Z}$ (つまり, a も b もともに $\dfrac{偶数}{2}$ 《すなわち, A, B はともに偶数》の形)

次に, 条件 (i), (ii) に関する十分性のチェックを行う.

(i) の場合:

一般の $n \in \mathbf{Z}$ に対して
$$f(n) = \frac{A}{2}n^3 + \frac{B}{2}n^2 + c \in \mathbf{Z} \quad (A, B は奇数)$$

であることを n の偶奇に分けて証明する.

[(i)-イ] n が奇数のとき: An^3, Bn^2 も奇数だから
$$f(n) = \frac{An^3}{2} + \frac{Bn^2}{2} + c = \frac{奇数}{2} + \frac{奇数}{2} + 整数 = \frac{偶数}{2} + 整数 \in \mathbf{Z}$$

[(i)-ロ] n が偶数のとき: An^3, Bn^2 も偶数だから,
$$f(n) = \frac{An^3}{2} + \frac{Bn^2}{2} + c = \frac{偶数}{2} + 整数 \in \mathbf{Z}$$

となり, いずれの場合も $f(n) \in \mathbf{Z}$. よって (i) は十分でもあることが示された.

(ii) の場合:

明らかに, 任意の $n \in \mathbf{Z}$ に対して, $f(n) \in \mathbf{Z}$. よって (ii) も十分である.

(i) または (ii) であることが, 求める a, b, c に関する必要十分条件である.

次に, これらをみたす $-5 \leqq a, b, c \leqq 5$ なる範囲の (a, b, c) の組の数を (i), (ii) の 2 つの場合に分けて数える.

(i) をみたすもの:

$-5 \leqq a, b \leqq 5$ なる $\dfrac{奇数}{2}$ の形の数は, a, b それぞれ 10 個 (すなわち, a, b のとりうる値は次の 10 個である: $\pm\dfrac{9}{2}, \pm\dfrac{7}{2}, \pm\dfrac{5}{2}, \pm\dfrac{3}{2}, \pm\dfrac{1}{2}$) ずつあり, c の整数値は 11 個あるので, 求めるべき (a, b, c) の組は
$$10 \times 10 \times 11 = 1100 \text{ 組}$$

(ii) をみたすもの:

$-5 \leqq a, b, c \leqq 5$ なる整数 a, b, c はそれぞれ 11 個ずつあるので, 求めるべき (a, b, c) の組は
$$11^3 = 1331 \text{ 個}$$

よって, 以上を合計して, $1100 + 1331 = \mathbf{2431}$ **組** ……(答)

[例題 5・1・3]

k, l, m, n は負でない整数とする．-1 または 0 でないすべての x に対して，等式

$$\frac{(x+1)^k}{x^l} - 1 = \frac{(x+1)^m}{x^n}$$

を成り立たせるような k, l, m, n の値を求めよ．

発想法

分母を払って，整理して考えようとすると，
$$x^n(x+1)^k - x^{l+n} - (x+1)^m x^l = 0$$
となるが，パラメータを4個含んだ式なので，どのように攻略したらよいのかわからない．

そこで，条件文が

"-1 または 0 でないすべての x に対して，$\dfrac{(x+1)^k}{x^l} - 1 = \dfrac{(x+1)^m}{x^n}$"

という全称命題であることに着眼しよう．x に自分にとって扱いやすい数値（たとえば，$x=1$, $\dfrac{1}{2}$ など）を代入して，必要条件を求め，k, l, m, n の条件を絞り込む．

解答

$$\frac{(x+1)^k}{x^l} - 1 = \frac{(x+1)^m}{x^n} \quad \cdots\cdots(*)$$

$(*)$ は -1 または 0 でない x についてつねに成り立つので，$x=1$ としても成り立つことが必要である．すなわち
$$2^k - 1 = 2^m$$
が必要．k, m は負でない整数だから，左辺は 0 または奇数であり，右辺は偶数または 1 である．よって
$$2^k - 1 = 2^m = 1 \quad (k=1,\ m=0) \quad \cdots\cdots①$$

すなわち，$(*)$ は
$$\frac{x+1}{x^l} - 1 = \frac{1}{x^n} \quad \cdots\cdots(**)$$

なる形であることが必要である．さらに $(**)$ において $x=\dfrac{1}{2}$ とすれば

$$\frac{3}{2} \cdot 2^l - 1 = 2^n$$
$$\therefore\ 3 \cdot 2^{l-1} = 2^n + 1$$

l, n は負でない整数であるから，左辺は $\dfrac{3}{2}$ または 3 または 6 以上の（ある）偶数である．また，右辺は 2 または 3 以上の（ある）奇数である．よって，
$$3 \cdot 2^{l-1} = 2^n + 1 = 3 \quad (l = n = 1) \quad \cdots\cdots②$$

であることが必要である．以上，①，②より，$k=l=n=1$ かつ $m=0$ であることが必要である．

逆に，$k=l=n=1$, $m=0$ とすると（十分性のチェックをする），

(＊)の左辺 $=\dfrac{x+1}{x}-1=\dfrac{1}{x}$

(＊)の右辺 $=\dfrac{1}{x}$

となり，確かに 0 でないすべての x に対して成り立つ．よって

$k=l=n=1$, $m=0$　……(答)

―〈練習 5・1・3〉―――――――――――――――――――
$$a_n = \sum_{k=0}^{n} k, \qquad b_n = \sum_{k=0}^{n} k^5 \quad (n \geq 0)$$
とおく．b_n は a_n の3次の多項式（ただし，係数は n によらない実数の定数）で表されることが知られている．その多項式を定め，かつ，それが任意の n について成立することを証明せよ．
―――――――――――――――――――――――――――――

発想法

問題文に従って，
$$b_n = p a_n^3 + q a_n^2 + r a_n + s \quad (p,\ q,\ r,\ s\ \text{は定数})$$
とおいて，この式の a_n, b_n にそれぞれ $\sum_{k=0}^{n} k$, $\sum_{k=0}^{n} k^5$ を代入し，$\sum$ 記号をはずして計算するというのでは，あまりに見通しが悪い．そこで，この問題が"任意の n について"という全称命題を含んでいることに注目し，n に扱いやすい特定の数値を代入し，まず必要条件を求めて，議論を進めていこう．

解答　b_n を a_n の3次の多項式として
$$\left.\begin{array}{l} b_n = p a_n^3 + q a_n^2 + r a_n + s \\ (p,\ q,\ r,\ s\ \text{は定数}) \end{array}\right\} \quad \cdots\cdots(*)$$
とおく．

方程式 $(*)$ は，すべての $n\ (\geq 0)$ に対して成り立っている．だから，特に $n = 0,\ 1,\ 2,\ 3$ に対して $(*)$ が成り立つことが必要である．そこで，

$$a_n = \sum_{k=0}^{n} k = \frac{1}{2}n(n+1)$$

$$b_n = \sum_{k=0}^{n} k^5$$

を用いて，$n = 0,\ 1,\ 2,\ 3$ を $(*)$ に代入したとき現れる項 $a_0 \sim a_3$，$b_0 \sim b_3$ を表にすると右のようになる．

i	$a_i = \dfrac{i(i+1)}{2}$	b_i	
0	0	0^5	$= 0$
1	1	$0^5 + 1^5$	$= 1$
2	3	$0^5 + 1^5 + 2^5$	$= 33$
3	6	$0^5 + 1^5 + 2^5 + 3^5$	$= 276$

これらをおのおの $(*)$ に代入して，

$$\begin{cases} 0 = s & \cdots\cdots① \\ 1 = p + q + r + s & \cdots\cdots② \\ 33 = 27p + 9q + 3r + s & \cdots\cdots③ \\ 276 = 216p + 36q + 6r + s & \cdots\cdots④ \end{cases}$$

（ここで，"文字の個数＝式の個数"となったことに注意せよ）

①〜④を解くと

$$p=\frac{4}{3},\ q=-\frac{1}{3},\ r=s=0$$

となる．したがって，もし3次の多項式で書けるなら

$$b_n=\frac{4}{3}a_n^3-\frac{1}{3}a_n^2 \quad \cdots\cdots(**)$$

の形であることが必要である．

次に，どんな $n(\geqq 0)$ に対しても，$(**)$ が成り立つことを n に関する帰納法で示す（そうすれば，十分だということになる）．

$n=0$ では $(**)$ が成立している，ということはすでに示した．

次に，$n=k-1\ (k\geqq 1)$ で $(**)$，すなわち，

$$b_{k-1}=\frac{4}{3}a_{k-1}^3-\frac{1}{3}a_{k-1}^2$$

が成立すると仮定する．示すべきことは，

$$b_k=\frac{4}{3}a_k^3-\frac{1}{3}a_k^2 \quad\quad\quad\quad \cdots\cdots(☆)$$

である．

さて，ここで，$b_{k-1}+k^5=b_k$ であることより

$$\frac{4}{3}a_{k-1}^3-\frac{1}{3}a_{k-1}^2+k^5=\frac{4}{3}a_k^3-\frac{1}{3}a_k^2 \quad \cdots\cdots(☆☆)$$

を示す．そうすれば，$(☆)$ がいえたことになる．$(☆☆)$ の左辺に $a_{k-1}=\frac{1}{2}(k-1)k$ を代入し，変形すると，

$$\frac{4}{3}\left\{\frac{1}{2}(k-1)k\right\}^3-\frac{1}{3}\left\{\frac{1}{2}(k-1)k\right\}^2+k^5$$
$$=\frac{k^2}{12}\{2k(k-1)^3-(k-1)^2+12k^3\}$$
$$=\frac{k^2}{12}[\{2k(k-1)^3+12k^3+4k\}-\{(k-1)^2+4k\}]$$
$$=\frac{k^2}{12}\{2k(k+1)^3-(k+1)^2\}$$
$$=\frac{4}{3}\left\{\frac{1}{2}k(k+1)\right\}^3-\frac{1}{3}\left\{\frac{1}{2}k(k+1)\right\}^2$$
$$=\frac{4}{3}a_k^3-\frac{1}{3}a_k^2$$

すなわち，$n=k$ の場合にも $(☆☆)$，すなわち $(☆)$ が成立したので，帰納法により，任意の $n\geqq 0$ に対して $(**)$，すなわち，$b_n=\frac{4}{3}a_n^3-\frac{1}{3}a_n^2$ が成り立つ．よって，$(**)$ はすべての n に対して十分である．すなわち，任意の $n\geqq 0$ に対して

$$\boldsymbol{b_n=\frac{4}{3}a_n^3-\frac{1}{3}a_n^2} \quad\quad \cdots\cdots\textbf{(答)}$$

§1 特別な場合の考察により解の候補を絞り込め 235

[例題 5・1・4]

任意の正の数 x に対し，不等式
$$4(x^5-1) \geq k(x^4-1)$$
が成り立つように，定数 k の値を定めよ．

発想法

$F(x) \equiv 4(x^5-1) - k(x^4-1)$ とおくと，

"任意の正の数 x に対して，$F(x) \geq 0$ が成立する" ……(∗)

ための k に関する必要十分条件を求めればよい．(∗) が $x(>0)$ に関する全称命題であることや，$F(x)$ の形より明らかに $F(1)=0$．さらに，$0<x<1$ において，$k \leq 0$ なら $F(x)<0$ となって (∗) が成立しなくなってしまうことから，まず，必要条件 "$k>0$" を求める．このようにして，調べる対象を絞り込んだ後に議論を展開する．

解答 題意をみたすためには，

「$x>0$ でつねに $F(x)=4(x^5-1)-k(x^4-1) \geq 0$」 ……(☆)

であることが必要十分条件である．

いま，$0<x<1$ のときについて考えると，$k \leq 0$ なら $F(x)<0$ となってしまうので，"$k>0$" が必要である．

よって，以降，$k>0$ の範囲で $F(x)$ の増減を調べる．

$$F'(x) = 4x^3(5x-k)$$

より，右の増減表を得る．

x	(0)	$\cdots$	$\dfrac{k}{5}$	$\cdots$	$(+\infty)$
$F'(x)$		$-$	0	$+$	
$F(x)$		↘		↗	

$F(x)$ が $x<\dfrac{k}{5}$ で単調減少，$x=\dfrac{k}{5}$ で極小，$x>\dfrac{k}{5}$ で単調増加，$F(1)=0$ であることに注意してグラフをかくと，図 1 のようになる．

これより，

(☆) $\iff$ 「$F\left(\dfrac{k}{5}\right) \geq 0$」 ……(☆)′

であることが必要十分条件である．

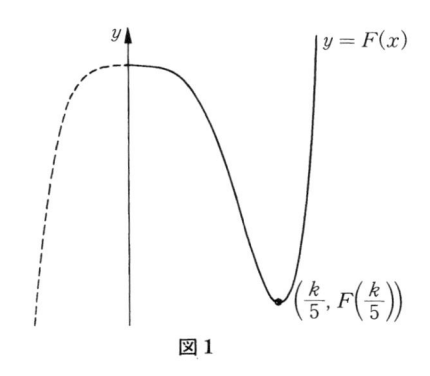

ここで，図 1 より，$k \neq 5$ ならば，
$$F\left(\dfrac{k}{5}\right) < F(1) = 0$$
となり，(☆)′ は成り立たない．

$k=5$ ならば，$y=F(x)$ のグラフは図 2 のようになり，

図1

$F(x) \geq F\left(\dfrac{k}{5}\right) = F(1) = 0$

すなわち，任意の正の数 x に対して
$F(x) \geq 0$
が成立する．

　　以上より，　　$k=5$　　……(答)

(注)　解答中で，$F(x)$ の増減を調べた後に，必要十分条件として，

　　"$F\left(\dfrac{k}{5}\right) \geq 0$"　……(☆)′

図2

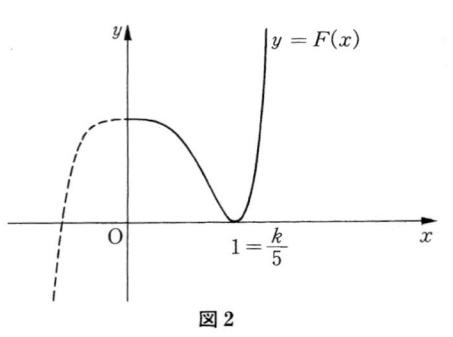

を求め，ここで，$F\left(\dfrac{k}{5}\right) \geq 0$ を計算する代わりに，"$F(1)=0$" であるという事実を活用して，(☆)′ を処理したことに注意せよ．もしも，"$k>0$" という必要条件を求めず，かつ $F(1)=0$ という事実を活用せずに，計算一辺倒で処理すると，以下のように非常に面倒な解答になってしまう．

[イモ解答]

(i) $k=0$ のとき：　$F'(x)=20x^4>0$　ゆえに $F(x)$ は単調増加であり，$F(0)=-4$ かつ $F(x)$ は連続であることから，(☆) は不成立．

(ii) $k<0$ のとき：　$F'(x)=4x^3(5x-k)$ より，増減表を書くと，

x	……	$\dfrac{k}{5}$	……	0	……
$F'(x)$	+	0	−	0	+
$F(x)$	↗		↘	$k-4$	↗

　　　　　　　　　　　　　　　　　変域

　　このときも，$F(x)$ は連続かつ　$F(0)=k-4<-4$　ゆえに，(☆) は不成立．

(iii) $k>0$ のとき：

x	……	0	……	$\dfrac{k}{5}$	……
$F'(x)$	+	0	−	0	+
$F(x)$	↗		↘	最小	↗

　　　　　　　　　　変域

　　これより，$F\left(\dfrac{k}{5}\right) \geq 0$ であればよい．

$F\left(\dfrac{k}{5}\right) = -\left(\dfrac{k}{5}\right)^5 + k - 4 \equiv G(k)$

$G'(k) = -\dfrac{1}{5^4}(k+5)(k-5)(k^2+5^2)$

より，$k>0$ と合わせて $G(k)$ のグラフをかくと，図3のようになる．

ここで，$G(k)\geqq 0$ となるような k の変域が求めるものであるが，図3より，このような k は5のみである．

よって，　　$k=5$　　……(答)

【別解】 $x=1$ のとき，k は任意の値でよい．

$x>1$ のとき，与えられた不等式の両辺を $x-1(>0)$ で割って，
$$4(x^4+x^3+x^2+x+1) \geqq k(x^3+x^2+x+1)$$
$x \to 1+0$ とすると，
$$4\cdot 5 \geqq k\cdot 4 \quad \therefore \quad k \leqq 5$$

$x<1$ のとき，与えられた不等式の両辺を $x-1(<0)$ で割って，
$$4(x^4+x^3+x^2+x+1) \leqq k(x^3+x^2+x+1)$$
$x \to 1-0$ とすると，
$$4\cdot 5 \leqq k\cdot 4 \quad \therefore \quad 5 \leqq k$$

よって，$k=5$ であることが必要である．

あとは，[解答]と同様に十分性の証明を行えばよい．

> **〈練習 5・1・4〉**
> $x,\ y,\ z$ が任意の実数値をとるとき，不等式
> $$x+y+z \leq a\sqrt{x^2+y^2+z^2} \quad \cdots\cdots (*)$$
> がつねに成立するような定数 a の最小値を求めよ．

発想法

「$\forall x,\ y,\ z \in \mathbf{R},\ x+y+z \leq a\sqrt{x^2+y^2+z^2} \quad \cdots\cdots (*)$
このとき，定数 a の最小値を求めよ」

条件文の中に全称命題が入っている．そこで，まず，都合のよい $x,\ y,\ z$ を探して，$(*)$ に代入し，a のとりうる値を絞り込もう．たとえば，不等式が，$x,\ y,\ z$ に関して対称であることも考慮して，対称性を壊さないように，$x,\ y,\ z$ に同じ値を入れてみるのがよさそうだ．しかし，$x=y=z=0$ とすると，左辺 $=0$，右辺 $=0$，となり意味がない．そこで，$x,\ y,\ z$ に扱いやすい特定の値，$x=y=z=1$ を代入して必要条件を求めよう．

解答 1　$x+y+z \leq a\sqrt{x^2+y^2+z^2} \quad \cdots\cdots (*)$

「$(*)$ が任意の実数 $x,\ y,\ z$ に対して成立する」$\quad \cdots\cdots (\☆)$

$(\☆)$ であるためには，$x=y=z=1$ の場合にも $(*)$ が成立しなければならない．

そこで，$x=y=z=1$ を $(*)$ に代入すると，$3 \leq a\sqrt{3}$．よって，"$a \geq \sqrt{3}$" が必要である．

逆に，$a \geq \sqrt{3}$ ならば，
$$3(x^2+y^2+z^2) - (x+y+z)^2 = (y-z)^2 + (z-x)^2 + (x-y)^2 \geq 0$$
$$\therefore\quad x+y+z \leq \sqrt{3}\sqrt{x^2+y^2+z^2} \leq a\sqrt{x^2+y^2+z^2}$$

となり，$(*)$ が，任意の実数値 $x,\ y,\ z$ に対して成立するので，十分でもある．以上より，$(\☆)$ の条件は，$a \geq \sqrt{3}$．よって，　a の最小値 $=\sqrt{3}$　　　$\cdots\cdots$（答）

解答 2　まず，$a \leq 0$ とすれば，$x+y+z>0$ をみたす $x,\ y,\ z$ に対して，$(*)$ が成立しない．

よって「$a>0$ が必要」　$\cdots\cdots$①

(i) $x+y+z \leq 0$ ならば，①のもとに，左辺 ≤ 0，右辺 ≥ 0 より $(*)$ はつねに成立する．

(ii) $x+y+z>0$ ならば，
$$\quad\text{① かつ }(*)$$
$$\iff (x+y+z)^2 \leq a^2(x^2+y^2+z^2)$$
$$\iff (a^2-1)(x^2+y^2+z^2) - 2(xy+yz+zx) \geq 0$$
$$\iff (a^2-3)(x^2+y^2+z^2) + \{(x-y)^2 + (y-z)^2 + (z-x)^2\} \geq 0 \quad \cdots\cdots ②$$

§1 特別な場合の考察により解の候補を絞り込め　239

(☆)をみたすためには，②が任意の実数 x, y, z に対して成立することが必要である．そこで，特に，$x=y=z=1$ を②へ代入することにより，

　　「$a^2-3\geqq 0$　が必要」　　……③

また，逆に③ならば，②が成り立つことは明らかであるから，

　　「$a^2-3\geqq 0$　ならば十分」　　……④

以上まとめて，(☆)の必要十分条件は，

　　$a\geqq\sqrt{3}$　である．

よって，　a の最小値 $=\sqrt{3}$　　……(答)

この問題を幾何学的にとらえると，次の「解答3」のように解答することもできる．

解答 3　$(*) \iff \dfrac{x+y+z}{\sqrt{x^2+y^2+z^2}}\leqq a$　……$(*)'$

ここで，$(*)'$ の左辺は，点 $(1, 1, 1)$ から，原点を通る平面 $xX+yY+zZ=0$ への距離 d である．a の最小値が d の最大値であることから，d の最大値を求めればよい．原点を通る平面群のうち，点 $(1, 1, 1)$ からの距離 d が最大になる平面は，法線ベクトルが，

　　$\vec{n}=(1, 1, 1)$

の平面である（図1参照）．

よって，$d\leqq\sqrt{1^2+1^2+1^2}=\sqrt{3}$

以上より，　a の最小値 $=\sqrt{3}$　　……(答)

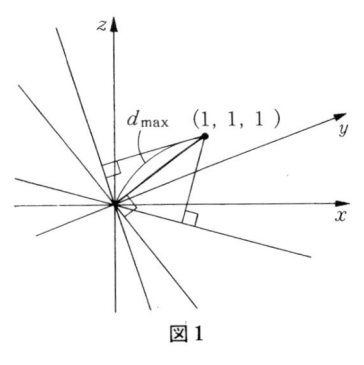

図1

解答 4　$\dfrac{x+y+z}{\sqrt{x^2+y^2+z^2}}=\dfrac{x}{\sqrt{x^2+y^2+z^2}}\cdot 1+\dfrac{y}{\sqrt{x^2+y^2+z^2}}\cdot 1+\dfrac{z}{\sqrt{x^2+y^2+z^2}}\cdot 1$

は，ベクトル $\vec{v}=(x, y, z)$ の単位ベクトルとベクトル $\vec{u}=(1, 1, 1)$ の内積である．$\vec{v}$ と $\vec{u}$ のなす角を θ とすると，

　　$\vec{v}\cdot\vec{u}=1\cdot\sqrt{1^2+1^2+1^2}\cos\theta\leqq\sqrt{3}$

よって，　a の最小値 $=\sqrt{3}$　　……(答)

[例題 5・1・5] $f(x, y) = ax^2 - 2xy + ay^2 - 2x$ とする. 点 (x, y) が座標平面上を動くとき, $f(x, y)$ が最小値をもつのは, 実数の定数 a がどのような範囲の値のときか.

発想法

$f(x, y) = ax^2 - 2xy + ay^2 - 2x$ をこのまま扱うと 2 変数関数の最小値を求める問題になる. そこで, $f(x, y)$ が任意の実数 x, y に対して与えられる値であることから, まず, y に扱いやすい特定の値 α (本問では $\alpha = 0, \dfrac{x}{a}$) を代入して, x の 1 変数関数 $g(x) (\equiv f(x, \alpha)$, これはたかだか x の 2 次式になる) を求めよう. 題意をみたすためには, $g(x)$ が最小値をもつことが必要であることから, a のとりうる値を絞り込もう.

解答 $f(x, 0) = ax^2 - 2x$ であるから, $a \leq 0$ ならば,

$x \longrightarrow +\infty$ のとき, $f(x, 0) \longrightarrow -\infty$

となるので, $f(x, y)$ に最小値は存在しない.

よって, 最小値が存在するためには,

$a > 0$ ……①

が必要である. このとき,

$$f(x, y) = ay^2 - 2xy + (ax^2 - 2x)$$
$$= a\left(y - \frac{x}{a}\right)^2 - \frac{x^2}{a} + ax^2 - 2x$$
$$= a\left(y - \frac{x}{a}\right)^2 + \frac{a^2 - 1}{a}x^2 - 2x$$

$\therefore\ f\left(x, \dfrac{x}{a}\right) = \dfrac{a^2 - 1}{a}x^2 - 2x$

そこで, $\dfrac{a^2 - 1}{a} \leq 0$ ならば,

$x \longrightarrow +\infty$ のとき, $f\left(x, \dfrac{x}{a}\right) \longrightarrow -\infty$

となるので, $f(x, y)$ に最小値は存在しない.

よって, 最小値が存在するためには

$\dfrac{a^2 - 1}{a} > 0$ ……②

が必要である. ①かつ②より

$a > 1$

が必要条件として求まる. 逆に, $a > 1$ が成立しているとすると (十分性のチェックを行うと),

$$f(x, y) = a\left(y - \frac{x}{a}\right)^2 + \frac{a^2 - 1}{a}\left(x - \frac{a}{a^2 - 1}\right)^2 + C \quad (C \text{ は定数}) \quad \cdots\cdots ③$$

の形になり，
$$x=\frac{a}{a^2-1}, \quad y=\frac{x}{a}=\frac{1}{a^2-1} \quad \cdots\cdots ④$$
で $f(x, y)$ は最小値をとる．よって，十分であることが示された．

したがって，　**$a>1$**　……(答)

(注)　上述の解法のように，$f(x, 0)$, $f\left(x, \dfrac{x}{a}\right)$ を考えるまでもなく，直接 $f(x, y)$ を変形して求めることもできる．

[**別解のあらすじ**]
$$f(x, y)=a\left(y-\frac{x}{a}\right)^2+\left(\frac{a^2-1}{a}\right)\left(x-\frac{a}{a^2-1}\right)^2+C$$
と2乗の和の形に変形する（IIの**第3章 §1**参照）．この形から判断して，$f(x, y)$ が最小値をもつためには，$a>0$, $\dfrac{a^2-1}{a}>0$ が必要．

$\dfrac{a^2-1}{a}>0$　かつ　$a>0$　$\iff$　$a>1$

逆に，$a>1$ が十分条件でもあることを示す．

その他，次のような考え方もできる．

2変数関数 $f(x, y)$ の2次の部分が x と y に関して対称な場合は，
$$x=X+Y, \quad y=X-Y$$
と置き換えると都合のよいことがしばしばある．
$$f(x, y)=a\cdot 2(X^2+Y^2)-2(X^2-Y^2)-2(X+Y)$$
$$=2(a-1)X^2+2(a+1)Y^2-2X-2Y$$

$a>1$ の場合，最小値をもつ．

$a\leqq 1$ の場合，最小値をもたない．

§2 極端な場合を引き合いに出して矛盾を導け

　かの，はぐれ刑事ダーティハリーが誘拐犯の一味を捕えたときのシーンを思いおこしてほしい．ハリーは，人質の居場所を白状させなければならない．狂暴な犯人に「人質の居場所を教えて下さい」などと紳士的な言葉が通じるわけはない．そこで，犯人を壁に立たせ，「白状しないと命はないぞ！」と叫びながら壁に弾丸をぶち込む．死の恐怖にさらされた犯人は，通常の状態なら決して口を割らないことも，遂には言ってしまうのである．

　このように，ノーマルな状態では見分けにくい事柄も極限状態においては，その本性が暴露されやすいのである．上述の現象は，何も人間の心理状態に限らず，自然科学一般においても観察されるのである．たとえば，ある組成成分の不明な合金があったとしよう．合金の組成成分を調べるためには，その合金に高熱を加え，元素固有の融点を利用する方法がある．ここで，融点というのは，各元素が固体から液体の状態に変化するときの臨界的な温度のことであり，たとえば，鉄は1540°C，亜鉛は420°Cなどのように知られている．合金をこの臨界的な状況に追い込むことで，合金がどんな金属元素をどれくらい含んでいるのかが判断できるのである．

　数学でも，扱う対象を極限的な状況に追い込むことによって，その対象のもつ見抜けなかった性質を，しばしば見抜くことができる．特に，〝命題を否定して矛盾を生じさせる〟という背理法による証明を行う際，対象を極端な状況に追い込んで議論すると，矛盾が際立ってくることが往々にしてあるのだ．

　本節では，極端な場合を観察することによって，矛盾を上手に導き出す方法，すなわち，背理法の上手な使い方を学習する．

[例題 5・2・1]

n は自然数を表すとき,次の各問いに答えよ.
(1) p を 7 以上の素数とする.このとき,p は必ず
$$p=6n+1 \quad \text{または} \quad p=6n-1$$
の形で書けることを示せ.
(2) $6n-1$ の形の素数が無数に存在することを示せ.

発想法

(1)は p が $6n+1$ または $6n-1$ 以外の形,すなわち $6n, 6n+2, 6n+3, 6n+4$ の形に書けると仮定して矛盾を導けばよい.

(2)では,"$6n-1$ の形の素数が無数に存在する"……(★) ことを示すわけだが,この命題のまま求めようとして,$6n-1$ の形をした素数を $5, 11, 17,$ ……と追いかけていったところでラチが明かない.そこで,この命題を否定して,"$6n-1$ の形の素数が有限個しか存在しない"……(☆) という命題が成り立つと仮定して矛盾を導けばよい.議論を進めていくうえで,"有限個の実数の集合には必ず最大数,最小数が存在する"という事実(無限集合では,このことは成り立たない)を活用するべきである.すなわち,(☆)の仮定のもとで $6n-1$ の形の素数のうち最大である数を引き合いに出し,矛盾を導くのである.このように,最大数または最小数となる要素(すなわち,極端な場合)を引き合いに出して,矛盾を導くことは,しばしば行われる有効な手法である.

解答 (1) まず,7 以上の素数 p が $p=6n$ または $p=6n+2$ または $p=6n+4$ と書けたとする.すると,p は偶数だということになるから,これは矛盾である.

以下,$p=6n+3$ と書けたとすると,p は 3 の倍数となり,p が素数ということに反しているから,その形で書けるということはありえない.

よって,7 以上の素数 p は,必ず上述の 4 つの場合以外,
$$p=6n+1 \quad \text{または} \quad p=6n+5=6(n+1)-1$$
のどちらかの形で書ける.

すなわち,7 以上の素数 p は必ず,
$$p=6n+1 \quad \text{または} \quad p=6n-1$$
の形で書ける.

(2) 背理法で示す.

示すべき命題を否定して,

"$6n-1$ の形の素数が有限個しか存在しない"

と仮定しよう.このとき,$6n-1$ の形をした最大の素数 P に注目する.

＝カゲの声＝(いま,極端な場合を引き合いに出してワナを仕掛けたのである)

次に,$N=P!-1$ という数 N について考える.$P!$ $(P \geqq 3)$ は 6 の倍数である.なぜなら,$n>1$ のとき $6n-6$ を因数に含み,$n=1$ のとき $5!$ は 6 の倍数だから,N

も $6n-1$ の形をしている．そしてまた，$N>P$ であり，P が $6n-1$ の形の最大の素数だったから，N は素数ではない．よって，N は素数の積として必ず次のように書ける．

$$(N=)P!-1=p_1 \cdot p_2 \cdot \cdots\cdots \cdot p_m \qquad \cdots\cdots(*)$$
$$(p_1, p_2, \cdots\cdots, p_m \text{ はすべて素数})$$

このとき，各 p_k は P より大きいということを次に示す．

ある k に対して $p_k \leqq P$ と仮定する．すると，式 $(*)$ の右辺は，p_k で割り切れるから，左辺も p_k で割り切れるはずである．

一方，$P!(=p \cdot (p-1) \cdot \cdots\cdots \cdot p_k \cdot \cdots\cdots 2 \cdot 1)$ は p_k で割り切れるから，1が素数 p_k で割り切れるということになってしまい矛盾する．よって，任意の k に対して p_k は $p_k > P$ をみたす素数である．

ところで，P は $6n-1$ の形の最大の素数だったから，素数 $p_k(>P)$ は $6n-1$ の形をしていない．よって，(1)の結果を考慮すれば，$k=1, 2, \cdots\cdots, m$ のおのおのについて，$p_k = 6n_k + 1$ (n_k は自然数) の形をしている．

よって，式 $(*)$ の右辺にこれらを代入して

$$P!-1 = (6n_1+1)(6n_2+1)\cdots\cdots(6n_m+1) = 6a+1$$

の形で書けることになる．左辺の -1 を右辺に移項して，

$$P! = 6a+2$$

すなわち $P!$ は 6 で割り切れないということになり，これは $P!$ が 6 で割り切れることに矛盾する．

よって，背理法により（最初の仮定が矛盾の原因であるから），$6n-1$ の形の素数は無数に存在することが示された．

§2 極端な場合を引き合いに出して矛盾を導け　245

―〈練習 5・2・1〉―
　平面上に $n(\geqq 2)$ 個の点が与えられている．これらのすべての点が同一直線上にあるわけではないとする．このとき，これらの点のうちちょうど2個だけを通過する直線がひけることを示せ．

発想法

　この問題を解くにあたって，一番のポイントは，何を変数とみなして，議論するのかということである．それを決定するために，また題意を把握するためにも，具体的な場合について考え，与えられた状況を整理しておこう．

　図1に示す5点のうちの2点以上を通るような直線は，l_1 や l_2 とか l_3 などいろいろな直線が考えられる（図1）．

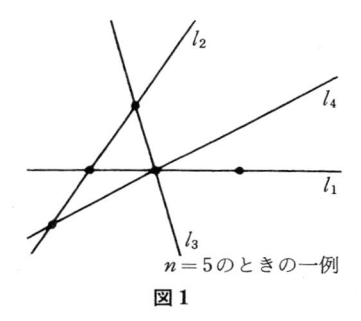

図1　$n=5$ のときの一例

　それゆえ，一般の場合に関しても，ちょうど2点だけを通る直線というのも明らかに存在しそうだ．たとえば，図1では l_3 とか l_4 がそうだ．しかし，点の配置のしかたによっては，ひょっとするとどの直線も3点以上の点を通過してしまう場合もあるかもしれない．しかし，本問は"そういうことがないということを証明せよ"といっているのである．

　ところで，n 個の点のうちの2点以上を通るような直線は何本ぐらいひけるだろうか．このような直線の本数は，n 個の中から2個選ぶ組合せの数 $\left({}_n C_2 = \dfrac{n(n-1)}{2}\right)$ 本以下である（すべての直線が2点しか通らないのならば ${}_n C_2$ 本であるが，3点以上を通る直線があれば ${}_n C_2$ 本未満となる）．n が有限であるから，この本数も有限である．そのすべての直線からなる集合を L とする．問題文の条件に，

　　"すべてが同一直線上にあるというわけでない"

と書いてあるのだから，L の各直線に関して，その直線が通らない点が少なくとも1個存在する．そこで2点以上を通る各直線 l_i に対して，直線 l_i 上になくて，かつ l_i に一番近い点との距離を d_i とし，d_i の集合のうち最小な値のものに注目してわなを仕掛け，背理法でしとめよう（図2）．

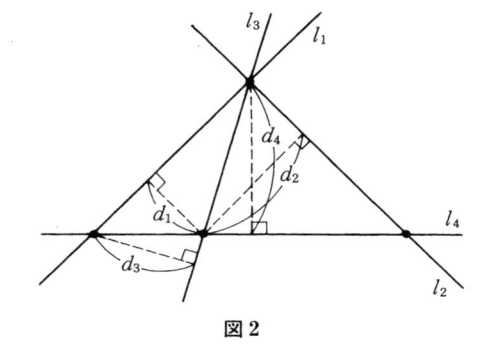

図2

[解答] n 点のうちの 2 点以上を通過する直線の集合を L とする。L の各直線 l_i に対し，その直線 l_i 上にない点のうちで，かつ l_i に一番近い点との距離を d_i と定める。d_i は距離だから，どれも正の数 ($d_i > 0$) である。このようにして得られた正の数 d_i の全体からなる集合を s とする。s は有限集合だから，必ず最小数 d がある。だから，s の元の中の最小の数 d を選ぶ。その最小の数 d をもつ直線 L に着眼する。このとき，

「この特別な直線 L は 3 点以上でなくて，ちょうど 2 点を通過している」 …(*)

ことを，以下，背理法によって示す（ここで，背理法における矛盾を生み出す仕掛けをつくった。その仕掛けは極端な場合（すなわち，距離 d_i が最小の数 d である直線 L）を想定したことに注意せよ）。

(*) を否定して，この直線 L が 3 点以上（たとえば，P_1, P_2, P_3）を通過しているとする。L に一番近い点を P とする（すなわち，P と L の距離は d）。この状態を図示してみると，図 3 のようになる。

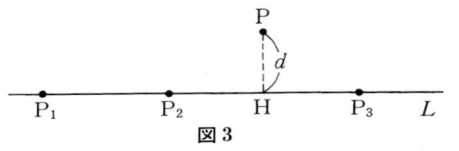

図 3

P から L に下ろした垂線の足を H とする（図 4）。すると，P_1, P_2, P_3 のうちの少なくとも 2 点，たとえば P_1, P_2 は H に関して同じ側にある（1 つは H に一致してもよい）。いま，2 点 P_1, P_2 のうち，P_2 を H に近いほうの点とする。P と P_1 を通る直線を N とすると，

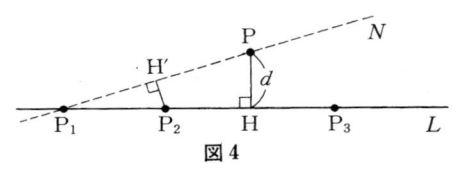

図 4

$[P_2 と N の距離] < [P と L の距離](= d)$ ……(**)

なぜならば，P_2 から直線 N に下ろした垂線の足を H' とすると，

$\triangle P_1 P_2 H' \infty \triangle P_1 P H$ かつ $P_1 P_2 \leqq P_1 H < P_1 P$

より，(**) が成り立つからである。

よって，(**) は L がすべての直線の中で，"最小の d_i" に対応する直線であったことに矛盾する（なぜならば，N のほうが小さい数に対応しているからである）。

よって，題意は示された。

[補足]

本問で示した定理は，"ガライ・シルベスターの定理" と呼ばれる定理である。この定理を用いて示された定理およびその証明を以下で紹介する。

> **[定理]** 平面上に，一直線上にない $n(\geqq 3)$ 個の点がある。このとき，これらの点の少なくとも 2 点を通る直線が，必ず n 本以上存在する。

【証明】 n に関する帰納法で証明する.

$n=3$ の場合には，図5からもわかるように，$3(=n)$ 本の直線がひけるので，この定理は確かに成り立っている.

次に，$n-1$ のとき命題が成り立つことを仮定して，n の場合にも命題が成り立つことを証明する.

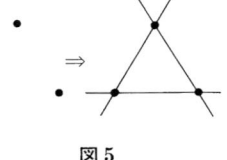

図5

n 個の点すべては一直線上にないという仮定より，次の2つの場合に分けて証明する.

(i) $(n-1)$ 個の点が同一直線 l 上にある場合：

l 上の $(n-1)$ 個の点を $P_1, \cdots\cdots, P_{n-1}$ とすると，各点 $P_i (1 \leqq i \leqq n-1)$ と残りの1点 P_n とを結ぶ $(n-1)$ 本の直線は，すべて異なる直線である.

よって，これら $(n-1)$ 本の直線と直線 l を合わせて n 本の直線を得る.

(ii) どの直線もたかだか $(n-2)$ 個の点しか含まない場合：

ガライ・シルベスターの定理（**練習 5・2・1**〉で示した定理）より，ある2点 P, Q だけを含む直線 PQ が存在する．P を除去すると，帰納法の仮定より残りの $(n-1)$ 個の点の集合において，$n-1$ 本以上の題意をみたす直線が存在する．点 P を再び付け加えると少なくとも1本の新しい直線（少なくともほかの直線とは異なる1本の直線 PQ が得られることに注意せよ）を得るので，合わせて $(n-1)+1=n$ 本以上の直線を得る.

以上より，題意は示された．∎

248 第5章　上手な議論の進め方

[例題 5・2・2]
　Aを平面上の20個の点からなる集合とする．これらの点のどの3個も同一直線上にはないものとする．これらの点のうちの10個を黒で塗り，残りの10個を白で塗る．このとき，
　　「10本の閉線分（両端点を含む線分）がひけて，そのどの2本も共有点をもたず，各線分の両端点は異なる色をもつAの点である」　……(*)
ようにできることを示せ．

発想法

　この問題を攻略するためには，"何を変数とみなしたらよいのか"ということを見抜くことが最大のポイントとなる．では，何に着眼したらよいのかをつかむために，簡単な場合について実験してみよう．
(例)　黒点，白点各3個ずつの場合
　　平面上に与えられた6点に対して，図1(a)のように黒，白の色を塗る．
　　図1(b)に黒3個，白3個の異なる6(=3!)通りの結び方を全部かいて，そのおのおのペアリングについて，その線分の長さを大ざっぱにものさしで測り，それらの和を求めてみよう．

図1(a)

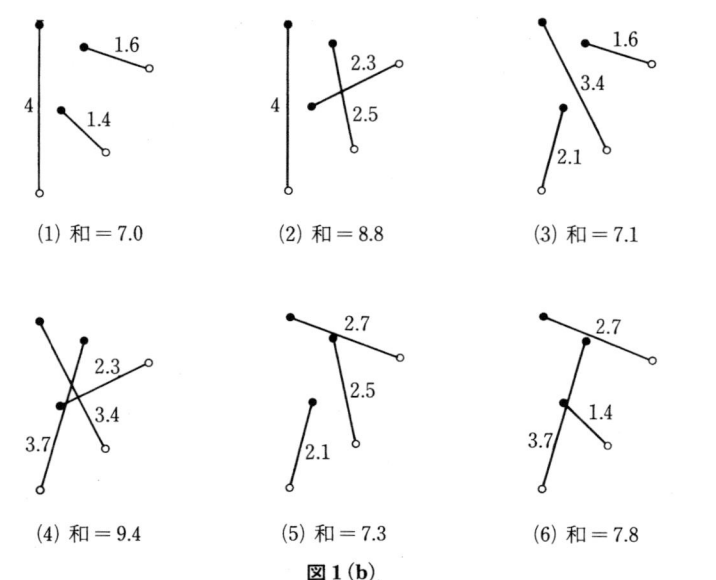

(1) 和 = 7.0　　(2) 和 = 8.8　　(3) 和 = 7.1

(4) 和 = 9.4　　(5) 和 = 7.3　　(6) 和 = 7.8

図1(b)

最小となるペアリングは，(1)である．この実験から，線分の和が最小となるような点の結び方は，どの線分も交差しない（共有点をもたない）ように結んだときであることがわかる．

いま，おこなった実験の結果を考察し，整理してみると，すべての可能なペアリングのしかたは有限である．よって，それらの中で10本の長さの総和が最小となるペアリングのしかたは，必ず存在する．そして，そのペアリングのしかたが必ず題意をみたす結び方である（このことは，直感的に気づくことはやさしくないが，実際にいくつかの例で実験してみると，不可能なことではないはずだ）．そこまで気づけば，長さの和が最小となるペアリングのしかたを引き合いに出して，背理法で決着をつける解法が思いつくだろう．

解答 黒点と白点のペアリングのしかたは10!通りだから，その中に各閉線分の長さの和が最小なものが必ず存在する．その（長さの和が最小な）ペアリングをPで表す．Pの10本の線分のどの2本も交差してないことを以下に背理法を用いて示す．

ペアリングPの2本の線分B_1W_1とB_2W_2（ここにB_1, B_2は黒点，W_1, W_2は白点とする）が点Oで交差しているとする（図2(a)）と，これらの線分をB_1W_2, B_2W_1で置き換え，ほかの8本はそのままにして得られるペアリングをP'とする（図2(b)）．そうすると，"三角形の2辺の長さの和は他の1辺の長さより大きい"という事実を考慮すれば，

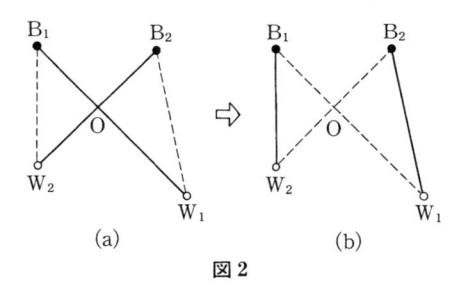

$$\overline{B_1W_1} + \overline{B_2W_2}$$
$$= \overline{B_1O} + \overline{OW_1} + \overline{B_2O} + \overline{OW_2}$$
$$= \overline{B_1O} + \overline{OW_2} + \overline{B_2O} + \overline{OW_1}$$
$$> \overline{B_1W_2} + \overline{B_2W_1}$$

(ペアリングPに属する線分の長さの和)

>(ペアリングP'に属する線分の長さの和)

となり，これは"ペアリングPに属する線分の長さの和がすべてのペアリングの中で最小"であるという仮定に矛盾する．

よって題意は示せた．

> **〈練習 5・2・2〉**
>
> $n=1, 2, 3, \ldots\ldots$ のおのおのに対して，P_n は命題である．
>
> さらに，$\begin{cases} \text{(i)} & P_1 \text{ は真である} \\ \text{かつ} \\ \text{(ii)} & \text{各正の整数 } m \text{ に対して，} P_m \text{ が真ならば } P_{m+1} \text{ も真である} \end{cases}$
>
> とする．このとき，P_n はすべての n に対して真であることを証明せよ．ただし，証明は背理法をつかうこととし，"P_n が真ではないような正整数 n の全体を集合 S とする．S が空でなく，m を S の最小の元とする" と仮定することから始めよ．

発想法

　この問題は，『帰納法という証明法が正しい』ということを証明させる問題である．ただ，"帰納法という証明法が正しいということを証明せよ" と問われるのならば，「どうやって解いていこうか？」「解法の糸口は……？」などと，考えなければならないところだろうが，この問題に関しては，ありがたいことに，証明法，および，解法の糸口，すなわち，背理法を始めるにあたって準備すべき事柄までもが，問題文中に与えられている．つまり，

　　"P_n が真でないような正の整数 n の全体を集合 S とする．S が空でない $(S \neq \phi)$ とし，m を S の最小の数とする"

ということは，

　　"m を S の最小数とする"

という，極端な場合を想定したワナが，仕掛けられているのである．

解答　問題文中の条件(i)によって，$m \geqq 2$ である．

　よって，$m-1 \geqq 1$ である．

　ところで，S の中で m が最小の数なのだから，P_{m-1} は必ず真であり，問題文の条件(ii)によって，P_m も真になる．しかし，これは，"P_m が真ではない" ということに矛盾する．

　よって，$S = \phi$，すなわち，P_n はすべての n に対して真である．

[例題 5・2・3]

素数は無数に存在することを証明せよ．

発想法

素数が無数に存在することを示そうと，素数を 2, 3, 5, 7, 11, 13, ……と書き並べていったところで，素数が無数に存在することを示せたことにもならなければ立証する手がかりすら得られない．そこで，問題の見かたを変えて，

　"題意の命題の否定命題（『素数は有限個しかない』）"

が成立すると仮定したときに，矛盾が生じてしまうことを示そう．

次に，どうやって矛盾を導き出すかということになるが，素数が有限個しかないという仮定から，素数の中に，最大の素数 P_N が必ず存在することになり，その P_N に着眼して矛盾を導くのがよさそうだ．なぜなら，P_N よりも大きな素数が1つでも存在することを示せば矛盾であり，題意が示せたことになるからだ．

解答　素数が有限個しか存在しないと仮定する．すると，素数の中で最大の素数が必ず存在するので，これを P_N とおく．

次に，P_N までの素数 $P_1, P_2, ……, P_N$ をかけ合わせたものを $f(N)$ で表す．すなわち，

$$f(N) = P_1 \cdot P_2 \cdot \cdots \cdot P_N$$

このとき，$f(N)+1 (>f(N))$ を考えると，P_N 以下のどんな数でも割り切れないので，$f(N)+1$ という数は素数である．

かくして，P_N より大きな素数が存在することは最初の仮定に矛盾する．

よって，素数は無数に存在することが示された．

§3　臨界的な状態（または際立った要素）に注目して議論せよ

　ある会社が，画期的な大型通信システムを開発したとする．社の営業部は，早速，大手企業をはじめとする各企業への売り込み作戦を開始する．商品が商品だけに，大きな取り引きとなる，相手会社（売り込む会社）の部長，専務，社長クラスの承認が必須となる．営業部員たちは，"相手の会社"というたくさんの社員からなる1つの組織を相手に売り込むわけだが，だからといって，社員1人1人の意見を聞き，1人1人の説得に当たる必要などないであろう．会社のカオ，とでもいうべき，部長，専務，社長クラスの，決定権をもつ人間に標的を絞って攻撃を仕掛けるだけでよいのである．

　このように，ある集合を対象とするときに，各要素をすべて調べるまでもなく，最も際立った要素に着眼して，その動向を調べさえすれば，集合のすべての要素の動向がわかり，解決されてしまうことは数学の問題においてもしばしばあるのである．

　本節では，際立った要素に着眼することによって解決することのできる問題を学習する．

§3 臨界的な状態(または際立った要素)に注目して議論せよ   253

[例題 5・3・1]
　あるパーティにおいて，どの男の子も女の子全員とは踊らなかったが，女の子は全員，少なくとも1人の男の子とは踊った．このとき，次の条件(☆)をみたす2つのカップル $\{b, g\}$ と $\{b', g'\}$ が存在することを示せ．
　「b と g は踊り，b' と g' は踊ったが，b は g' とは踊らず，かつ g は b' と踊らなかった」……(☆)

[発想法]
　この問題は行列で表現してみるとよい．行列の行を男の子に，列を女の子に対応させる．b と g が踊ったときに，b 行 g 列成分 $((b, g)$ 一成分) に 1 を，踊らなかったときに 0 を書く．このとき，
　「どの男の子もすべての女の子とは踊らなかった」
という条件は，
　(i) どの行にも，少なくとも1個0があることにほかならない．
また，
　「女の子は全員，少なくとも1人の男の子と踊った」
という条件は
　(ii) 各列に少なくとも1個は1があることにほかならない．
　題意を示すためには，行列の中に2つの行と列の交点が，次のどちらかのパターンになっていることを示せばよい．

$$\begin{pmatrix} \cdots 1 \cdots 0 \cdots \\ \vdots \quad \vdots \\ \cdots 0 \cdots 1 \cdots \end{pmatrix} \text{ あるいは } \begin{pmatrix} \cdots 0 \cdots 1 \cdots \\ \vdots \quad \vdots \\ \cdots 1 \cdots 0 \cdots \end{pmatrix} \quad \cdots\cdots (☆☆)$$

このとき，1の数が最も多い行，すなわち，一番多くの女の子と踊った男の子を表す行に注目して，その様子を調べてみよう．

[解答] (「発想法」中の (☆☆) まで同じ)
　一番多くの女の子と踊った男の子(プレイボーイ)b を表す行である b 行目に注目する．条件(i)より，ある g' 列が存在して，b 行 g' 列の成分は 0．
　また，条件(ii)より，ある b' 行が存在して b' 行 g' 列の成分は 1 である．

$$\begin{matrix} & g' \\ b & \begin{pmatrix} \cdots\cdots\cdots 0 \cdots \\ \vdots \\ \cdots\cdots\cdots 1 \cdots \end{pmatrix} \\ b' & \end{matrix}$$

また，b が一番多くの女の子と踊ったことから，b と踊った女の子の中に，b' とは踊

らなかった女の子 g が必ず存在している (さもなければ, b' は b よりも多くの女の子と踊ったことになってしまうからである).

よって, b 行, b' 行, g 列, g' 列に注目すると

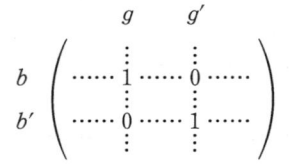

$$\begin{array}{c} & g & g' \\ b \\ b' \end{array} \left(\begin{array}{cc} \cdots\vdots\cdots & \cdots\vdots\cdots \\ \cdots 1 \cdots & \cdots 0 \cdots \\ \cdots 0 \cdots & \cdots 1 \cdots \\ \cdots\vdots\cdots & \cdots\vdots\cdots \end{array} \right)$$

となっており, これより, 題意は示された.

§3 臨界的な状態(または際立った要素)に注目して議論せよ 255

―〈練習 5・3・1〉―
　自然数 a, b の最大公約数を d とすると, ある整数 n, m が存在して,
$$d = na + mb$$
と表すことができることを示せ.

発想法

まず, 最初に具体例を試して, 題意をしっかりと把握しよう. たとえば, 12 と 32 の最大公約数は 4 であり, 確かに,
$$4 = 2 \times 32 - 5 \times 12$$
のように表せる(すなわち, $a = 32$, $b = 12$ に対して, $n = 2$, $m = -5$ が存在しているのである).

この問題を証明するには何通りかの方法があるが, 最もよく用いられるのは, "最小性" あるいは, "最大性" を引き合いに出す(すなわち, $na + mb$ の形をした数のうち, (際立った場合である)最小のもの, または, 最大のものの動向を調べる)という方法である.

解答 S を a の倍数と b の倍数の和として表せるすべての整数からなる集合とする. すなわち,
$$S = \{ na + mb \mid n, m \text{ はすべての整数をとる} \}$$
S の要素は, すべて整数であり, しかも, $na + mb$ とともに $(-n)a + (-m)b$ も S の要素だから, $\{ n'a + m'b \mid -n \leqq n' \leqq n, -m \leqq m' \leqq m \}$ という $na + mb$ なる形をした有限個の数の集合の中には "一番小さい正の整数" が存在する. それを s とすると, s は S の要素であるから,
$$s = na + mb \quad (n, m \text{ はある整数}) \quad \cdots\cdots ①$$
と書ける.

(**第1段**) まず, S のすべての要素が s の倍数であることを示す.

いま x を S の任意の要素とする. すなわち,
$$x = n'a + m'b \quad \cdots\cdots ②$$
x を s で割ったときの商を q, 余りを r とすると,
$$x = qs + r \quad (0 \leqq r < s) \quad \cdots\cdots ③$$
これに, ① と ② を代入すると, r は,
$$0 \leqq r = x - qs = n'a + m'b - (na + mb)q = (n' - qn)a + (m' - qm)b < s \quad \cdots\cdots ④$$
をみたす. ここで, $n' - qn$ も $m' - qm$ も整数であるから, r は s より小さい S の要素である. しかし, s は S の "最小" の正の整数であるから, ④ の左側の不等式 $\leqq$ では等号 $=$ のみが可能である. すなわち, 余りの r は 0 ということになり, x は s で割り切れる.

(第2段) また，
$$a = 1 \times a + 0 \times b, \quad b = 0 \times a + 1 \times b \quad \cdots\cdots ⑤$$
であるから，a も b も S の要素である．**第1段**で示したことより，a, b は，s で割り切れる．すなわち，s は，a と b の公約数の1つ（すなわち，d の約数の1つ）である．

また，a と b の "最大" 公約数 d を用いて，a, b は，
$$a = a'd, \quad b = b'd \quad \cdots\cdots ⑥$$
と表せる．これを①に代入すると，
$$s = na'd + mb'd = (na' + mb') \times d \quad \cdots\cdots ⑦$$
となり，s は d の倍数となる．よって，s は d より小さくない．

以上より，s と d は等しくなければならないことになり，$d = s = na + mb$ であることが示された．

(注) この証明で，**第1段**では s の "最小性" に，**第2段**では d の "最大性" に力点がおかれていることをもう1度確認せよ．

§3 臨界的な状態(または際立った要素)に注目して議論せよ　257

[例題 5・3・2]

Oを原点とする xy 平面上の円
$$x^2+y^2-2ax=0 \quad (a\text{ は正の定数})$$
の周上に動点Pをとり,正方形OPQRをつくる.ただし,O, P, Q, Rは,この順に反時計まわりになっているものとする.線分QRの通りうる範囲を図示せよ.

発想法

　線分QRの両端点QとRに注目し,点Q, Rのそれぞれの点の軌跡を求めれば線分QRの軌跡の概形はわかる.しかし,おのおのの軌跡を求めても,それらによって囲まれる領域がそのまま解には,なりえない(後述の(注)参照).そこで"線分QRが,正方形OPQRの1辺である"という条件,すなわち,"点Pの座標を (α, β) とおくと,Rの座標が $(-\beta, \alpha)$ であり,かつ,OP∥QRである"という条件を付加することによって,完全な解を得る.ただし,動き回る直線(または,線分)群を扱うときは,それらが定点を通過しているか否かをチェックすることが直線群のとらえ方の1つのポイントである.

　なお,次の方針で解答しても論理的には誤りではないが,入試では,この方針の計算の手間を考えると,"際立った要素に注目する"解答に比べ,"悪い解答"といわざるをえない.各自,試してみよ.

[別解の方針] 点Pの座標をパラメータを用いて $P(a(1+\cos\theta), a\sin\theta)$ と表し,これより,線分QR上の点の座標 (X, Y) を a と θ および,線分QRの内分比を表すパラメータ t $(0\leq t\leq 1)$ を用いて,成分表示する.
$$\begin{cases} X=f(\theta, t) \\ Y=g(\theta, t) \end{cases}$$
そして,"点 (X, Y) が求める軌跡上の点である"
$$\iff \text{"}X=f(\theta, t) \text{ かつ } Y=g(\theta, t) \text{ をみたし,}$$
$$0\leq t\leq 1, \ 0\leq\theta<2\pi$$
なる θ, t が存在する"　……(☆)

ことから,(☆)の必要十分条件を求める.

解答　まず,図をかく(図1).

点Qと点Rの動く範囲をおのおのについて調べる.

点Pの軌跡は,円: $x^2+y^2-2ax=0$

すなわち,
$$(x-a)^2+y^2=a^2$$
より,中心 $(a, 0)$,半径 a の円 ……① である.

$\overrightarrow{OQ}$ は $\overrightarrow{OP}$ を正方向に $45°$ 回転して $\sqrt{2}$ 倍に拡大したものであるから，点 Q は円
$$(x-a)^2+(y-a)^2=2a^2 \quad \cdots\cdots ②$$
の上を動く．また，$\overrightarrow{OR}$ は $\overrightarrow{OP}$ を正方向に $90°$ 回転したものであるから，点 R は円① を原点 O のまわりに $+90°$ 回転した円，すなわち，
$$x^2+(y-a)^2=a^2 \quad \cdots\cdots ③$$
の上を動く．

次に直線 QR について調べる．$P(\alpha, \beta)$ とすると，$R(-\beta, \alpha)$ と表せる．また，
$$QR \mathbin{/\!/} OP$$
であるから，$\underline{\alpha \neq 0 \text{ のとき}}$ は，直線 QR の方程式
$$y-\alpha = \frac{\beta}{\alpha}(x+\beta) \quad \cdots\cdots ④$$
$\underline{\alpha=0 \text{ のとき}}$ は，$\beta=0$ であり，したがって，線分 QR は 1 点 O となる． $\cdots\cdots(*)$

さて，$\underline{\alpha \neq 0 \text{ のとき}}$ は，
$$\alpha y = \beta x + (\alpha^2 + \beta^2) \quad \cdots\cdots ④'$$
ここで，$P(\alpha, \beta)$ は円① 上にあることより，
$$(\alpha-a)^2+\beta^2=a^2 \iff \alpha^2+\beta^2=2a\alpha$$
が成り立つ．これを代入して，
$$\alpha(y-2a)=\beta x \quad \cdots\cdots ⑤$$
と書ける．この形から，α，β の値にかかわらず，
$$x=0 \quad \text{かつ} \quad y-2a=0$$
のとき，⑤ は成立する．したがって，直線 QR はつねに定点 $A(0, 2a)$ を通っている．

以上の考察より，定点 $A(0, 2a)$ を通る直線と円② との交点が Q，円③ との交点が R ということになる．

点 P が円① 上を動くと，点 A を通る直線は A のまわりに 1 回転するので，線分 QR の通りうる範囲は，2 つの円②，③ に囲まれた図 2 の斜線部分（境界も含む）となる（ただし，図の斜線の向きは動きまわる線分 QR の傾きを意味していることに注意せよ）．

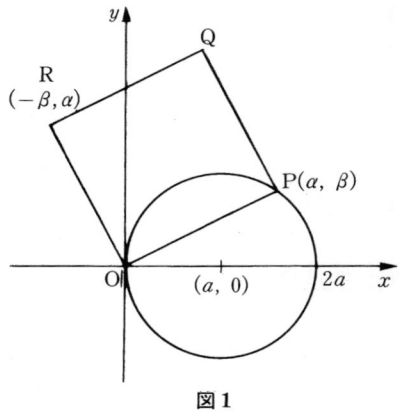

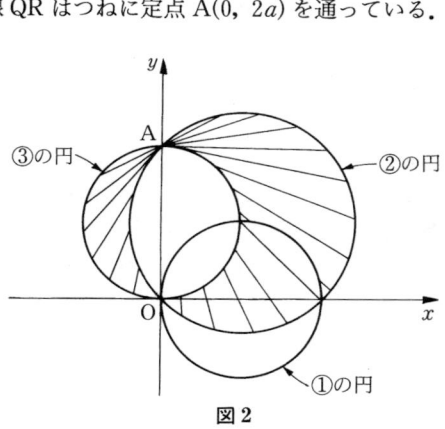

図 1

図 2

(注) 線分 QR としての必要条件を付加せずに,
　　　点 Q が円 ② 上を動く ⎫
　　　点 R が円 ③ 上を動く ⎭　ことがわかっただけでは,
線分 QR の通りうる範囲は, 図 3 のようになる可能性も
あり, 解が確定しないことに注意せよ.

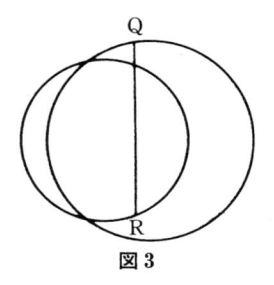

図 3

260　第5章　上手な議論の進め方

> ─〈練習 5・3・2〉─
> 行列 $\begin{pmatrix} 1 & -a \\ a & 1 \end{pmatrix}$ で表される1次変換を f とする．
> (1) 円弧　$x^2+y^2=2$　$(x\geq 0,\ y\geq 0)$ を f でうつした曲線を求めよ．
> (2) a を $0\leq a\leq 1$ の範囲で動かすとき，(1)の曲線が通過する領域を図示し，その面積を求めよ．

発想法

　十分大きなフロシキをもってくれば，すべてを包み込むことができるような図形を有界な図形という．線分，円弧，三角形，四面体などは有界な図形である．しかし，直線や空間上の平面 $ax+by+cz=d$ $((a, b, c)\neq(0, 0, 0))$ などは有界な図形ではない．有界な図形が動きまわるときに，それが通過する部分（掃過領域）を求める問題では，その図形の端に位置する点の軌跡を求めて，求める掃過領域の境界になる曲線（または直線）をまず求めてしまうのがよい．だから，本問については，円弧の両端点 $(\sqrt{2}, 0)$, $(0, \sqrt{2})$ の軌跡をまず求め，次にその2点を結ぶ円弧がいま求めた軌跡のうちのどの部分を通過するか判断すればよい．

解答　(1) $\sqrt{a^2+1}=k$ とおくと，

$$\begin{pmatrix} 1 & -a \\ a & 1 \end{pmatrix} = k\begin{pmatrix} \dfrac{1}{k} & -\dfrac{a}{k} \\ \dfrac{a}{k} & \dfrac{1}{k} \end{pmatrix}$$

$$= \begin{pmatrix} k & 0 \\ 0 & k \end{pmatrix}\begin{pmatrix} \cos\theta & -\sin\theta \\ \sin\theta & \cos\theta \end{pmatrix}$$

$$\left(\text{ただし，}\cos\theta=\frac{1}{k},\ \sin\theta=\frac{a}{k}\right)$$

と書き直せるから，1次変換 f は，

　i) 原点を中心とする角 θ の回転 g

と，

　ii) 原点を中心とする $k(=\sqrt{a^2+1})$ 倍拡大 h の合成

である．したがって，f によって，円：$x^2+y^2=2$ は円：$x^2+y^2=2(a^2+1)$ にうつり，x 軸と y 軸はそれぞれ直線 $y=ax$, $x=-ay$ にうつる（図1）．

図1

　以上より，f によって，円弧：$x^2+y^2=2$, $x\geq 0$, $y\geq 0$ ……① （図2）は，

円弧：$\boldsymbol{x^2+y^2=2(a^2+1)}$ $\boldsymbol{(x+ay\geq 0,\ -ax+y\geq 0)}$ ……② （図3）　……（答）

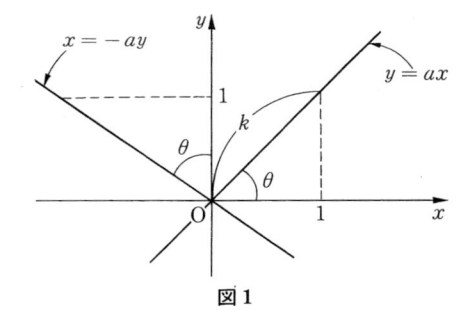

にうつる．

§3 臨界的な状態（または際立った要素）に注目して議論せよ　　261

図2

図3

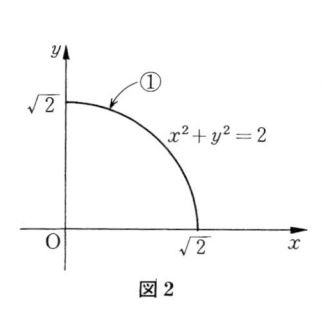

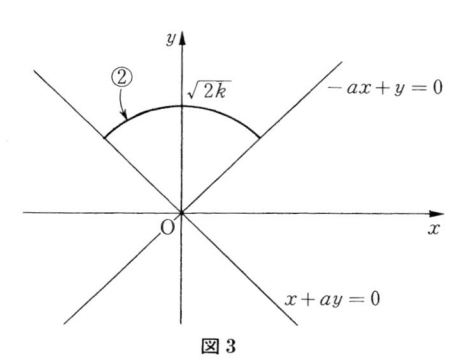

(2) 円弧①の2端点 $(\sqrt{2}, 0)$, $(0, \sqrt{2})$ を f でうつした点を $A(x_1, y_1)$, $B(x_2, y_2)$ とすれば，

$$\begin{pmatrix} x_1 \\ y_1 \end{pmatrix} = \begin{pmatrix} 1 & -a \\ a & 1 \end{pmatrix} \begin{pmatrix} \sqrt{2} \\ 0 \end{pmatrix} = \begin{pmatrix} \sqrt{2} \\ \sqrt{2}a \end{pmatrix}$$

$$\begin{pmatrix} x_2 \\ y_2 \end{pmatrix} = \begin{pmatrix} 1 & -a \\ a & 1 \end{pmatrix} \begin{pmatrix} 0 \\ \sqrt{2} \end{pmatrix} = \begin{pmatrix} -\sqrt{2}a \\ \sqrt{2} \end{pmatrix}$$

∴ $A(\sqrt{2}, \sqrt{2}a)$, $B(-\sqrt{2}a, \sqrt{2})$ （図4）

a が $0 \leqq a \leqq 1$ の範囲を 0 から 1 まで動くとき，点 A は直線 $x = \sqrt{2}$ 上を $(\sqrt{2}, 0)$ から $(\sqrt{2}, \sqrt{2})$ まで動き，点 B は直線 $y = \sqrt{2}$ を $(0, \sqrt{2})$ から $(-\sqrt{2}, \sqrt{2})$ まで動

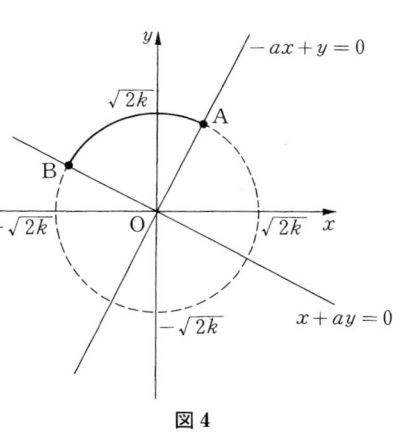

図4

く．円弧①を f でうつした円弧②は，これらの2点 A, B を端点としながら動くから，それらが通過する領域は，**図5の斜線部分**である（ただし，境界は含む）．
　　　　　　　　　　　　　　　　　　　　　　　　　　　　　……(答)

この領域の面積は，図5の S_1, S_2 の部分の面積の和で，

$$S_1 = \frac{1}{4} \cdot 2^2 \pi - \frac{1}{2} \cdot 2 \cdot 2 = \pi - 2$$

$$S_2 = (\sqrt{2})^2 - \frac{1}{4}(\sqrt{2})^2 \pi = 2 - \frac{\pi}{2}$$

∴ $S = S_1 + S_2 = \dfrac{\pi}{2}$ 　　　……(答)

【(1)の別解】

$$\begin{pmatrix} 1 & -a \\ a & 1 \end{pmatrix}^{-1} = \frac{1}{a^2+1} \begin{pmatrix} 1 & a \\ -a & 1 \end{pmatrix}$$

$f : (x, y) \longrightarrow (X, Y)$ とすれば，

$$\begin{pmatrix} x \\ y \end{pmatrix} = \begin{pmatrix} 1 & -a \\ a & 1 \end{pmatrix}^{-1} \begin{pmatrix} X \\ Y \end{pmatrix}$$

$$= \frac{1}{a^2+1} \begin{pmatrix} 1 & a \\ -a & 1 \end{pmatrix} \begin{pmatrix} X \\ Y \end{pmatrix}$$

$$\therefore \quad x = \frac{1}{a^2+1}(X+aY)$$

$$y = \frac{1}{a^2+1}(-aX+Y)$$

したがって，点 (X, Y) が円弧

$$\begin{cases} x^2+y^2=2 \\ x \geq 0, \ y \geq 0 \end{cases} \quad \cdots\cdots ①$$

を f でうつした図形上にある条件は，

$$\begin{cases} \left\{ \dfrac{1}{a^2+1}(X+aY) \right\}^2 + \left\{ \dfrac{1}{a^2+1}(-aX+Y) \right\}^2 = 2 \\ \dfrac{1}{a^2+1}(X+aY) \geq 0, \ \dfrac{1}{a^2+1}(-aX+Y) \geq 0 \end{cases}$$

$$\therefore \quad \begin{cases} X^2+Y^2=2(a^2+1) \\ X+aY \geq 0, \ -aX+Y \geq 0 \end{cases} \quad \cdots\cdots ②$$

$X+aY=0, \ -aX+Y=0$ は，互いに直交する 2 本の直線を表すから，② は，半径 $\sqrt{2(a^2+1)}$ の 4 分の 1 の円弧を表す．

以上より，円弧 ① を f でうつした曲線は，

円弧：$\boldsymbol{x^2+y^2=2(a^2+1)} \quad (\boldsymbol{x+ay \geq 0, \ -ax+y \geq 0})$ ……(答)

[例題 5・3・3]

相異なる n 個 $(n \geq 3)$ の正の数からなる集合 $S = \{a_1, a_2, a_3, \ldots, a_n\}$ において, $a_i - a_1$ $(i = 2, 3, 4, \ldots, n)$ がすべて S の元(要素)であるとき, 数列 $a_1, a_2, \ldots, a_n$ は, その順序を適当に入れ換えると等差数列になることを証明せよ.

発想法

$\forall a_i > 0$ に関して $a_i - a_1 \in S$ より, $a_i - a_1 > 0$ である. よって, $a_1 (> 0)$ が S の最小値であることがわかる. また, S の要素 $a_1, a_2, \ldots, a_n$ を扱うよりも, S の要素を昇順(小さい順)に並べ換えたものを改めて, $b_1 (= a_1), b_2, b_3, \ldots, b_n$ と置き換えた数列 $\{b_i\}$ (このように n 個の要素を昇順に並べた〝際立った並べ方〟を自発的に議論の基盤に使おうとしなければ, 議論しにくくてしかたがないことに注意せよ)を扱うほうが, 扱いやすい. また, このような並べ方を考えると, $a_1, a_2, \ldots, a_n$ の順序を適当に入れ換えると, 等差数列になることを示すためには,

$\forall i$ $(i = 2, 3, 4, \ldots, n)$ に対して, $b_i = b_{i-1} + a$ (a はある正の定数)

であることを示せばよい. このことを示すためには,

$S = \{b_1, b_2, \ldots, b_n\}$ $(= \{a_1, a_2, \ldots, a_n\})$
$S' = \{b_2 - a_1, b_3 - a_1, \ldots, b_n - a_1\}$ $(= \{a_2 - a_1, a_3 - a_1, \ldots, a_n - a_1\})$

とおき, 問題文より, $S' \subset S$ であること, および, n 個の要素からなる $\{b_1, b_2, \ldots, b_n\}$ と, $(n-1)$ 個の要素からなる $\{b_2 - a_1, b_3 - a_1, \ldots, b_n - a_1\}$ の各要素間の対応関係を調べてみよ.

解答

$S = \{a_1, a_2, a_3, \ldots, a_n\}$ $(a_i > 0\,;\, i = 1, 2, \ldots, n)$ とおく.

$a_i - a_1 \in S$ より, $a_i - a_1 > 0 \iff a_i > a_1$

そこで, $a_1, a_2, \ldots, a_n$ を昇順に並べ換えたものを $b_1, b_2, \ldots, b_n$ とすると,

$b_1 = a_1$, $b_i - a_1 > 0$, $b_i - a_1 \in S$ $(i = 2, 3, \ldots, n)$ であり,

$b_2 - a_1 < b_3 - a_1 < \cdots < b_n - a_1 < b_n$

これより, $S = \{b_1, b_2, \ldots, b_n\}$ の要素と $S' = \{b_2 - a_1, b_3 - a_1, \ldots, b_n - a_1\}$ の要素の対応関係を調べると,

$S = \{a_1(=b_1),\ b_2,\ b_3,\ \ldots,\ b_{n-1},\ b_n\}$
$\ \ \parallel\ \ \ \ \ \ \ \parallel\ \ \ \ \ \ \ \parallel\ \ \ \ \ \ \ \ \ \ \ \ \ \ \parallel$
$S' = \{b_2 - a_1,\ b_3 - a_1,\ \ldots,\ b_n - a_1\}$

となる. $S \supset S'$ であり, S から最大要素 b_n を除いたものが S' であることがわかる. よって, S と S' のそれぞれについて, 小さい順に数えて, 第 i 番目 $(i = 1, 2, \ldots, n-1)$ の要素どうしは一致している. よって,

$b_i - a_1 = b_{i-1}$ $(i = 2, 3, \ldots, n)$

したがって, 数列 $\{b_i\}$ は, 初項 $a_1 (= b_1)$, 公差 a_1 の等差数列であることが示された.

〈練習 5・3・3〉

xy 平面において原点を O, 点 $(2, 0)$ を A, 点 $(1, 1)$ を B とする. ベクトル $\overrightarrow{OA}$, $\overrightarrow{OB}$, および, 実数のパラメータ s, t を用いて, 点 P をその位置ベクトル $\overrightarrow{OP}$ が,
$$\overrightarrow{OP} = t^2 \overrightarrow{OA} - st \overrightarrow{OB}$$
をみたすように定める. s, t が $0 \leq s \leq 1$, $0 \leq t \leq 1$ の範囲を動くとき, 次の問いに答えよ.

(1) 点 P の動く範囲を求め, 図示せよ. また, その面積を求めよ.
(2) △ABP の面積の最大値を求めよ.

発想法

(1) 点 P の位置ベクトル $\overrightarrow{OP}$ は, s と t の 2 つのパラメータを用いて表されている. そこで, まずは, 一方を固定したときの点 P のとりうる範囲を求め, その後, 固定していたほうのパラメータを動かして調べよう (IIの**第4章 §1**参照). s と t のうち, どちらを先に固定するかを判断しなければならないが, t は 2 次であり, s は 1 次だから, t を先に固定した方が本問は扱いやすくなる (IIの**第3章 §3**参照).

(2) △ABP に関して, 2 点 A, B は定点であるから, 線分 AB を底辺とみなそう. すると, 点 P が (1) の範囲を動くときに, 点 P から線分 AB へ下ろした垂線の長さ (距離) が最大になるときが題意をみたすときである.

解答

(1) $\overrightarrow{OP} = t^2 \overrightarrow{OA} - st \overrightarrow{OB}$ ……①
$0 \leq s \leq 1$ ……②, $0 \leq t \leq 1$ ……③

t を ③ の範囲で固定したとき, ①, ② をみたす点 P の集合を考える.
$\overrightarrow{OB'} = -\overrightarrow{OB}$ とおくと, ① から点 P は図 1 にくることがわかる.
ここで, ② の範囲で s を変化させると, ①, ② をみたす点 P の集合は, 図 2 の線分 $P_{t0}P_{t1}$ となる (ここに, ① において $t = t'$, $s = s'$ として定まる点を記号 $P_{t's'}$ で表す).

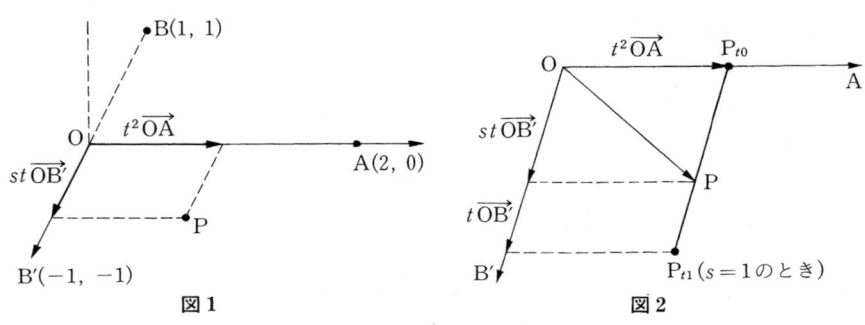

図 1

図 2

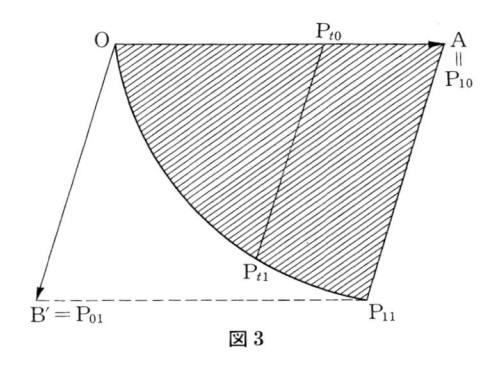

次に，t を③の範囲で変化させれば，求める点の集合は，直線 OA，AP_{11} および弧 $\overparen{OP_{11}}$ で囲まれた図3の斜線部分となる．

よって，境界となる曲線 $\overparen{OP_{11}}$ の軌跡を表す方程式を求める．

$$\overrightarrow{OP_{t1}} = t^2 \overrightarrow{OA} - t\overrightarrow{OB}$$
$$= t^2 \begin{pmatrix} 2 \\ 0 \end{pmatrix} - t \begin{pmatrix} 1 \\ 1 \end{pmatrix}$$
$$= \begin{pmatrix} 2t^2 - t \\ -t \end{pmatrix} = \begin{pmatrix} x \\ y \end{pmatrix}$$

であるから，
$$x = 2y^2 + y$$

となる．これより，求める点 (x, y) の集合は次のように表せる．

$$\begin{cases} 0 \leq x - y = 2t^2 - t - (-t) = 2t^2 \leq 2 & (\because \text{③より}) \\ -1 \leq y = -t \leq 0 & (\because \text{③より}) \\ x \geq 2y^2 + y \end{cases}$$

したがって，その面積 S は，図4より

$$S = \int_{-1}^{0} \{y + 2 - (2y^2 + y)\} dy$$
$$= \left[-\frac{2}{3}y^3 + 2y \right]_{-1}^{0}$$
$$= \frac{4}{3} \quad \cdots\cdots \text{(答)}$$

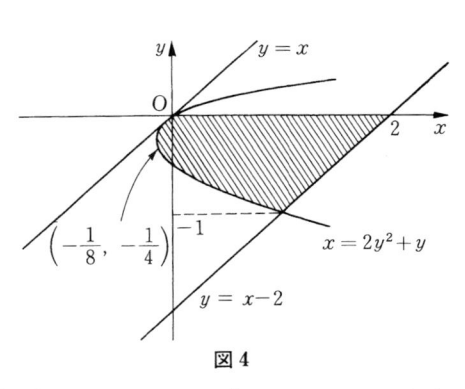

(2) 点 P から線分 AB へ下ろした垂線の長さ d が最大になるときに △ABP の面積が最大になる．(1)で求めた点 P の動きうる領域と直線 AB：$y = -x + 2$ との位置関係を示した図5より，題意をみたす点 P は曲線 $x = 2y^2 + y$ 上にあるときであることがわかる．

よって，点 $P(x, y) = P(2a^2 + a, a)$　（ただし，$-1 \leq a \leq 0$）とおける．このとき，d の長さはヘッセの公式より，

$$d = \frac{|x + y - 2|}{\sqrt{1^2 + 1^2}}$$
$$= \frac{1}{\sqrt{2}}\{2 - (x + y)\}$$

$$=\frac{1}{\sqrt{2}}(2-2a^2-a-a)$$
$$=-\sqrt{2}(a^2+a-1)$$
$$=-\sqrt{2}\left(a+\frac{1}{2}\right)^2+\frac{5}{4}\sqrt{2}$$

ここで，$-1\leq a\leq 0$ を考えると，

$$a=-\frac{1}{2}$$

すなわち，点 P の座標が $\left(0,\ -\dfrac{1}{2}\right)$

のとき d は最大値 $\dfrac{5\sqrt{2}}{4}$ をとる。

よって，△ABP の面積の最大値は

$$\frac{1}{2}\cdot\sqrt{2}\cdot\frac{5\sqrt{2}}{4}=\frac{5}{4}\quad\cdots\cdots(答)$$

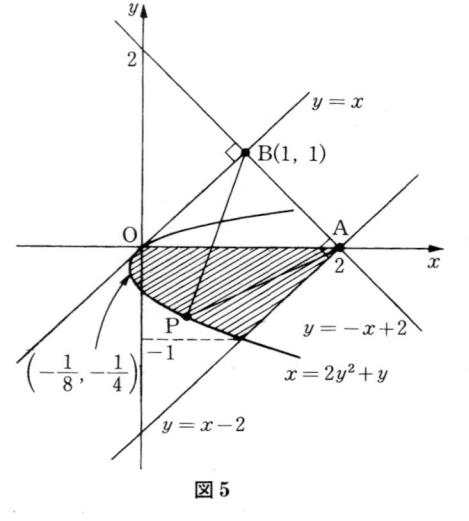

(注) (1)の別解として，次の(i), (ii)が考えられる。

(i) P(x, y) とおいて，条件式より，
$$\begin{cases} x=2t^2-st & \cdots\cdots① \\ y=-st & \cdots\cdots② \\ 0\leq s,\ t\leq 1 & \cdots\cdots③ \end{cases}$$

①−② および③から，$0\leq x-y\leq 2$

②，③から，$-1\leq y\leq 0$

①，②から，$t\neq 0$ として，
$$s^2=\frac{y^2}{t^2}=\frac{2y^2}{x-y}$$

また，これと③とから，
$$0\leq\frac{2y^2}{x-y}\leq 1,\ y<x$$

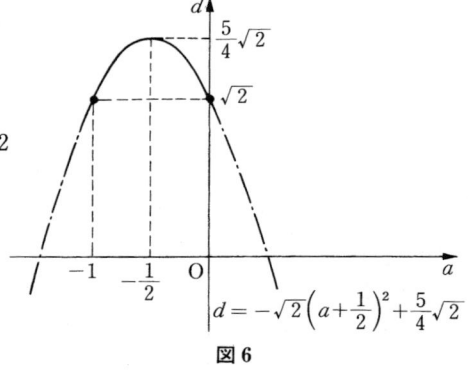

$t=0$ のときは，$x=y=0$ のときで，③をみたすようにできるとしても，答が得られる。

(ii) まず，s を固定して，上の①，②から，
$$x=\frac{2y^2}{s^2}+y$$

を考え，s を変化させても点 P の集合がわかる。

図5

図6

[例題 5・3・4]

f, g を次のような1次変換とする．

f: 直線 $y=\dfrac{1}{\sqrt{3}}x$ に関する対称移動

g: 原点を中心とする $\dfrac{\pi}{3}$ の回転

f, g を表す行列をそれぞれ A, B とするとき，次の問いに答えよ．

(1) 行列 A および BA を求めよ．
(2) 行列 BA はある直線に関する対称移動を表すことを示し，その直線の方程式を求めよ．

(浜松医大)

発想法

1次変換に関する多くの問題が，特定の (計算や議論のうえで都合のよい) 2点と，それらの像を求めるだけで首尾よく解けてしまうことが応々にしてある．なぜ，原点 O を始点とし，位置ベクトルが互いに1次独立である2点 (特に計算を行ううえでラクなように $(1, 0)$ と $(0, 1)$, $(1, 1)$ と $(1, -1)$ あるいは，$(a, 0)$ と $(0, b)$ を2点としてとることが多い) の像を求めることから，任意の点に関して成立する命題の必要十分条件を導けるのだろうか？ それは，次の理由による．

任意の点 P の座標を $P(x, y)$ とし，1次変換を表す行列を A とする．実際に調べる2点を $(1, 0), (0, 1)$ とし，f によって点 P がうつされる点を $P'(x', y')$ とすると，

$$\begin{pmatrix} x' \\ y' \end{pmatrix} = A \begin{pmatrix} x \\ y \end{pmatrix}$$

$$= A \cdot x \begin{pmatrix} 1 \\ 0 \end{pmatrix} + A \cdot y \begin{pmatrix} 0 \\ 1 \end{pmatrix}$$

$$= x \cdot \underline{A \begin{pmatrix} 1 \\ 0 \end{pmatrix}} + y \cdot \underline{A \begin{pmatrix} 0 \\ 1 \end{pmatrix}}$$

であることから，任意の点 P の1次変換 f による像 P' は，2点 $(1, 0)$ と $(0, 1)$ が，1次変換 f によってうつされる像によって決定されてしまうからである．

そこで，本問では点 $(1, 0)$ と，点 $(0, 1)$ の特定の2点の A によってうつされる像を求めれば，

$$\begin{pmatrix} a & b \\ c & d \end{pmatrix} \begin{pmatrix} 1 \\ 0 \end{pmatrix} = \begin{pmatrix} a \\ c \end{pmatrix}, \quad \begin{pmatrix} a & b \\ c & d \end{pmatrix} \begin{pmatrix} 0 \\ 1 \end{pmatrix} = \begin{pmatrix} b \\ d \end{pmatrix} \quad \text{より}$$

行列 A は求まる．

解答 (1) 図1より,

$$\begin{pmatrix}1\\0\end{pmatrix} \xrightarrow{f} \frac{1}{2}\begin{pmatrix}1\\\sqrt{3}\end{pmatrix},\quad \begin{pmatrix}0\\1\end{pmatrix} \xrightarrow{f} \frac{1}{2}\begin{pmatrix}\sqrt{3}\\-1\end{pmatrix}$$

であるから,

$$A=\frac{1}{2}\begin{pmatrix}1 & \sqrt{3}\\ \sqrt{3} & -1\end{pmatrix} \qquad \cdots\cdots(\text{答})$$

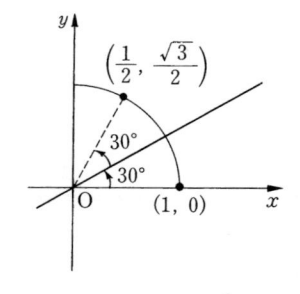

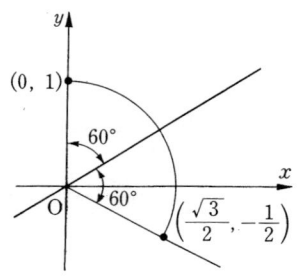

図1

同様にして, 図2より

$$\begin{pmatrix}1\\0\end{pmatrix} \xrightarrow{g} \frac{1}{2}\begin{pmatrix}1\\\sqrt{3}\end{pmatrix},\quad \begin{pmatrix}0\\1\end{pmatrix} \xrightarrow{g} \frac{1}{2}\begin{pmatrix}-\sqrt{3}\\1\end{pmatrix}$$

であるから,

$$B=\frac{1}{2}\begin{pmatrix}1 & -\sqrt{3}\\ \sqrt{3} & 1\end{pmatrix}$$

したがって

$$BA=\frac{1}{2}\begin{pmatrix}1 & -\sqrt{3}\\ \sqrt{3} & 1\end{pmatrix}\cdot\frac{1}{2}\begin{pmatrix}1 & \sqrt{3}\\ \sqrt{3} & -1\end{pmatrix}$$

$$=\frac{1}{2}\begin{pmatrix}-1 & \sqrt{3}\\ \sqrt{3} & 1\end{pmatrix} \qquad \cdots\cdots(\text{答})$$

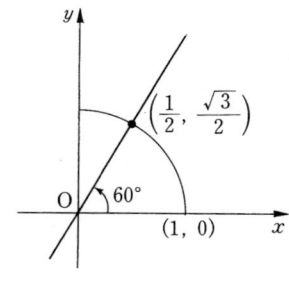

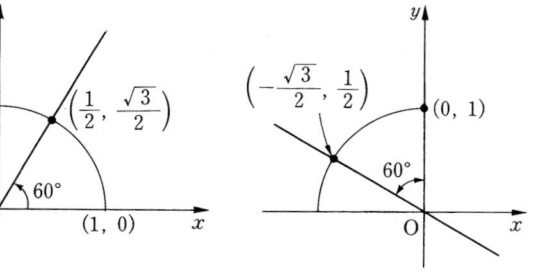

図2

(2) BA で表される1次変換によって, 点$(1, 0)$, 点$(0, 1)$ は,

$$\frac{1}{2}\begin{pmatrix}-1 & \sqrt{3}\\ \sqrt{3} & 1\end{pmatrix}\begin{pmatrix}1\\0\end{pmatrix}=\frac{1}{2}\begin{pmatrix}-1\\\sqrt{3}\end{pmatrix}$$

$$\frac{1}{2}\begin{pmatrix} -1 & \sqrt{3} \\ \sqrt{3} & 1 \end{pmatrix}\begin{pmatrix} 0 \\ 1 \end{pmatrix}=\frac{1}{2}\begin{pmatrix} \sqrt{3} \\ 1 \end{pmatrix}$$

のようにうつされるから，図3より，この1次変換は平面上のすべての点を直線 $y=\sqrt{3}\,x$ に関して対称に移動する． ……(答)

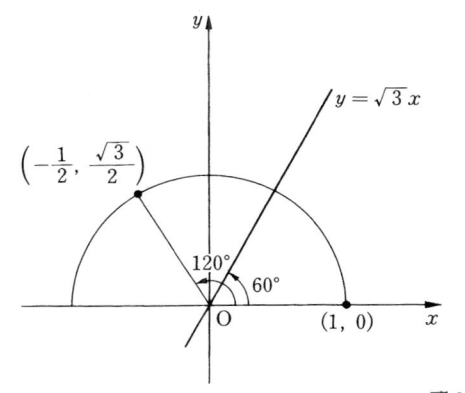

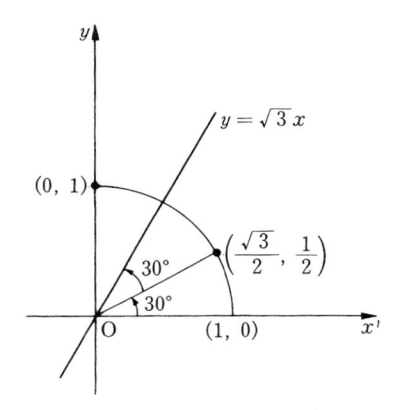

図3

〈練習 5・3・4〉

原点のまわりに角 θ（ただし，$0 \leq \theta < 2\pi$）だけ回転させる1次変換 f と，行列 $\begin{pmatrix} a & 0 \\ 0 & a \end{pmatrix}$ で表される1次変換 g の合成を，$h = g \circ f$ とする．h が直線 $2x + 5y = 1$ を直線 $7x + 3y = 2$ にうつすとき，θ と a の値を求めよ．

(広島大)

発想法　直線 $2x + 5y = 1$ の x 軸との交点 $(\alpha, 0)$ と，y 軸との交点 $(0, \beta)$ の特定の2点が1次変換 h によって，直線 $7x + 3y = 2$ 上の点にうつされるための必要十分条件を求めればよい．

解答　$h = g \circ f$ の表す行列は，

$$\begin{pmatrix} a & 0 \\ 0 & a \end{pmatrix} \begin{pmatrix} \cos\theta & -\sin\theta \\ \sin\theta & \cos\theta \end{pmatrix} = \begin{pmatrix} a\cos\theta & -a\sin\theta \\ a\sin\theta & a\cos\theta \end{pmatrix}$$

次に，直線：$2x + 5y = 1$ の x 軸との交点 $P\left(\frac{1}{2}, 0\right)$ と y 軸との交点 $Q\left(0, \frac{1}{5}\right)$ が1次変換 h によってうつされる点 P'，Q' の座標は，それぞれ $P'\left(\frac{a}{2}\cos\theta, \frac{a}{2}\sin\theta\right)$，$Q'\left(-\frac{a}{5}\sin\theta, \frac{a}{5}\cos\theta\right)$ である．また，題意をみたすためには，"点 P' と点 Q' がともに直線 $7x + 3y = 2$ 上にある" ことが必要十分条件であるので，

$$\frac{a}{2}(7\cos\theta + 3\sin\theta) = 2 \quad \text{かつ} \quad \frac{a}{5}(-7\sin\theta + 3\cos\theta) = 2$$

$\iff 5(7\cos\theta + 3\sin\theta) = 2(-7\sin\theta + 3\cos\theta)$

$\iff \cos\theta + \sin\theta = 0$

∴ $\theta = \frac{3}{4}\pi, \frac{7}{4}\pi$

$\theta = \frac{3}{4}\pi$ のとき，$\frac{a}{2}\left(-\frac{7}{\sqrt{2}} + \frac{3}{\sqrt{2}}\right) = 2$ ∴ $a = -\sqrt{2}$

$\theta = \frac{7}{4}\pi$ のとき，$\frac{a}{2}\left(\frac{7}{\sqrt{2}} - \frac{3}{\sqrt{2}}\right) = 2$ ∴ $a = \sqrt{2}$

$\theta = \frac{3}{4}\pi, \ a = -\sqrt{2}$　または　$\theta = \frac{7}{4}\pi, \ a = \sqrt{2}$ ……(答)

[例題 5・3・5]

n を2以上の自然数とする．$x_1 \geq x_2 \geq \cdots\cdots \geq x_n$ および $y_1 \geq y_2 \geq \cdots\cdots \geq y_n$ を満足する数列 $x_1, x_2, \cdots\cdots, x_n$ および $y_1, y_2, \cdots\cdots, y_n$ が与えられている．$y_1, y_2, \cdots\cdots, y_n$ を並べ換えて得られるどのような数列 $z_1, z_2, \cdots\cdots, z_n$ に対しても

$$\sum_{j=1}^{n}(x_j-y_j)^2 \leq \sum_{j=1}^{n}(x_j-z_j)^2$$

が成り立つことを証明せよ． (東大)

発想法

本問は，数列 $y_1, y_2, \cdots\cdots, y_n$ を並べ換えて得られる任意の数列 $\{z_n\}$ を相手とする問題なので，どんな数列に着眼して攻略していくのかが決まらなければ，本問を解決することはできない．さて，何に着眼したらよいだろうか．数列 $\{z_n\}$ は，数列 $\{y_n\}$ を並べ換えて得られる数列であることや，与えられた不等式の形から，これを示すためには，数列 $\{y_j\}$ と数列 $\{z_j\}$ の成分どうしの対応関係を把握することが大きなウエイトを占めるだろうということがわかる．

そこで，数列 $\{z_j\}$ と $\{y_j\}$ の要素を比べてみよう．このとき，でたらめに比較してもラチがあかないので，添字の1から順番に添字の等しいものどうし，y_1 と z_1，y_2 と z_2，……というように比較していったときに，はじめて，y_i と z_i の値が異なるもの，すなわち，$y_i \neq z_i$ となる最大の y_i に注目する．

$$\{y_n\}: y_1 \geq y_2 \geq \cdots\cdots \geq y_{i-1} \geq y_i \geq \cdots\cdots \geq y_k \geq \cdots\cdots \geq y_n$$
$$\| \quad \| \quad\quad\quad \| \quad\ \not{\|}$$
$$\{z_n\}: z_1 \quad z_2 \quad \cdots\cdots \quad z_{i-1} \quad z_i \quad \cdots\cdots \quad z_k \quad \cdots\cdots \quad z_n$$

図1

すると，$y_i = z_k (\geq z_i)$ $(k > i)$ となる z_k が存在しており，次に，z_i と z_k を入れ換えた数列 $\{z_j\}^{(1)}$ をつくる．

さらに，同様にして，数列 $y_{i+1} \sim y_n$ と数列 $z_{i+1} \sim z_j \sim z_n$ との成分を比較して，y_l と z_l の値が異なる $y_{i+1} \sim y_n$ までのうち最大の y_l に注目して $y_l = z_m$ となる z_m と z_l を入れ換えた数列 $\{z_j\}^{(2)}$ をつくる．

$$y_1 \geq y_2 \geq y_3 \geq \cdots\cdots \geq y_i \geq \cdots\cdots \geq y_l \geq \cdots\cdots \geq y_m \geq \cdots\cdots \geq y_n$$
$$\| \quad \| \quad \| \quad\quad\quad \| \quad\quad\quad \not{\|}$$
$$\{z_j\}^{(1)}: z_1 \quad z_2 \quad z_3 \quad \cdots\cdots \quad z_k \quad \cdots\cdots \quad z_l \quad \cdots\cdots \quad z_m \quad \cdots\cdots \quad z_n$$

$$\Downarrow$$

$$y_1 \geq y_2 \geq y_3 \geq \cdots\cdots\cdots\cdots \geq y_l \geq \cdots\cdots$$
$$\| \quad \| \quad \| \quad\quad\quad\quad\quad \|$$
$$\{z_j\}^{(2)}: z_1 \quad z_2 \quad z_3 \quad \cdots\cdots\cdots\cdots \quad z_m \quad \cdots\cdots$$

この操作を y_n にいきつくまで繰り返すとき，最後に得られる数列 $\{z_j\}^{(p)}$ は数列 $\{y_j\}$ にほかならない．

$$\{z_j\} \text{ に対する } \sum_{j=1}^{n}(x_j-z_j)^2 = u,$$

$$\{z_j\}^{(1)} \text{ に対する } \sum_{j=1}^{n}(x_j-z_j)^2 = u_1,$$

$$\vdots \qquad \vdots \qquad \vdots$$

$$\{z_j\}^{(p)} \text{ に対する } \sum_{j=1}^{n}(x_j-z_j)^2 = u_p$$

とおく．

このとき，数列 $\{z_j\}$ に関して，いまの入れ換え操作を1回施しても，$\sum_{j=1}^{n}(x_j-z_j)^2$ の値は増加しないことが示されれば

$$u \geq u_1 \geq u_2 \geq \cdots\cdots \geq u_p \Big(=\sum_{j=1}^{n}(x_j-y_j)^2\Big)$$

より，題意は示されたことになる．

解 答 数列 $\{z_j\}$ に対する不等式の右辺の値を

$$u = \sum_{j=1}^{n}(x_j-z_j)^2$$

とおく．数列 $\{y_i\}$ と $\{z_i\}$ の要素を添字の等しいものどうし比較していき，$z_j \neq y_j$ となる最大の y_j を y_i とし，y_i と等しくなるような z_j を z_k とする．このとき，数列 $\{y_j\}$ の成分の最大のもの，すなわち j の小さいものから順に調べていったことから $k>i$, $z_k \geq z_i$ ……① である．次に，z_i と z_k を入れ換えて，数列をあらたにつくる（この操作を便宜上，操作 A と名づける）．あらたにつくった数列に対する u の値を u_0 とする．すると，

$$u - u_0 = (x_i-z_i)^2 + (x_k-z_k)^2 - (x_i-z_k)^2 - (x_k-z_i)^2$$
$$= 2(x_i-x_k)(z_k-z_i) \geq 0$$

$$\therefore \quad u_0 \leq u \quad (\because \ i<k \text{ より } x_i \geq x_k, \ \text{① より } z_k \geq z_i)$$

よって，『操作 A を施しても，$\sum_{j=1}^{n}(x_j-z_j)^2$ の値が増加することはない』 ……(∗)

また，『操作を繰り返せば，最後には $\{z_j\}$ と $\{y_j\}$ が一致することになる』…(∗∗)

以上，(∗)かつ(∗∗)より，

$$u = \sum_{j=1}^{n}(x_j-z_j)^2 \geq \sum_{j=1}^{n}(x_j-y_j)^2$$

であることが示された．

§3 臨界的な状態(または際立った要素)に注目して議論せよ

――〈練習 5・3・5〉――――――――――――――――――――

n 個 ($n \geq 2$) の実数 $a_1, a_2, \ldots, a_n$ がこの順に公差 d ($d>0$) の等差数列をなしている。この中から k 個(ただし,$1 \leq k \leq n-1$)の異なる数を取り出し,それらの数を $x_1, x_2, \ldots, x_k$,取り出されなかった残りの数を $y_1, y_2, \ldots, y_{n-k}$ とおく。

$$M = \frac{y_1 + y_2 + \cdots + y_{n-k}}{n-k} - \frac{x_1 + x_2 + \cdots + x_k}{k}$$

$$M' = \frac{x_1 + y_2 + \cdots + y_{n-k}}{n-k} - \frac{y_1 + x_2 + \cdots + x_k}{k}$$

とするとき,
(1) M と M' の大小を比較せよ。
(2) $M \leq \dfrac{1}{2} nd$ となることを証明せよ。

発想法

(1)は M と M' の形から,$M-M'$ を考え,それが正になるか負になるか(または 0 になるか)を調べるのがよいことがわかるだろう。問題は(2)である。証明すべき不等式 $M \leq \dfrac{1}{2} nd \cdots\cdots(*)$ において,左辺の M の値は,$x_1, x_2, \ldots, x_k$ の選び方($_n C_k$ 通りある)によって変化する変数である。だから,両辺の差をとっても,比をとっても,何に着眼するかをはっきりさせなければ,$_n C_k$ 通りもの M に対する不等式 $(*)$ を示すことはできそうにない。しかし,不等式 $(*)$ を示すには,すべての M について調べるまでもなく,M の最大値に対して $(*)$ が成り立つことを示せばよい。よって,まず,M が最大となるのは,どのような場合であるかを見つけよう。その際に,(1)の結果を活用しよう。

解答

(1) $M - M' = \dfrac{y_1 - x_1}{n-k} - \dfrac{x_1 - y_1}{k} = (y_1 - x_1)\left(\dfrac{1}{n-k} + \dfrac{1}{k}\right)$

ここで,$n-k > 0$,$k > 0$ より

$\dfrac{1}{n-k} + \dfrac{1}{k} > 0$

よって,$\begin{cases} x_1 > y_1 \text{ のとき } M < M' \\ x_1 < y_1 \text{ のとき } M > M' \end{cases}$ ……(答)

(2) $x_1, x_2, \ldots, x_k$ の中の数で $y_1, y_2, \ldots, y_{n-k}$ の中のいずれかよりも大きい数があるとき,たとえば,$x_1 > y_1$ のとき,x_1 と y_1 を入れ換えたものに対する M の値を M' とおくと,(1)より

$M' > M$

同様にして，$y_1, x_2, \ldots, x_k$ の中に $x_1, y_2, \ldots, y_{n-k}$ のいずれかよりも大きい数があれば，それらを入れ換えたものに対する M を考えると，M の値は大きくなる．

以上の操作を

「$x_1, x_2, \ldots, x_k$ の中の数はすべて，$y_1, y_2, \ldots, y_{n-k}$ の中の数のどれよりも小さい」 ……（☆）

場合になるまで繰り返し，そのときの M の値を M_0 とすると

$$M_0 \geqq M \quad \cdots\cdots ①$$

である．ところが，$a_1 < a_2 < \cdots\cdots < a_n$ であるから，（☆）が成立するのは，

$$\{x_1, x_2, \ldots, x_k\} = \{a_1, a_2, \ldots, a_k\}$$
$$かつ \quad \{y_1, y_2, \ldots, y_{n-k}\} = \{a_{k+1}, a_{k+2}, \ldots, a_n\}$$

のときに限る．よって

$$M_0 = \frac{a_{k+1} + a_{k+2} + \cdots\cdots + a_n}{n-k} - \frac{a_1 + a_2 + \cdots\cdots + a_k}{k}$$
$$= \frac{1}{n-k} \cdot \frac{1}{2} \cdot (n-k)(a_{k+1} + a_n) - \frac{1}{k} \cdot \frac{1}{2} \cdot k(a_1 + a_k)$$
$$= \frac{1}{2}(a_n + a_{k+1} - a_k - a_1)$$
$$= \frac{1}{2}nd \quad (\because \quad a_i = a_1 + (i-1)d) \quad \cdots\cdots ②$$

①，② より

$$M \leqq \frac{1}{2}nd$$

【(2) の別解】

（M の値が最大になる場合が $\{x_1, x_2, \ldots, x_k\} = \{a_1, a_2, \ldots, a_k\}$ の場合であることを見つけた後，直接，そのことを引き合いに出してしまう解答）

$$S = a_1 + a_2 + \cdots\cdots + a_n$$
$$T = x_1 + x_2 + \cdots\cdots + x_k$$

とおくと，

$$M = \frac{a_1 + a_2 + \cdots\cdots + a_n - (x_1 + x_2 + \cdots\cdots + x_k)}{n-k} - \frac{x_1 + x_2 + \cdots\cdots + x_k}{k}$$
$$= \frac{S-T}{n-k} - \frac{T}{k}$$

よって，

$$M - \frac{1}{2}nd = \left(\frac{S-T}{n-k} - \frac{T}{k}\right) - \frac{1}{2}nd$$

$$= \frac{kS - nT - \frac{1}{2}k(n-k)nd}{k(n-k)}$$

$$= \frac{\frac{1}{2}nk\{2a_1 + (k-1)d\} - nT}{k(n-k)} \quad \left(\because\ S = \frac{1}{2}n\{2a_1 + (n-1)d\}\right)$$

$$= \frac{n\{(a_1 + a_2 + \cdots + a_k) - T\}}{k(n-k)} \leq 0$$

$$(\because\ a_1 + a_2 + \cdots + a_k \leq x_1 + x_2 + \cdots + x_k)$$

$$\therefore\ M \leq \frac{1}{2}nd$$

[補足]

本問のように M を定義したとき，不等式 $M \leq \frac{1}{2}nd$ は，$a_1, a_2, \cdots, a_n$ が等差数列でなくとも，次のような場合に成り立つ．

『$a_1 < a_2 < \cdots < a_n$　かつ　$d = \text{Max}(a_2 - a_1, a_3 - a_2, \cdots, a_n - a_{n-1})$』

また，$a_1, a_2, \cdots, a_n$ が等差数列のときに限り，$M \leq \frac{1}{2}nd$ となる．

あ と が き

　数学の考え方を身につけさせることに主眼をおき，正答に至るプロセスを，紙面を惜しまずに解説するという贅沢な本はそうザラにはない．そこで，数学の考え方を習得させることだけに焦点を絞り，その結果として，読者の数学的能力を啓発することができるような本の出現が期待されていた．そんな本の執筆を駿台文庫と約束して以来，早5年の歳月が流れた．本シリーズの執筆に際し，考え方を能率的に習得させるという方針を貫いたために，テーマ別解説に従う既成の枠を逸脱せざるを得なくなったり，当初1,2冊だけを刊行する予定であったのを，可能な限りの完璧さを目指したため全6巻のシリーズに膨れあがったり，それにも増して，筆者の力不足と怠慢とが相まって，刊行が大幅に遅れてしまった．それによって本書の出版に期待を寄せていただいた関係者各位に多大な迷惑をかけてしまったことをここにお詫び申し上げる次第である．本シリーズの上述に掲げた目標が真に達成されたか否かは読者の判断を仰ぐしかないが，万一，本シリーズが読者の数学に対する苦手意識を払触し，考え方の習得への手助けとなり，数学が得意科目に転じるきっかけになるようなことがあれば，筆者の望外の喜びとするところである．

　本シリーズ執筆の段階で，数千ページに及ぶ読みにくい原稿を半年以上もかけて何度も繰り返し丹念に読み通し，多くの貴重なアドバイスを寄せて下さった駿台予備学校の講師の方々，とりわけ下村直久，酒井利訓両氏の献身的努力に衷心より感謝申し上げます．また，読者の立場から本シリーズの原稿を精読し，解説の曖昧な箇所，議論のギャップなどを指摘し，本書を読みやすくすることに努めて下さった松永清子さん（早大数学科学生），徳永伸一氏（東大基礎科学科学生），朝倉徳子さん（東大理科II類学生）の尽力なくしては，本シリーズはここに存在しえなかったことも事実です．
　さらに，梶原健氏（東大数学科学生），中須やすひろ氏（早大数学科学生），石上嘉康氏（早大数学科学生）および伊藤賢一氏（東大理科I類学生）らを含む数十万人にものぼる駿台予備学校での教え子諸君からの，本シリーズ作成の各局面における，直接的または間接的な協力，激励，コメントなども筆者にとって大きな支えになりました．5年余もの間，辛抱強くこの気ままな冒険旅行につきあい，終始本シリーズの刊行を目指す羅針盤の役をして下さった駿台文庫編集部原敏明氏に深遠なる感謝の意を表する次第であります．
　最後に，本シリーズの特色のひとつである〝ビジュアルな講義〟を紙上に美しく再現して下さったイラストレーターの芝野公二氏にも心よりの感謝を奉げます．

平成元年5月

大道数学者

秋山　仁

重要項目 さくいん

あ　行

- 1次従属 ……………… 145
- 1次独立 ……………… 145
- 裏 ………………………… 2

か　行

- ガライ・シルベスターの定理 …… 246
- 含意 ……………………… 2
- 帰納法の構造(1) ……… 69, 81, 82
- 帰納法の構造(2) ……………… 86
- 帰納法の構造(3) ……………… 90
- 逆 ………………………… 2
- 結合子 …………………… 2
- 結合法則 ………………… 14
- 欠損チェス盤 …………… 71
- 欠損立方体 ……………… 73
- 交換法則 ………………… 14
- 合成命題 ………………… 2

さ　行

- 最大値・最小値の定理 ……… 112, 113
- 三段論法の原理 ………… 17
- 十分条件 ………………… 13
- 真理集合 ………………… 27
- 真理値 …………………… 11
- 真理表 …………………… 11
- 推論式 …………………… 13
- 全称命題 ………………… 28
- 全称命題の否定 ………… 30
- 全体集合 ………………… 27
- 双条件文 ………………… 2
- 存在命題 ………………… 29
- 存在命題の否定 ………… 30

た　行

- 対偶 ……………………… 2
- 単一命題 ………………… 2
- 単調減少数列 ………… 118
- 単調増加数列 ………… 118
- 同値関係 ………………… 40
- 同値である ……………… 13
- 同値な命題 ……………… 2
- 凸包 ……………………… 98
- トートロジー …………… 13
- ド・モルガンの法則 …… 14

な　行

- 二重否定 ………………… 14

は　行

- 背中律の原理 …………… 17
- 背理法 …………………… 19
- 鳩の巣原理 …………… 138
- 必要十分条件 …………… 13
- 必要条件 ………………… 13
- 否定 ………………………
- フィボナッチ数列 ……… 95
- 分配法則 ………………… 14
- ベン図 …………………… 27

ま　行

- 矛盾命題(パラドックス) … 13
- 命題 ……………………… 2
- 命題関数 ………………… 27

ら　行

- ロルの定理 …………… 115
- 論理積 …………………… 2
- 論理和 …………………… 2

著者略歴

秋山　仁（あきやま・じん）

ヨーロッパ科学アカデミー会員
東京理科大学栄誉教授，駿台予備学校顧問
グラフ理論，離散幾何学の分野の草分け的研究者．1985 年に欧文専門誌 "Graphs& Combinatorics" を Springer 社より創刊．グラフの分解性や因子理論，平行多面体の変身性や分解性などに関する百数十編の論文を発表．海外の数十ヶ国の大学の教壇に立つ．1991 年より NHK テレビやラジオなどで，数学の魅力や考え方をわかりやすく伝えている．日本数学会出版賞受賞（2016 年），クリストファ・コロンブス章受賞（2021 年）．著書に『数学に恋したくなる話』（PHP 研究所），『秋山仁のこんなところにも数学が！』（扶桑社），『Factors& Factorizations of Graphs』（Springer），『A Day's Adventure in Math Wonderland』（World Scientific），『Treks into Intuitive Geometry』（Springer）など多数

編集担当　上村紗帆（森北出版）
編集責任　石田昇司（森北出版）
印　　刷　丸井工文社
製　　本　同

発見的教授法による数学シリーズ 1
数学の証明のしかた　　　　　　　　　　　　　　　© 秋山　仁　2014

2014 年 4 月 28 日　第 1 版第 1 刷発行　【本書の無断転載を禁ず】
2025 年 5 月 30 日　第 1 版第 6 刷発行

著　者　秋山　仁
発行者　森北博巳
発行所　森北出版株式会社
　　　　東京都千代田区富士見 1-4-11（〒102-0071）
　　　　電話 03-3265-8341／FAX 03-3264-8709
　　　　https://www.morikita.co.jp/
　　　　日本書籍出版協会・自然科学書協会　会員
　　　　JCOPY　<（一社）出版者著作権管理機構　委託出版物>

落丁・乱丁本はお取替えいたします．

Printed in Japan／ISBN978-4-627-01211-0